世界飞机大百科

珍藏版

《深度文化》编委会◎编著

清華大学出版社
北京

内容简介

本书是介绍国外各类飞机的军事科普图书，书中全面收录了19世纪中叶以来海外各国设计并制造的700余款飞机，涵盖战斗机、攻击机、轰炸机、加油机、预警机、运输机、无人机、民航客机、公务机等类型，完整呈现了近现代飞机发展的全新面貌。每款飞机都配有精美的写真图，帮助读者了解飞机构造。为了增强图书的知识性和趣味性，还介绍了多家生产飞机的知名企业，作为延伸阅读。

本书内容结构严谨，分析讲解透彻，图片精美丰富，适合广大军事爱好者阅读和收藏，也可以作为青少年的科普读物。

图书在版编目(CIP)数据

世界飞机大百科：珍藏版 /《深度文化》编委会编著 . — 北京：清华大学出版社，2022.2（2024.11重印）

ISBN 978-7-302-59927-2

Ⅰ.①世… Ⅱ.①深… Ⅲ.①飞机—世界—青少年读物 Ⅳ.①V271-49

中国版本图书馆CIP数据核字（2022）第016007号

责任编辑：李玉萍
封面设计：王晓武
责任校对：张彦彬
责任印制：杨　艳

出版发行：清华大学出版社
网　　址：https://www.tup.com.cn，https://www.wqxuetang.com
地　　址：北京清华大学学研大厦A座　　邮　　编：100084
社 总 机：010-83470000　　邮　　购：010-62786544
投稿与读者服务：010-62776969，c-service@tup.tsinghua.edu.cn
质 量 反 馈：010-62772015，zhiliang@tup.tsinghua.edu.cn
印 装 者：小森印刷（北京）有限公司
经　　销：全国新华书店
开　　本：210mm×285mm　　印　　张：19.75　　字　　数：316千字
版　　次：2022年4月第1版　　印　　次：2024年11月第4次印刷
定　　价：128.00元

产品编号：088645-01

前言

19 世纪末，莱特兄弟（威尔伯·莱特、奥维尔·莱特）进入航空研究领域，兄弟俩在总结前人经验和教训的基础上，开始了他们的滑翔飞行试验。很快，他们弄清了一架成功的飞行器所应具备的三要素：升举、推进和控制。

在 1890 年秋季到 1902 年秋季，莱特兄弟陆续制造了 3 架全尺寸双翼滑翔机，并利用自制风洞开展机翼翼型实验。其中，第三号滑翔机空重约 53 千克，加上飞行员后的重量为 150 ~ 155 千克。这架滑翔机在 1902 年秋开始试验，取得了高度成功，前后共计飞行了 700 余次，性能十分出色。

经过几年的努力，莱特兄弟的第一架动力飞机——“飞行者一号”终于出现在人们面前。1903 年 12 月 17 日，“飞行者一号”在北卡罗来纳州进行试飞。当天，“飞行者一号”总共进行了 4 次飞行，后来得到世界公认的第一次自由飞行是由哥哥威尔伯·莱特驾驶的第四次飞行，飞机在空中用 59 秒的时间飞行了 260 米。

虽然此次飞行留空时间很短，但这是一项伟大的成就：它是人类历史上有动力、载人、持续、稳定、可操纵的重于空气飞行器的首次成功飞行。这次成功飞行具有十分伟大的历史意义，为人类征服天空揭开了新的一页，也标志着航空飞机时代的来临。

自此之后，飞机日益成为现代文明不可缺少的重要交通工具，深刻地改变和影响着人们的生活。飞机不仅广泛应用于民用运输和科学研究，还是现代军事里的重要武器，使战争由平面发展到立体空间，对战略战术和军队组成等产生了重大影响。

从某种角度上来说，飞机在百余年来所取得的技术突破几乎都是因为战争。军用飞机的不断蜕变促进了航空航天技术的发展，民用飞机也因此获益匪浅，人们出行也越来越多地享受到飞机带来的舒适和便利。

本书是介绍飞机的军事科普图书，全书共分为 4 章，分别介绍了一战前后、二战前后、冷战前后、新的世纪四个时期，每个时期均详细阐述了各类飞机的发展情况，包括技术革新历程、战场使用效果等，并以时间为序全面介绍了世界各国在当时研制和装备的飞机型号。书中的每款飞机都有简明扼要的文字介绍，并配有精致美观的图片。同时，还重点介绍了一些影响力较大并有传奇性的飞机。为了丰富图书内容和增强阅读趣味性，还介绍了各个时期的部分知名兵工厂。通过阅读本书，读者可以深入了解不同时期飞机的发展历程，并全面认识各个时期的飞机型号，迅速熟悉它们的构造和性能。

本书是面向军事爱好者的基础图书，编写团队拥有丰富的军事图书写作经验，并已出版了数十本畅销全国的图书作品。与同类图书相比，本书不仅图文并茂，在资料来源上也更具权威性和准确性。同时，本书还拥有完善的售后服务，读者朋友可以通过电话、邮件、官方网站和微信公众号等多种途径提出您宝贵的意见和建议。

本书由《深度文化》编委会创作，参与编写的人员有丁念阳、阳晓瑜、陈利华、高丽秋、龚川、何海涛、贺强、胡姝婷、黄启华、黎安芝、黎琪、黎绍文、卢刚、罗于华等。对于广大资深军事爱好者，以及有意了解国防军事知识的青少年来说，本书不失为极有价值的科普读物。希望读者朋友们能够通过阅读本书，循序渐进地提高自己的军事知识水平。

读者可以使用手机扫码下方的二维码获取本书赠送的写真图片、电子书等阅读资源。

目录

Chapter 01 一战前后 /1

Chapter 02 二战前后 /29

Chapter 04 新的世纪 /233

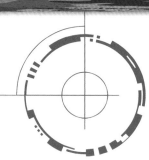

Chapter 01

一战前后

一战的爆发给人类带来了沉重灾难，但同时又为军事航空工业提供了历史上第一次大发展的机遇。在这一时期，全球飞机制造商达到 200 多家，航空发动机厂商则达到了 80 余家，战争期间生产的飞机和发动机数量更是分别达 20 多万架和 23 万多台。而欧洲大陆作为一战的主战场，也得益于这次战争对飞机这一新型武器的巨大需求量，使得欧洲各参战国全力发展航空制造业，并且一度领先于美国。

德国是在一战中最早拥有航空部队的国家，随后其他国家也意识到发展空中力量的必要性。尽管在当时航空部队还处于不成熟的阶段，但飞机的战斗能力在实践中得到了充分体现，一战的作战模式、战场面貌也因此发生了根本性的改变。

1850—1930 年

1852 年　法国工程师对飞艇进行研究并进行首次试飞

1885 年　德国工程师本茨与戴姆勒联合发明了实用的汽油发动机

1898 年　德国的齐柏林首次设计和制造出了硬式飞艇

1903 年　莱特兄弟进行人类历史上的首次有动力、可操纵的持续飞行试验

1905 年　莱特兄弟制造出了一架能够在空中停留半个多小时的飞机

1908 年　莱特兄弟在法国进行飞行表演，由此引发整个欧洲对于飞机的兴趣

1909 年　莱特兄弟创建了世界第一家飞机制造企业——莱特公司

1910 年　德国在法兰克福与杜塞尔多夫之间建立了一条定期飞艇空中航线

1911 年　意大利—土耳其战争中，意大利首次使用了 3 艘飞艇对土耳其进行侦察和轰炸

1912 年　一艘齐柏林飞艇用 20 天的时间实现了人类首次环球飞行

1914 年　第一次世界大战爆发

1914 年　德国使用齐柏林飞艇大规模轰炸比利时要塞城市列日

1915 年　德国的容克制造了一架全金属飞机

1928 年　洛克希德公司推出了在飞机结构发展史上占据重要地位的“织女星”飞机

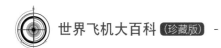

1.1 一战初期的核心主力——侦察机

侦察是飞机在军事上的第一个应用领域，也是飞机在一战初期的核心任务。空中侦察的优势是能够在短时间内获取宽大正面和深远纵深的目标情报，比其他手段具有更高效直观的特点。而快捷灵活的侦察机作为资格最老的军用飞机，率先拉开了空中战争的帷幕。

1910 年 6 月 9 日，法国陆军的玛尔科奈大尉和弗坎中尉驾驶着一架亨利·法尔曼双翼机进行了世界上第一次试验性的侦察飞行。这架飞机本是单座飞机，由弗坎中尉挤在驾驶座和发动机之间，手拿照相机对地面的道路、铁路、城镇和农田进行拍照。1910 年 10 月 23 日，意大利皮亚查上尉驾驶一架法国制造的布莱里奥 X1 型飞机从利比亚精致的黎波里空军基地起飞，对土耳其军队的阵地进行了肉眼和照相侦察。此后，意军又进行多次侦察飞行，并根据结果编绘了照片地图册。

一战初期，各国航空兵尚处于初创阶段。当时法国本土有 23 个中队，海外有 4 个中队，第一线的总兵力大约为 160 架飞机、15 艘飞艇和 200 名飞行员；英国皇家飞行队派往法国的飞机有 73 架；而德国拥有 246 架飞机和 7 艘飞艇。这时飞机的主要任务就是实施侦察。

1914 年 9 月，英法联军和德军在法国巴黎和凡尔登一线的马恩河地区进行会战，侦察机起到了很重要的作用。由于法国侦察机率先发现了德军的推进方向，使防御阵地加强了准备，有效牵制了德军。

由于空中侦察对飞机性能有专门的要求，一是飞机飞行要平稳，并且可携带一名观察员；二是观察精度要尽可能的高。这就使各国为实现这两个主要目标进行努力。英国的格林、德•哈维兰和巴克斯都建议研究飞机的固有空气动力学稳定性，制造出飞行平稳的侦察机。为了提高观察精度并增加信息量，德、法、英都开始在飞机上安装照相机。德国利用其技术优势，还专门研制出飞机用的侦察照相机。到一战最后阶段的大型攻击作战中，德国飞机每天拍摄约 4000 张侦察照片。这些照片为探明对方的行动、部署，为己方部队的行动提供了大量的有用情报。同时，敌我双方互相侦察，为阻止对方获取情报，空战便不可避免地发生了。

“鸽”式侦察机

类型：单翼侦察机

制造商：信天翁飞机制造厂等多家公司

首飞时间：1910 年

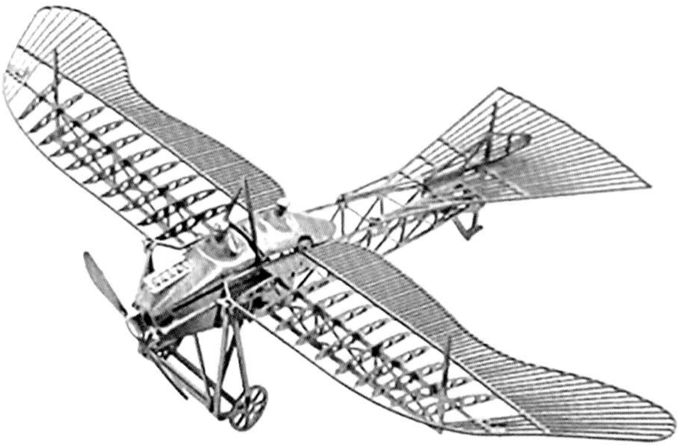

“鸽”式单翼机由奥匈帝国飞机工程师埃高•艾垂奇发明，在一战期间除了奥匈帝国，同盟国也大量采用并作为侦察机、轰炸机和教练机等用途。“鸽”式侦察机有单座机型和双座机型，由于双座机用途较广，故大多生产双座机型。“鸽”式侦察机依靠扭曲翼尖控制转弯，由于机翼无副翼和方向舵细小，故转弯较为困难。

“莫兰 - 索尼耶”L 单翼侦察机

制造商：莫兰 - 索尼耶飞机公司

首飞时间：1913 年

空重：393 千克

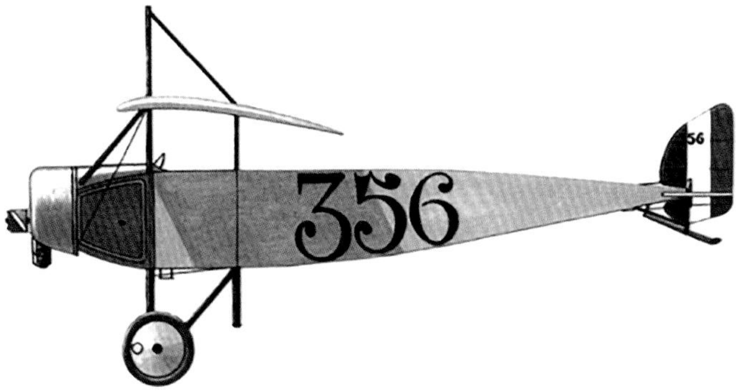

“莫兰 - 索尼耶”L 是法国莫兰 - 索尼耶飞机公司在 1913 年研制的单翼飞机，于当年 12 月在巴黎航空展览会上公开，一战爆发后成为法国空军的侦察机，也是第一架在螺旋桨上加上钢铁制子弹偏导片，从而实现机枪安装在机头的军用飞机。这样的设计会使大约 1/4 的子弹被偏导片挡住而伤不到螺旋桨，其余的可穿过螺旋桨射击目标。

法尔芒 HF.20 侦察机

制造商：法尔芒公司

首飞时：1913 年

空重：360 千克

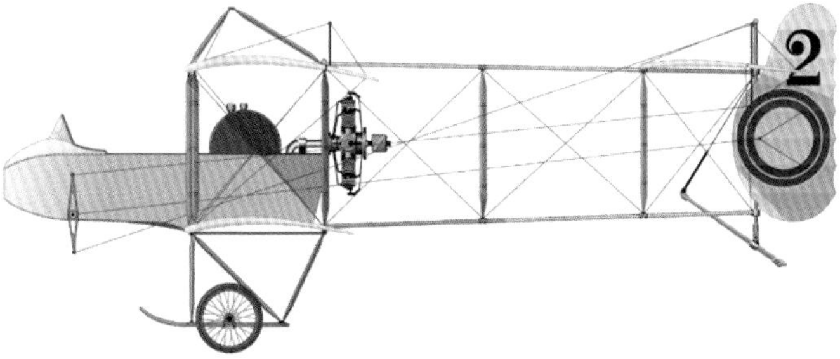

法尔芒 HF.20 是法国在一战时研制的侦察机 / 轻型轰炸机，发动机按照流行的推进式布局紧贴在双人座舱后面。虽然该机操纵不灵活、稳定性差，但作战却非常可靠，英国和意大利等国家都进行了许可证生产。法尔芒 HF.20 系列在一战初期到中期一直是协约国的主战飞机，随后被用作教练机，直到战争结束。

高德隆 G.3 侦察机

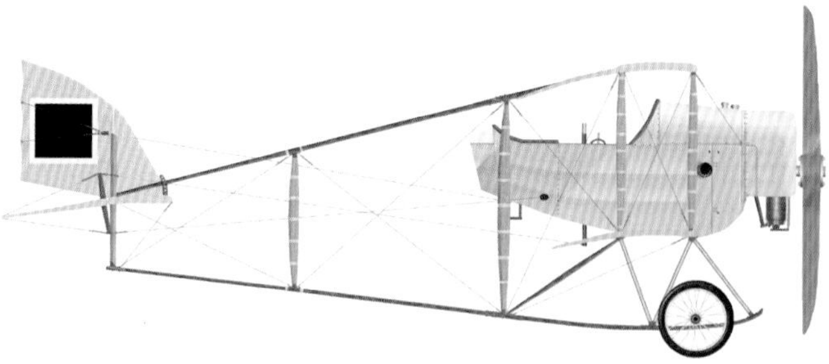

制造商：高德隆公司

首飞时间：1913 年

空重：420 千克

高德隆 G.3 是法国高德隆公司研制的双座单发双翼侦察机，是一战前高德隆公司生产的 C 型、D 型和 E 型飞机发展而来的最终型号。该机虽然是推进式飞机，但是却采用拉进式发动机布局。G.3 于 1914 年首次加入法国空军，实战中用作侦察机和初级教练机。该机产量较大，仅高德隆就生产了 1420 架，此外，英国还制造了若干小批量生产型号。

AEG B.I 侦察机

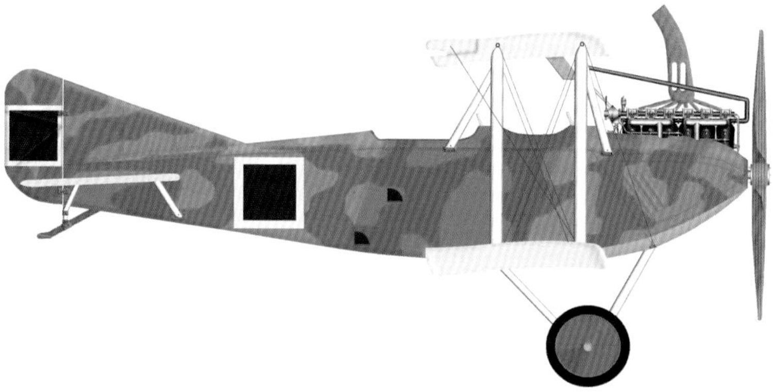

制造商：德国电器公司

首飞时间：1914 年

空重：650 千克

AEG B.I 侦察机是由德国电器公司设计研发的双座双翼侦察机，于 1914 年小批量生产。它为该机更成功的后继机型——B 型和 C 型的设计提供了基础。

“信天翁”C 侦察 / 攻击机

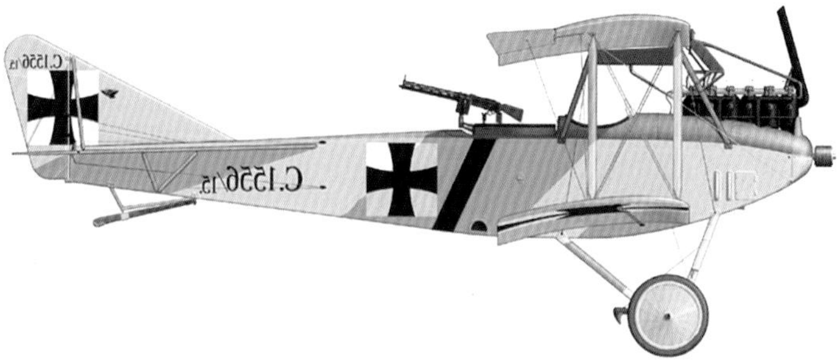

制造商：信天翁飞机公司

首飞时间：1915 年

空重：989 千克

“信天翁”C 是由德国信天翁飞机公司研制的双翼侦察 / 攻击机，机身为水滴形且整体都是木质，比其他木质骨架外覆帆布的飞机要坚固一些。在一战期间除了作为侦察机使用，该机还配备有机枪以作为战斗机和对地攻击机使用。信天翁飞机公司更是以该机为基础，在之后还推出了“信天翁”D 战斗机。

“汉诺威”CL 侦察 / 攻击机

制造商：汉诺威飞机公司

首飞时间：1917 年

空重：750 千克

“汉诺威”CL 是一战时由德国汉诺威飞机公司研制的双翼侦察 / 攻击机，采用水滴形机身设计以减小空气阻力，其特别之处在于有上下两层的水平尾翼。“汉诺威”CL 原本是作为侦察机使用的，后来发展成为对地攻击机，尤其以后座机枪作为居高临下的火力点。

容克斯 J.I 攻击 / 侦察机

制造商：容克斯飞机公司

首飞时间：1917 年

空重：1766 千克

容克斯 J.I 是由德国容克斯飞机公司研发制造的一款地面攻击 / 侦察机，属于德国“J 系列”装甲航空机之一。容克斯 J.I 采用模组化设计，共可分解为机翼、机身、机尾、发动机四大件与若干零配件，使其更容易借由铁路或公路运输，只需 6—8 名地勤人员即可重组飞机，4—6 小时即可出战。它的金属结构机身和厚实的装甲可有效抵御战场轻武器的攻击。容克斯 J.I 攻击 / 侦察机深受机组人员喜爱，但也因为它的笨重外表而被取了个“家具货车”的绰号。

“圣诞子弹”侦察机

制造商：圣诞飞机公司

首飞时间：1919 年

空重：826 千克

“圣诞子弹”侦察机是威廉惠特尼医生在 1919 年圣诞节制造的，其实他并不具备设计飞机的知识，但是他看到自行车修理工出身的莱特兄弟发明飞机以后，也开始吹嘘自己也懂飞机设计，于是就打造出这架没有固定支撑架的双翼飞机。但它被认为是有史以来制造的最差的飞机之一。在 1919 年 1 月的首次飞行中，“圣诞子弹”的机翼从机身上脱落，飞机坠毁，飞行员卡斯伯特 • 米尔斯当场身亡。

O2U“海盗”侦察机

制造商：钱斯沃特公司

首飞时间：1926 年

空重：1502 千克

O2U“海盗”是由钱斯沃特在 1925 年研制的侦察机，机身骨架为钢管焊接主梁再加铝合金支架而成，前机身为铝合金蒙皮而后机身为帆布蒙皮，前座位被油箱包围，机翼由桦木制成。其飞行稳定性颇佳，所以也可作为教练机使用，其机身也容易维修。

1.2 初露锋芒的战斗机

为了阻止对方的空中侦察活动，一种可以用来驱逐敌机的作战飞机应运而生，这就是驱逐机，后来被称为战斗机。战斗机在一战中得到了迅速发展和提高，并被广泛应用。这期间，英、法、德在研发战斗机方面处于领先地位，先后生产并使用了多种型号的战斗机，这些战斗机在战争中发挥了重要作用。

战争的需要对航空技术的发展起到了很大的推动作用。但当一战结束之后，胜败双方均感到精疲力倦。在大多数领域都出现了较长时间的停滞不前，航空工业也不例外。因此 20 世纪 20 年代的前半期，除了民用飞机有技术上的进步外，军用飞机基本停留在一战时期的水平上，技术进步缓慢，双翼飞机仍占据重要地位。直到 20 年代后半期，世界航空工业才有了较大发展，这在航空史上被称为航空的“黄金时代”。在那段岁月里，很多国家研制出数以百计的创纪录专用飞机，创造了不少飞行纪录，为日后设计新型飞机奠定了坚实的技术基础并积累了宝贵的资料。

一战时期多以双翼战斗机占据主流地位，尽管在此一时期也出现过单翼机，不过由于结构、材料和工艺等方面的限制，当时单冀战斗机性能不如双翼战斗机，飞行员也更喜欢那些操纵稳定、结构可靠、机动灵活的双翼机，因此直到战争结束，单翼机也未得到广泛应用。

F.E.2b 战斗机

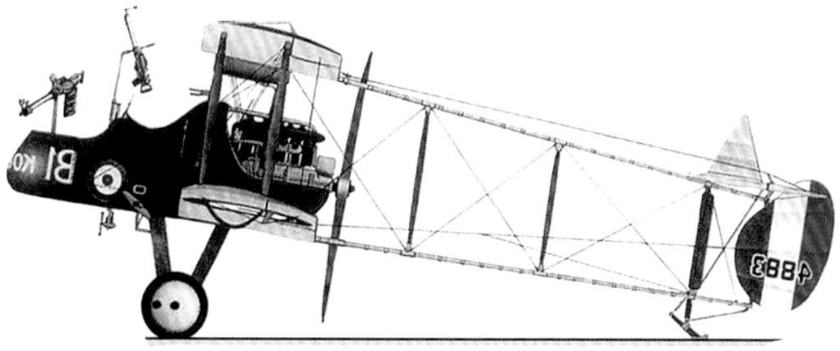

制造商：皇家飞机制造厂

首飞时间：1914 年

空重：935 千克

F.E.2b 是一战时期由英国皇家飞机制造厂研制的双翼战斗机，1916 年正式加入英国陆军航空队侦察部队。F.E.2b 战斗机与 DH-2 战斗机、纽波特 -10 战斗机一起在对抗“福克”单翼战斗机时发挥了重要作用。

纽波特 -10 战斗机

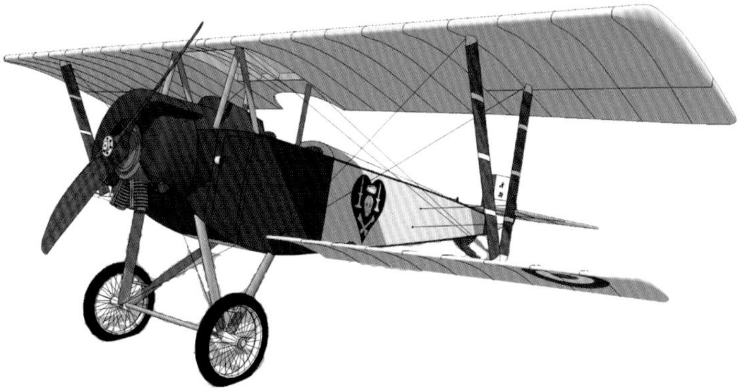

制造商：纽波特公司

首飞时间：1914 年

空重：440 千克

纽波特 -10 是纽波特公司生产的双座单发双翼战斗 / 侦察 / 轰炸机，1914 年开始服役。纽波特 -10 最初服役的型号是双座侦察机，但很快就通过简单的给前面座位加上整流罩改成了单座型，同时在上机翼加装了一挺刘易斯机枪，作为战斗机使用。对于未改装成单座的飞机也在同一位置加装机枪，使得双座型上的观察员不得不站起身来，穿过上机翼的一个洞才能射击。

“福克”E. Ⅲ战斗机

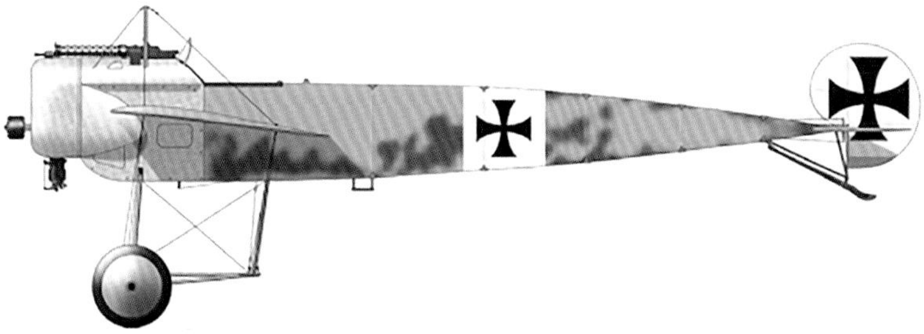

制造商：福克公司

首飞时间：1915 年

空重：399 千克

“福克”E. Ⅲ由德国福克公司于 1913 年开始研制。其最大特点是安装有世界独创的“射击协调器”，它的问世使前射的枪弹第一次能够避免撞击而穿过前方螺旋桨的旋转面，使射击轴线尽可能靠近机身中心线，从而大大提高了命中率。著名的空战能手殷麦曼驾驶该机首次击落一架偷袭杜埃机场的英国轰炸机，这是军用飞机向争夺制空权迈出的头一步。

“柏法茨”E-1 战斗机

制造商：柏法茨公司

首飞时间：1915 年

空重：410 千克

“柏法茨”E-1 是在一战前由德国柏法茨公司获得授权生产的法国莫兰 - 索尼耶 H 单翼机的德国版，而当时另一种德国战斗机“福克”E 单翼战斗机也同样是法国莫兰 - 索尼耶 H 单翼机的仿制品，不过福克公司是仿制加改良，而柏法茨公司则是原封不动地照搬。

“宝贝”战斗机

制造商：索普维斯公司

首飞时间：1915 年

空重：557 千克

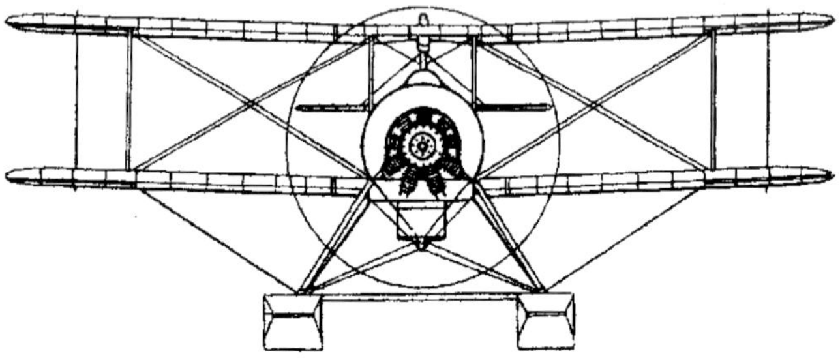

“宝贝”是英国索普维斯公司研制的单座单发双翼战斗机，机载武器是 1 挺 7.9 毫米固定机枪。从 1915 年 9 月到 1916 年 7 月，索普维斯公司总共为英国海军生产了 110 架“宝贝”战斗机，后来又追加的 71 架由布莱克本公司生产。装备了浮筒的“宝贝”和巡逻艇被英国海军一起用于加强对北海地区德国港口的封锁。这种飞机还可用于给执行攻击海岸目标的双座战斗机护航，以及用在早期水上飞机母舰上。

DH-2 战斗机

制造商：艾尔科公司

首飞时间：1915 年

空重：428 千克

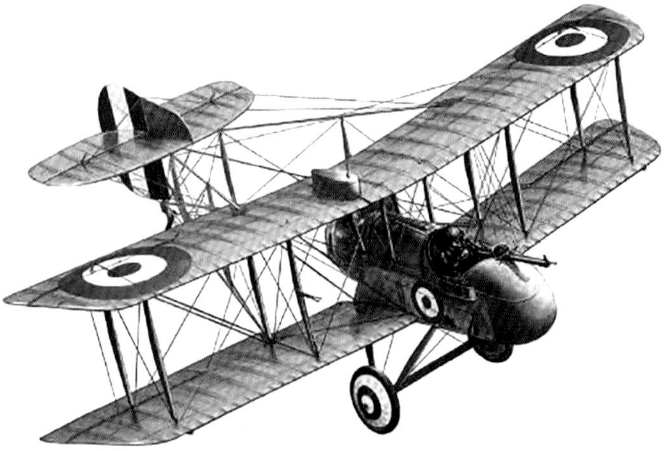

DH-2 是一款单座活塞式双翼战斗机，于 1916 年投入战场使用，这种新式飞机的大规模上阵，可谓恰逢其时，因为当时正值“福克”单翼机肆虐法国上空之际。尽管有人讥讽它“飞行员坐在上面要时时担心自己的后脑勺”，但 DH-2 仍然是在面对“福克”单翼机时的最佳选择。

SE 5a 战斗机

制造商：皇家飞机制造厂

首飞时间：1916 年

空重：640 千克

1917 年春，美国宣布加入一战，但其现役中并没有国产的军用飞机，而要加入欧洲战场，又必须拥有自己的军用飞机。因此美国决定仿造英、法的军用飞机，而不是花时间去设计同类机型。皇家飞机制造厂的 SE 5a 被选入其中，一战结束后，仍有 57 架英国制造的 SE 5a 战斗机的机身在美国组装，用于军队的前线追击任务，直到 20 世纪 20 年代美国设计的机型出现。

纽波特 -11 战斗机

制造商：纽波特公司

首飞时间：1916 年

空重：320 千克

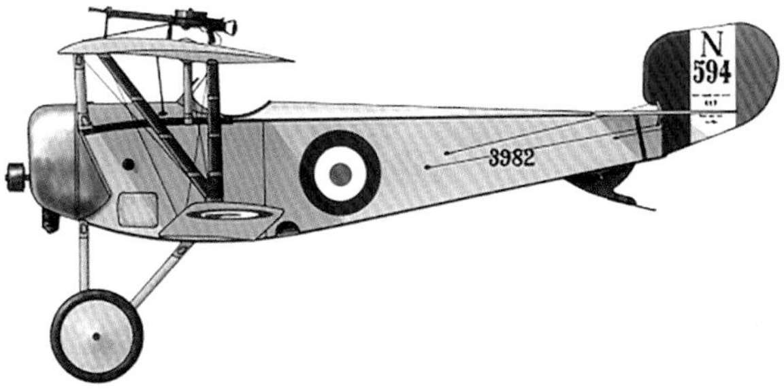

纽波特 -11 是法国纽波特公司在一战早期推出的双翼战斗机，该机机身细小，全机的重心集中在机头，其起落架靠近机头下方，这种设计令它有良好的飞行稳定性。机翼设计采用上机翼比下机翼宽，上下机翼以 V 形支柱连接，这样的设计使其兼备了双翼机的转弯灵活性和单翼机的高速度。

纽波特 -17 战斗机

制造商：纽波特公司

首飞时间：1916 年

空重：375 千克

纽波特 -17 由法国纽波特公司研制，它的出现加速了法军夺回西部战线制空权的进程，该机在设计时力求将主要的重量载荷集中于重心附近，并采用了气缸旋转空冷发动机，使飞机的机动性能和爬升性能尤为突出，战斗性能优势明显。当时除了装备法国空军外，它还被出口到了许多国家，很多王牌飞行员都喜欢驾驶它在边境线上进行单机游猎。

“幼犬”战斗机

制造商：索普维斯公司

首飞时间：1916 年

空重：358 千克

“幼犬”是由英国索普维斯公司的首席飞机设计师赫伯特·史密斯为奖励该公司试飞员哈里·霍克而设计的私人飞机，但因其战斗性能优异而获得了大量军方订单。“幼犬”是一种轻巧灵活的战斗机，它大面积的机翼能产生巨大升力，上下机翼皆有副翼，进一步强化了其操纵能力。美中不足的是，该机的机身结构不够坚固。

“信天翁”D 战斗机

制造商：信天翁飞机制造厂

首飞时间：1916 年

空重：710 千克

“信天翁”D 是由德国信天翁飞机制造厂生产的双翼战斗机，其最大特征是有一个纺锤般的流线型木质机身。这种硬壳构造的机身强度高，中弹后生存性好，且不难制造。“信天翁”D 是德国陆军航空兵在一战期间使用的主力战斗机，很多德国王牌飞行员的座机都是“信天翁”系列，特别是“信天翁”D. Ⅲ型。

“三翼”战斗机

制造商：索普威思飞机公司

首飞时间：1916 年

空重：499 千克

“三翼”战斗机是英国索普威思飞机公司应英国海军部的要求而在“幼犬”战斗机的基础上发展起来的，其名字也被简单地直呼为“三翼”战斗机。该机拥有良好的转弯格斗能力，但缺点是迎风阻力较大而无法达到高速飞行。一战后飞机发动机的动力普遍增强，“三翼”战斗机的优点不再突出，反而速度慢的缺点为人诟病，所以之后再无国家推出“三翼”战斗机。

“斯帕德”S. Ⅶ战斗机

制造商：斯帕德公司

首飞时间：1916 年

空重：500 千克

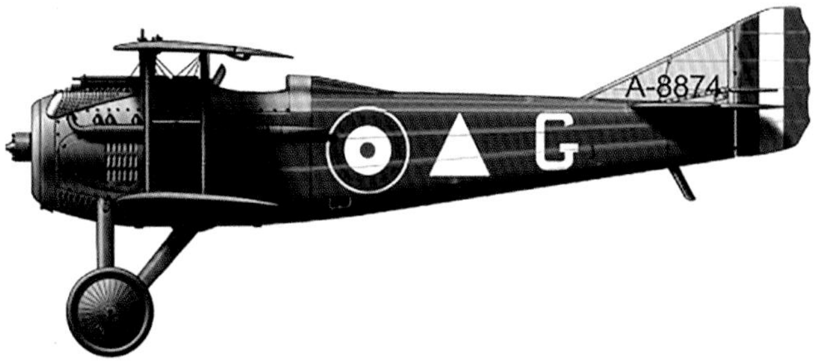

“斯帕德”S. Ⅶ是由法国斯帕德公司研制的单座单发双翼战斗机，是这一时期法国航空业的优秀之作。斯帕德 S. Ⅶ的平飞和俯冲速度都给人们留下深刻的印象，尽管与同时代的纽波特战斗机相比，它的机动性欠佳，不过来自前线的反馈表明，相对机动性而言飞行员更看重速度，斯帕德公司的重型战斗机路线被实战证明是正确的。

布里斯托尔 F2B 战斗机

制造商：布里斯托尔公司

首飞时间：1916 年

空重：975 千克

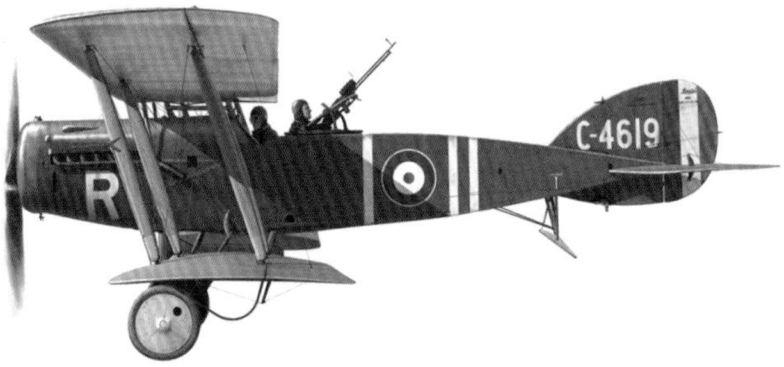

布里斯托尔 F2B 是由布里斯托尔公司研制的双座战斗机，原本设计为支援飞机，但在一战中被证明是最有效的一种战斗机。不过，这种飞机最初却遭遇挫折，驾驶员因受到提醒这种飞机很脆弱，而不敢进行大胆的操作，结果损失惨重。不过，在驾驶员们发现布里斯托尔 F2B 具有以前单座战斗机才有的速度和机动性，并改变作战战术后，这一局面很快就发生了转变。

“凤凰”D 战斗机

制造商：凤凰飞机公司

首飞时间：1917 年

空重：805 千克

“凤凰”D 是由奥匈帝国的凤凰飞机公司在一战时研制

的双翼战斗机，是德国勃兰登堡 D 战斗机的改良型，主要是改进了机翼结构并缩短了翼展，初期也存在机翼结构强度不足的问题，后来加强了结构强度，经试飞后证明，“凤凰”D 战斗机在速度和爬升率方面都优于德国“信天翁”D 战斗机，且有着良好的飞行稳定性。

“阿维他”D 战斗机

制造商：阿维他飞机公司

首飞时间：1917 年

空重：610 千克

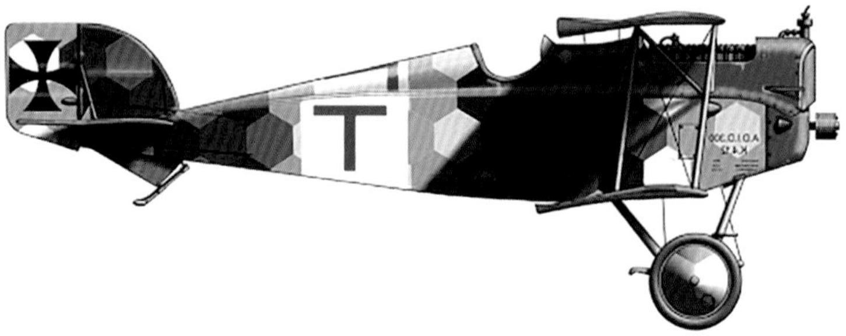

“阿维他”D 是由德国阿维他飞机公司在奥匈帝国的分公司于一战时研制的双翼战斗机，阿维他飞机公司原本是德国的公司，但在德国籍籍无名，反而在奥匈帝国的分公司却出名得多。“阿维他”D 战斗机因其设计师伯格也常被称为“伯格战斗机”。

“柏法茨”D-III 战斗机

制造商：柏法茨飞机公司

首飞时间：1917 年

空重：695 千克

“柏法茨”D-III 是一战时期德国柏法茨飞机公司研制的双翼战斗机，其机身为合乎流体力学的水滴形，外表酷似“信天翁”D 战斗机。和“信天翁”D 战斗机相比，除了俯冲性能较佳之外，“柏法茨”D-III 其他的飞行性能（如速度和爬升率等）皆较差。

纽波特 -28 战斗机

制造商：纽波特公司

首飞时间：1917 年

空重：475 千克

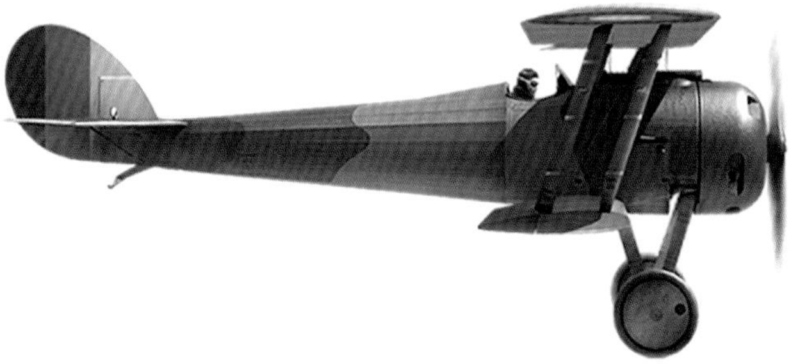

纽波特 -28 是法国纽波特公司在一战时期推出的双翼战斗机，由纽波特 -17 战斗机发展而来，但推出后法国空军却改为采用斯帕德 S. Ⅶ战斗机，正当纽波特公司失望之际，美国突然宣布正式参战并组成美国远征军，并一口气就下了 300 架的大订单。

“福克”Dr.I 战斗机

制造商：福克公司

首飞时间：1917 年

空重：406 千克

“福克”Dr.I 战斗机是德国在一战中使用的一款三翼机，由福克公司生产，其总产量为 320 架。“福克”Dr.I 战斗机机身轻巧、升力大，具有很高的爬升率和机动性，在空中格斗中表现突出。许多著名飞行员都曾驾驶过这款战斗机，如绰号“红男爵”的曼弗雷德·冯·里希特霍芬。

“福克”F.I 战斗机

制造商：福克公司

首飞时间：1917 年

空重：645 千克

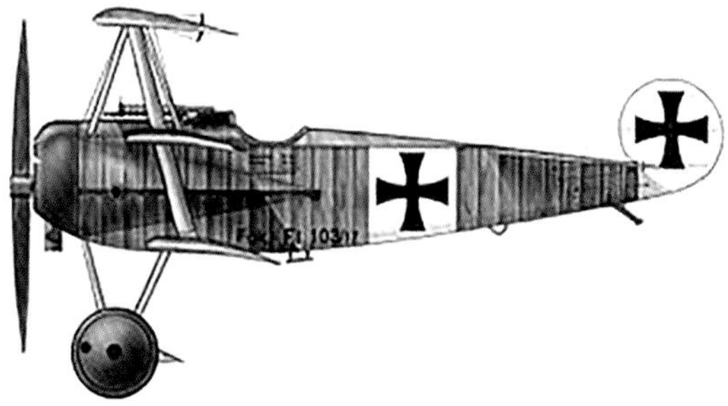

“福克”F.I 是一战时德军的战斗机原型机，是“福克”V.4 的改良型三翼机，研发代号“V.5”。因其外表极为相似，“福克”F.I 也常被认作“福克”V.4。“福克”F.I 只生产了 3 架，其后所生产的均命名为“福克”Dr.I 战斗机。

“费尔雷”III .D 战斗机

制造商：费尔雷公司

首飞时间：1917 年

空重：1473 千克

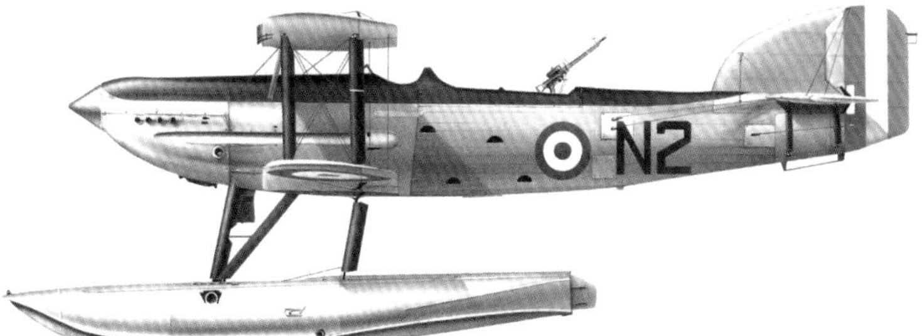

“费尔雷”III .D 是费尔雷公司研发的水上战斗机，1924 年开始服役。作为英国海军航空兵 1924—1930 年的主战飞机，“费尔雷”III .D 结构坚固，性能极其可靠，既可以在航母的短甲板上自行起飞，也可以安装浮筒作为水上飞机从战舰上弹射起飞。“费雷尔”III .D 主要用于侦察任务和火炮校射，乘员接受的训练通常是搜索敌方舰队并在作战中为己方战列舰和巡洋舰提供弹着点观察。

容克斯 D-I 战斗机

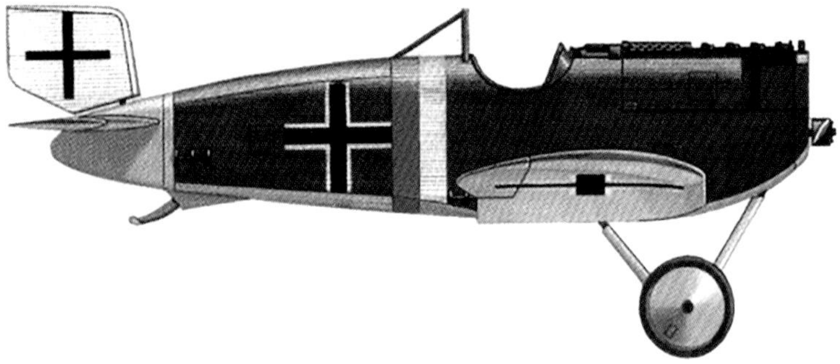

制造商：容克斯飞机与发动机制造厂

首飞时间：1917 年

空重：654 千克

容克斯 D-I 战斗机是设计师雨果·容克斯在一战期间设计的全金属下单翼战斗机，不过该机从 1918 年 6 月开始生产至一战结束，只有 41 架出厂而且并无实战纪录。1919 年 1 月，获胜的协约国在比利时找到其中的 5 架，之后发表的官方报告宣称“从未有人见过容克斯 D-I 战斗机飞上天”，此机除了科技上的突破外对参加一战的德国并无帮助。

“福克”D-VII 战斗机

制造商：福克公司

首飞时间：1918 年

空重：670 千克

“福克”D-VII 是福克公司继“福克”Dr.I 战斗机后推出的一战时期德国空军最后的主力战斗机。其机身采用钢管焊接骨架，保证了其机身坚固耐用，机翼沿用了“福克”Dr.I 战斗机的设计，以木夹板作为骨架，且外覆帆布比当时其他飞机的帆布要厚 20%，上下机翼之间有 N 形支柱连接，飞行员可以安心高速俯冲而无须担心机翼会断裂。

“福克”D-VIII 战斗机

制造商：福克公司

首飞时间：1918 年

空重：405 千克

“福克”D-VIII 原本被称为“福克”E-V 战斗机，和“福克”D-VII 战斗机一样是福克公司为了参加德国空军的“新型战斗机比赛”而生产的战斗机，也是德国空军在一战最后推出的战斗机。

“柏法茨”D-XII 战斗机

制造商：柏法茨公司

首飞时间：1918 年

空重：716 千克

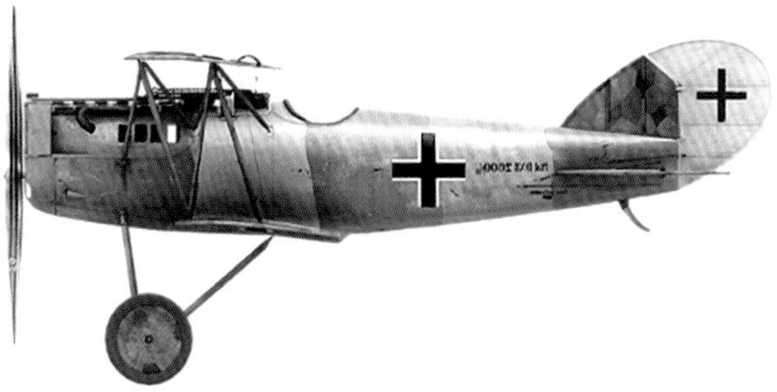

“柏法茨”D-XII 是一战时由德国柏法茨公司研制的双翼战斗机，基本上是把原先“柏法茨”D-III 战斗机的机身加上法军的斯帕德 S. Ⅶ战斗机的机翼，不同的是机头由于加装了一个散热器而令其外表有所改变。“柏法茨”D-XII 战斗机结构坚固，适合高速俯冲攻击。

马丁赛德 F.4 战斗机

制造商：马丁赛德公司

首飞时间：1918 年

空重：823 千克

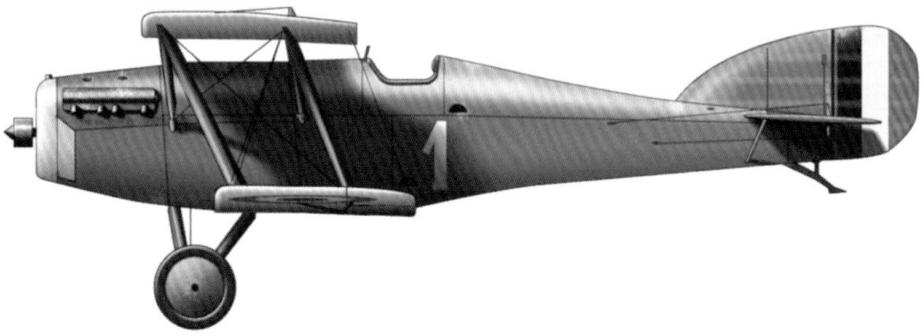

马丁赛德 F.4 是英国马丁赛德公司一战时生产的 F 系列战斗机的终极型号，被认为是一战后期英国生产的最好的单座战斗机。马丁赛德 F.4 采用 300 马力的伊斯帕诺-絮扎 8Fb 八缸直列发动机，取代了罗尔斯 • 罗伊斯“隼”式发动机。该机速度快、机动灵活、爬升率高，英国空军部下了 150 架订单，但由于生产和发动机交付的延误，最终参战的寥寥无几。马丁赛德 F.4 最终产量超过 370 架，但只有极少数交付英国空军服役，最后英国皇家空军不得不选择了性能略差的索普维斯“斯奈普”战斗机。

MB-3 战斗机

制造商：托马斯 - 摩尔斯公司、波音公司

首飞时间：1919 年

空重：778 千克

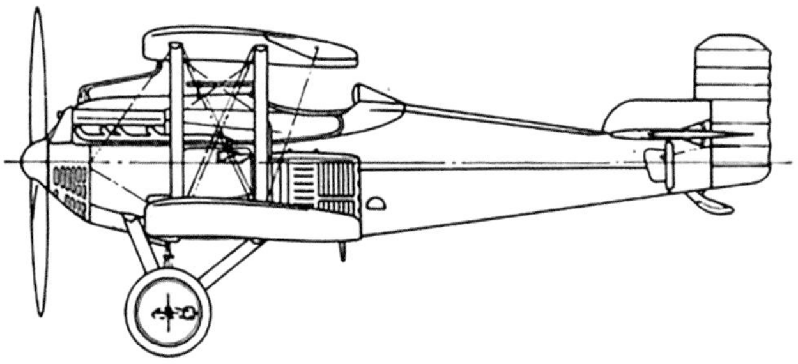

MB-3 是美国托马斯 - 摩尔斯公司为美国海军生产的一款新型单座单发双翼战斗机。尽管第一架原型机直到 1919 年 2 月才首飞，美国海军仍然信守承诺购买了 50 架 MB-3。1920 年，通过当时已经启用的竞争性招标系统，波音公司拿到了一份生产 200 架 MB-3A 的订单。20 世纪 20 年代中期，MB-3 被送到得克萨斯的科里机场作为教练机服役，直到 1928 年退役。

“福克”PW-5 战斗机

制造商：福克公司

首飞时间：1921 年

空重：878 千克

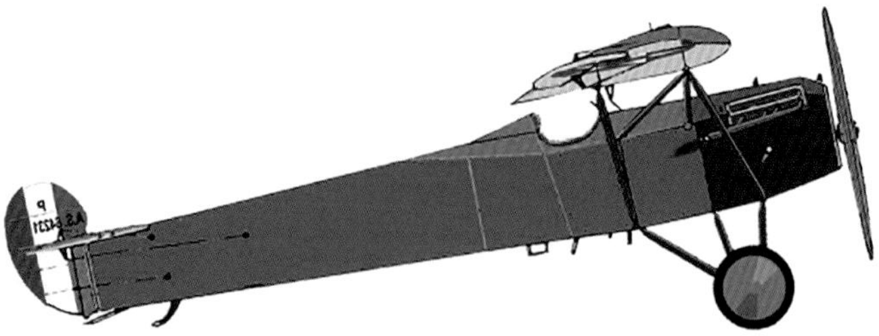

“福克”PW-5 战斗机是一款由荷兰福克公司研发的伞式单翼战斗机，只生产了 12 架，用来出口至美国，主要用作进阶训练机。首批生产的两架“福克”PW-5 在 1921 年交付，其中一架在 1922 年 3 月 13 日坠毁，随后美国又订购了 10 架。

PW-9“追击者”战斗机

制造商：波音公司

首飞时间：1923 年

空重：878 千克

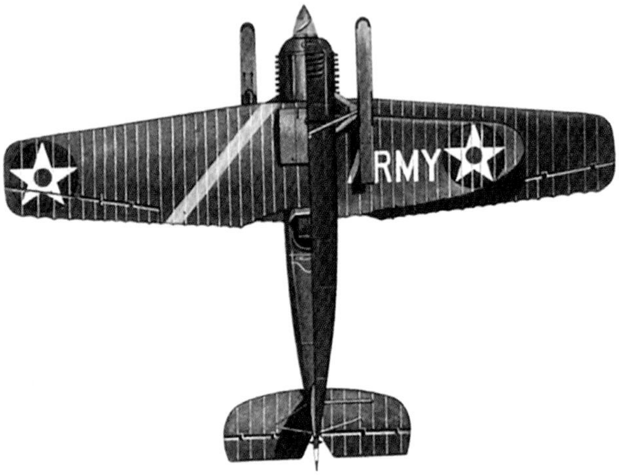

一战结束后的几年中，美国波音公司在成功设计出几款战斗机之后，又推出了比之前更好的机型——波音 -15，美国陆军在对其进行评估后，订购了 30 架，并将其命名为 PW-9“追击者”战斗机。它的特点是织物覆盖的钢管焊接机体加木质机翼，最高飞行速度能达到 249 千米 / 时。

F2B-1 战斗机

制造商：波音公司

首飞时间：1927 年

空重：902 千克

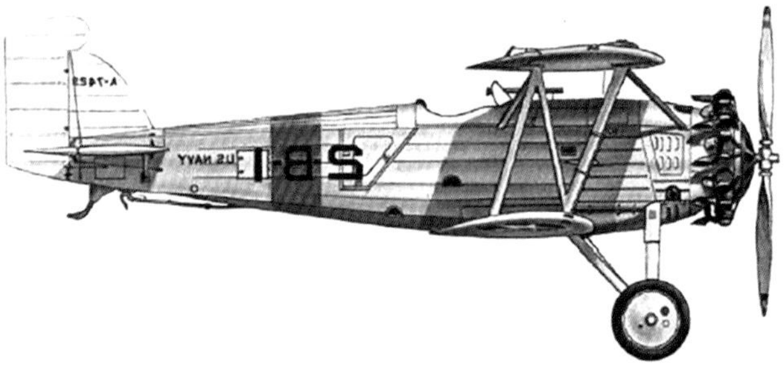

F2B-1 是美国波音公司研制的一款 69 型双翼战斗机，该机沿袭了 FB 系列的很多特色，被美国海军命名为 F2B-1 战斗机。首批 F2B-1 于 1928 年 1 月 30 日交付，被分配到“萨拉托”号航空母舰上的 VF-1B 中队和 VB-2B 中队。

F11C“苍鹰”战斗机

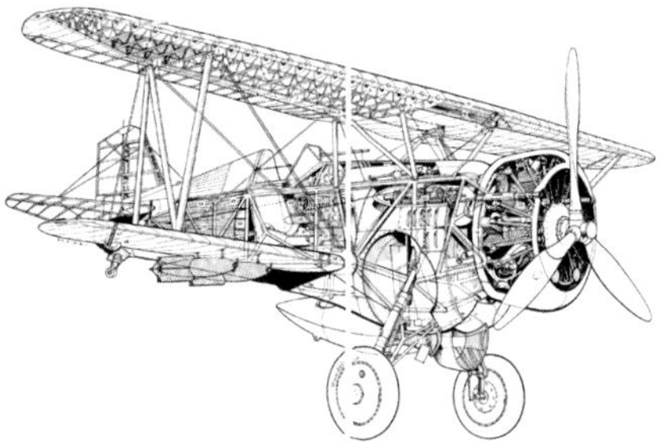

制造商：柯蒂斯公司

首飞时间：1932 年

空重：1378 千克

F11C“苍鹰”战斗机是 20 世纪 30 年代美国海军装备的一款双翼战斗机。此机型是由柯蒂斯公司为美军制造的一系列固定翼飞机中并不太成功的一种。目前，美国佛罗里达州彭萨科拉市的国家海军航空博物馆仍保存着一架完整的 F11C“苍鹰”战斗机。

传奇武器鉴赏：“骆驼”战斗机

基本参数	
机长	5.71 米
机高	2.59 米
翼展	8.53 米
航程	485 千米
速度	185 千米 / 时

“骆驼”是索普维斯公司在一战时研制的单座单发双翼战斗机，“骆驼”这一绰号来自机枪后膛驼峰形的整流片。

研发历程

一战后期，英、法、德不断推出性能更加优良的战斗机，激烈的空战需求高机动性的战斗机。在这种背景下，“骆驼”战斗机于 1916 年 2 月 22 日首次试飞，并很快投入生产，1917 年 7 月参加战斗。

作战性能

“骆驼”战斗机具有良好的机动性和强大的火力。该机凭借敏捷的盘旋性能和强大的前射火力，在 1917 年 7 月至 1918 年 11 月参战的 16 个月中共击落敌机 1294 架，创造了一战中单机种战果纪录之最。从战果数量来说，“骆驼”可以称作交战双方最为成功的战斗机。英国空军和海军航空兵都装备过这种飞机，总共生产了 5490 架，除英国外，比利时、加拿大、希腊、美国都使用过这种飞机。

除了空战，“骆驼”战斗机还可以完成对地攻击任务。每架“骆驼”战斗机的机翼下能挂上 4 枚炸弹，但由于要维持空中的稳定，需要飞行员用力紧握操纵杆，所以每次都令飞行员双手疲劳。虽然“骆驼”战斗力较强，但其过于苛刻的操作特性对于新飞行员是个巨大的考验。

飞行中的“骆驼”战斗机

博物馆中展览的“骆驼”战斗机

“骆驼”战斗机前侧方特写

1.3　崭露头角的轰炸机

随着军用飞机性能的提高，拓展其用途是必然的结果。而一战战况日趋激烈，各国军方已经不满足于将军用飞机仅仅用于执行战术任务。在“总体战”的战略思想下，军方迫切需要一种能够在夺取制空权后，对敌纵深目标实施重点打击、削弱敌方战争潜力的空中兵器。然而，空战、空中侦察、必要时的低空扫射，几乎已经是当时战斗机所能执行任务的极限。在这种形势下，另一个全新的机种——轰炸机应运而生。

轰炸机在一战期间成为攻击敌人各类目标的主要投射工具，攻击的目标包括地面部队、作战物资等战术目标，或者是工厂、城市等战略目标，根据这两种任务需求又衍生出战略轰炸机和战术轰炸机两个分支。最早发明轰炸机的是俄国机械工程师伊戈尔•伊万诺维奇•西科斯基，其发明的双翼轰炸机，曾经造成德军伤亡；德国戈塔型轰炸机曾经对英国的城市进行过轰炸，1917 年 6 月 13 日轰炸伦敦，造成 200 人伤亡，算是开启战略轰炸的先河。

一战时期的轰炸机，即使是较为大型的设计，基本都很相似：木材、金属与布料蒙皮的结构，开放式座舱，少量的自卫火力，譬如步枪口径的机枪，炸弹由后座飞行员至目的地上空，以双手搬动丢掷，换句话说，当时的轰炸机设计可以粗略地看作战斗机的放大。

“阿芙罗”504 轰炸机

制造商：阿芙罗公司

首飞时间：1913 年

空重：558 千克

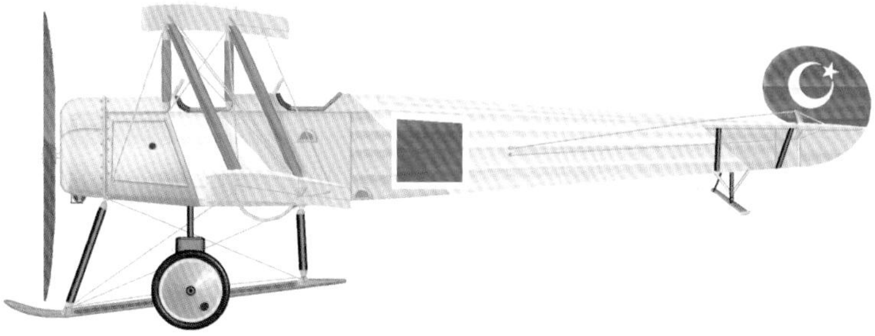

“阿芙罗”504 是英国在一战期间研制的多用途飞机，可作轰炸机使用。“阿芙罗”504 最初的 A 系列到 H 系列生产于 1913—1917 年，虽然后来以教练机闻名于世，但最初在一战中实际上被当作侦察 / 轰炸机使用。1914 年 4 月 22 日一架“阿芙罗”504A 成为同盟国损失的第一架飞机，不久之后一架“阿芙罗”504B 又有幸成为在德国领土上投下第一枚炸弹的飞机。革命性的“阿芙罗”K 型在 1918 年开始服役，这一型号由于采用一种通用发动机底座，能在机身上安装几种不同类型的转子发动机。

“伊利亚·穆罗梅茨”重型轰炸机

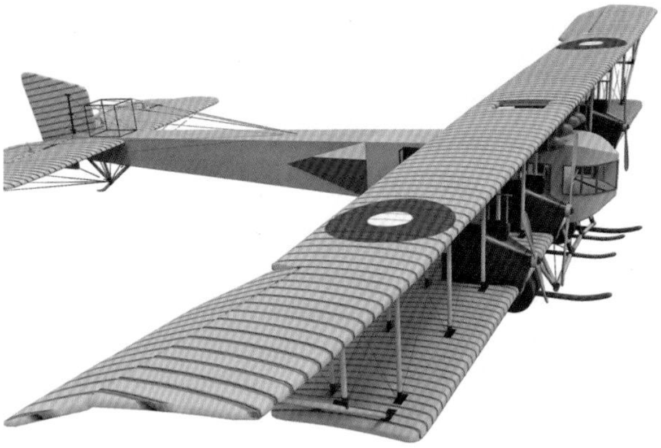

制造商：罗斯波罗运输厂

首飞时间：1914 年

空重：3150 千克

“伊利亚·穆罗梅茨”是世界上第一款专门设计的轰炸机。一战初期大部分交战国执行空中轰炸任务的飞机大都是将侦察机或者水上飞机改装后作为轰炸用途，这些飞机普遍存在载弹量小、航程短、投弹精度差等缺点。但俄国人在重型轰炸机方面却开了先河。

戈塔 G 轰炸机

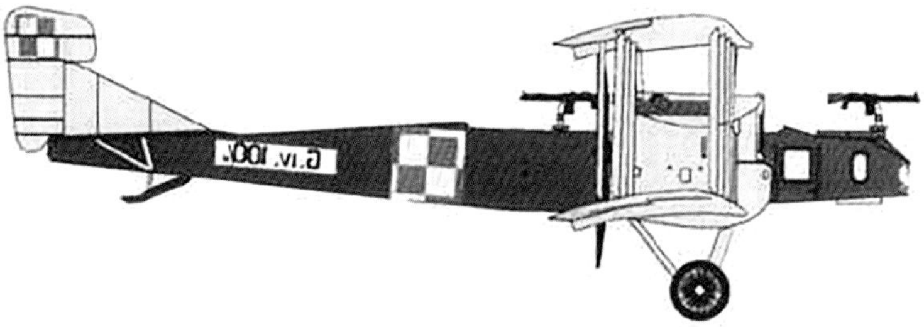

制造商：戈塔公司

首飞时间：1915 年

空重：2413 千克

戈塔 G 轰炸机原本由业余飞机设计师奥斯卡·厄西纳斯设计，它的机身和上机翼相连，造型十分怪异，但此机却被德国军方看中并作为对地攻击机。此机原名是“FU”，但后来被戈塔公司购买了专利权而更名，并生产了 6 架用于东线作战，后来戈塔公司的飞机设计师汉斯·布克哈德将其重新设计成为“戈塔 G 型轰炸机”。戈塔 G 型是德国在一战时装备的重型轰炸机，在大战期间主要用于轰炸英国。

“齐柏林 - 斯塔肯”R-VI 轰炸机

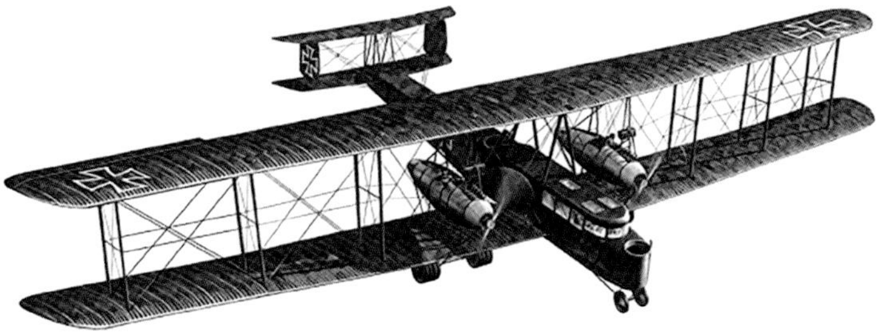

制造商：齐柏林 - 斯塔肯公司

首飞时间：1916 年

空重：7921 千克

“齐柏林 - 斯塔肯”R-VI 轰炸机是德国在一战时服役的重型轰炸机，在大战期间主要和戈塔 G 轰炸机一起轰炸英国。不同于当时的大多数飞机，“齐柏林 - 斯塔肯”R-VI 轰炸机在机首下方也有起落架，令它在飞行或在地面皆是水平的。由于它庞大的机身和重量，其主起落架的车轮要两个重叠在一起使用，它也需要特别加固的机场跑道。

卡普罗尼 Ca.3 轰炸机

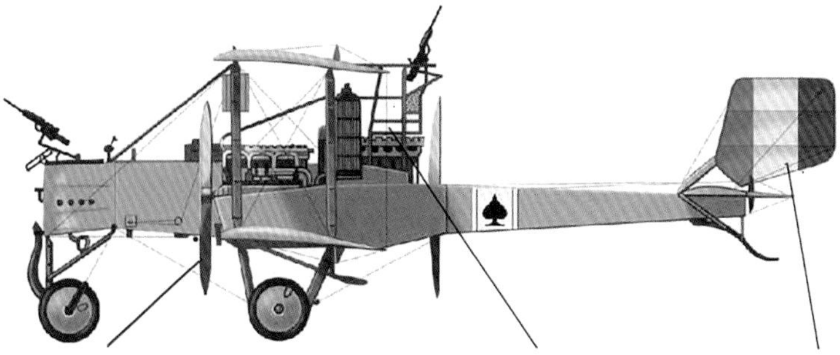

制造商：卡普罗尼飞机制造厂

首飞时间：1916 年

空重：2300 千克

卡普罗尼 Ca.3 是一战时期由意大利卡普罗尼飞机制造厂生产的轰炸机。操控方面需由两名飞行员担任，并可在机身前后各安排一名攻击枪手。除了原生产国意大利外，英国、法国、美国空军后续皆使用过卡普罗尼 Ca.3 轰炸机。而在一战结束 10 多年后，墨索里尼突击北非及埃塞俄比亚时，卡普罗尼 Ca.3 仍活跃在战场上。

DH-4 轰炸机

制造商：艾尔科公司

首飞时间：1916 年

空重：1084 千克

DH-4 是英国在一战后期使用的一种轻型轰炸机，该机最大的缺点是将主燃油箱安装在前后座位之间，安全性极差，因此有些飞行员称它为“烧着的棺材”。但该机仍不失为一款性能不错的机型，美国的莱特等三家飞机公司也曾协助制造，均装备于美国空军和美国远征航空队使用，一战后美国使用至 1928 年，还曾利用它做过空中加油的试验。

DH-9 轰炸机

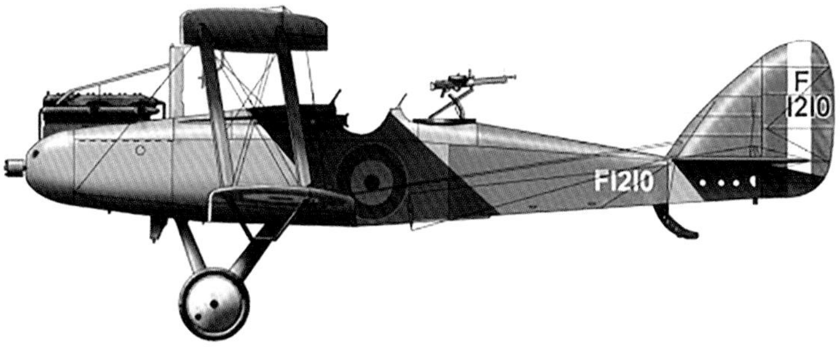

制造商：艾尔科公司

首飞时间：1917 年

空重：1014 千克

DH-9 轰炸机是 DH-4 轰炸机的改进型号，两者在主翼和尾部结构的设计完全一致。DH-9 轰炸机采用了新型 BHP 发动机，其功率约为 224 千瓦，导致 DH-9 轰炸机在执行远距离轰炸任务时无法拥有充足的动力。尽管该机的飞行速度略胜于 DH-4 轰炸机，但它的实用升限和载弹量等指标却几乎没有任何变化。DH-9 轰炸机在被制造出来后，就快速投入了战场，并成为新生的英国空军日间轰炸机的主力机型，但在实战过程中，该机却并没有收获正面的评价。

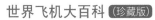

R 型重型轰炸机

制造商：齐柏林 - 斯塔肯飞机制造厂

首飞时间：1918 年

空重：9000 千克

R 型重型轰炸机是一战中最大型的飞机，通常使用四台或更多的发动机，这些发动机可以是不同生产商、型号或不同功率，而拥有多发动机的 R 型重型轰炸机在当时能够连续飞行数个小时，同时也拥有更大的携弹量。

卡普罗尼 Ca.4 轰炸机

制造商：卡普罗尼飞机制造厂

首飞时间：1917 年

空重：6709 千克

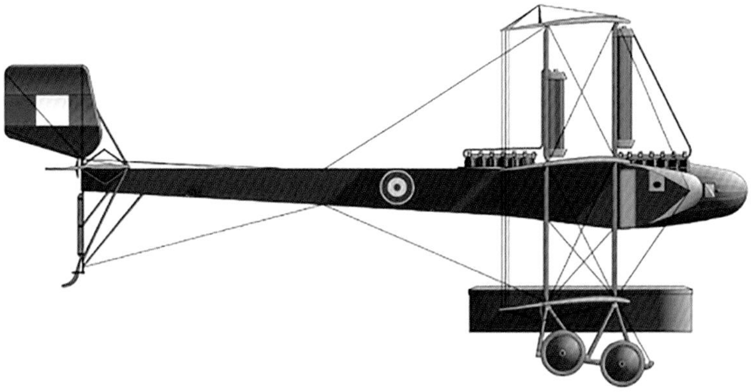

卡普罗尼 Ca.4 轰炸机是卡普罗尼公司在成功设计出卡普罗尼 Ca.3 轰炸机后，所开发出的外观更巨大的机型。外形上卡普罗尼 Ca.4 采用了三片飞行翼，武器部分最多可装配 8 架机枪。在一战期间多用于夜间轰炸。一战结束后，部分卡普罗尼 Ca.4 改装成民用航机供乘客使用，并曾搭载乘客飞行于米兰至伦敦之间。

DH-10 轰炸机

制造商：艾尔科公司

首飞时间：1918 年

空重：2614 千克

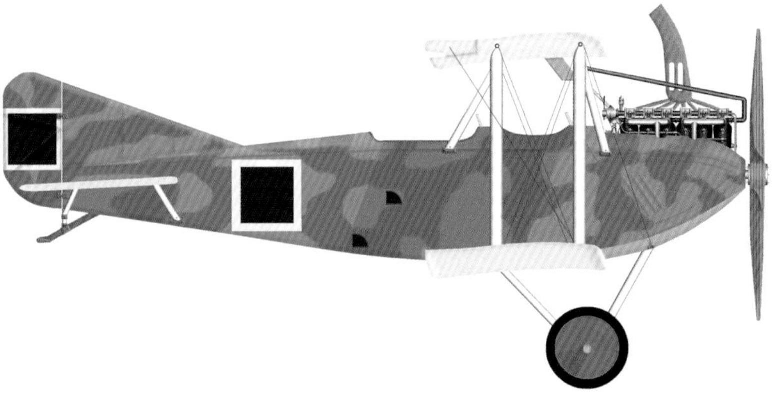

DH-10 是一种双发中程昼间轰炸机，是 20 世纪 20 年代

最伟大的轰炸机之一。1918 年 3 月首飞成功后，其性能让英国军方非常满意，立即下订单投入生产，但是当时英国国内的劳资纠纷和飞机本身关键性材料的短缺延误了 DH-10 的生产计划。直到 1918 年 10 月，首批 8 架 DH-10 才正式交付英国空军。

卡普罗尼 Ca.90 轰炸机

制造商：卡普罗尼飞机制造厂
首飞时间：1929 年
空重：15000 千克

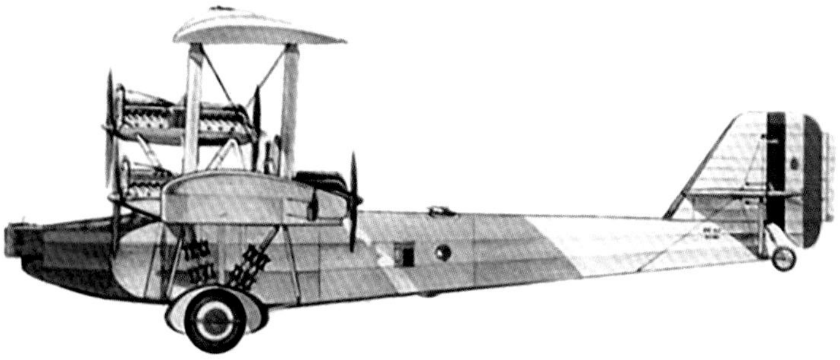

卡普罗尼 Ca.90 轰炸机由意大利卡普罗尼飞机制造厂设计生产，可载装共 8 吨炸弹。该机是当时世上外形最大的平地陆上飞机及轰炸机，至今只生产过 1 架。

1.4 别具一格的飞艇

飞艇的概念最初起源于 19 世纪初的英国和法国，当时人类已经开始了使用热气球探索蔚蓝天空的第一步。但由于热气球在天空中飞行时只能随风飘荡，所以人们开始考虑在热气球吊篮上安装带螺旋桨的发动机，以控制热气球的飞行。在 1816 年，两个瑞士人在英国就设计了这样一艘外形犹如一条鱼的“可操纵的热气球”，但最终没能飞上天。随后，一个名叫蒙克·梅森的英国人在瑞士人设计的启发下也设计出了一艘用发条装置来驱动螺旋桨作为动力推动的模型飞艇。虽然该飞艇真的飞了起来，但它却不能载人，没有实用价值。再经过数十年的发展，终于在 1851 年法国人亨利·吉法德设计制造成了第一艘可操纵的飞艇，从此开始了飞艇发展历史上的新纪元。

自从 1911 年飞艇首次运用于军事行动后，战场上空开始出现越来越多的军用飞艇。一战中，号称“天空战舰”的飞艇迎来了其发展史上的一段黄金时期。在此期间，德国、英国、法国、美国等国总共建造了 460 多艘飞艇，一支支“天空舰队”在战火的硝烟中渐渐壮大。正当飞艇欲大展宏图的时候，1937 年 5 月 6 日德国“兴登堡”飞艇的坠毁彻底终结了飞艇的黄金时代，飞机开始全面占据人类航空舞台。

齐柏林飞艇

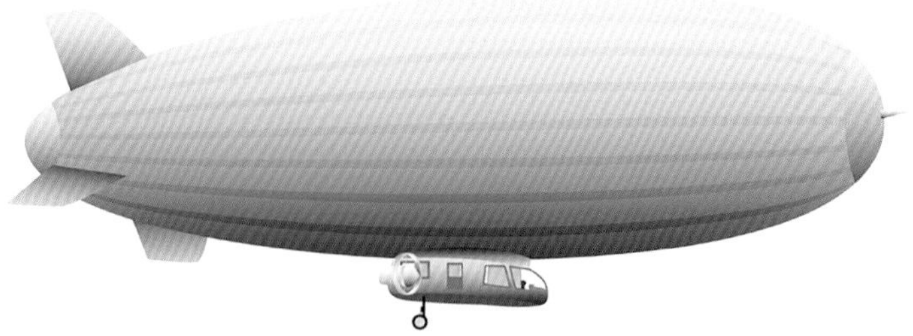

制造商：齐伯林飞艇公司

首飞时间：1900 年

齐柏林飞艇是由德国的斐迪南·冯·齐柏林伯爵设计并制造的。机身采用铝合金制造，全动尾翼，这种飞艇使用完整的龙骨结构保持气囊的外形，采用活塞式发动机作动力，因而飞行性能好，装载量大，主要用于空中作战和地面攻击任务。该机具有七个武器外挂点，曾担任大西洋两岸重要的商业飞行。

“洛纳”L 战斗飞艇

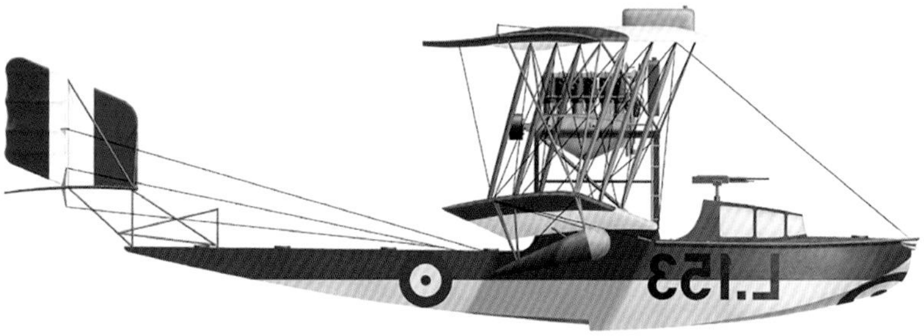

制造商：洛纳公司

首飞时间：1915 年

空重：1150 千克

“洛纳”L 战斗飞艇是一战时奥匈帝国海军航空队在南线地中海战区和意大利作战所使用的战斗飞艇，其研制厂家洛纳公司是奥匈帝国最有名的汽车生产商，1909 年开始进军航空工业。“洛纳”L 战斗飞艇的“L”除了是指洛纳公司外也有远程侦察机的意思。

DN-1 飞艇

制造商：康涅狄格公司

首飞时间：1917 年

DN-1 是美国海军的第一艘飞艇，由美国康涅狄格公司制造生产。在 1917 年 4 月 20 日的测试飞行中，DN-1 飞艇的表现令人大失所望。DN-1 没有升力，几乎不能满足 56 千米 / 时的速度要求，并且变速器过热，使轴承易融化。同年 4 月 27 日，DN-1 再次进行测试飞行，却意外损坏机身，美国海军认为该飞艇不值得维修，因此唯一一艘 DN-1 飞艇报废。

M5 战斗飞艇

制造商：马基飞机公司

首飞时间：1917 年

空重：755 千克

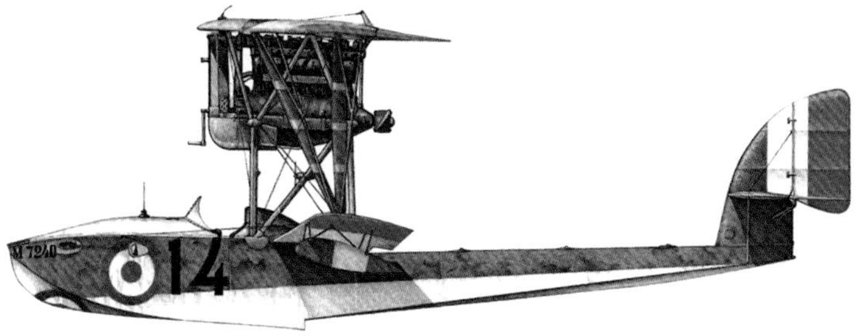

M5 战斗飞艇是意大利马基飞机公司从一架误降在意大利水域的奥匈帝国“洛纳”L 战斗飞艇的基础上改良而来的，机身和重量都比“洛纳”L 战斗飞艇要小，其上翼比下翼宽，并用 V 形支柱连接，其翼尖下方的浮筒也和“洛纳”L 的不同。M5 战斗飞艇在空战中拥有极高的灵活性，速度和爬升率也都令人非常满意。

C-5 飞艇

制造商：固特异公司

首飞时间：1918 年

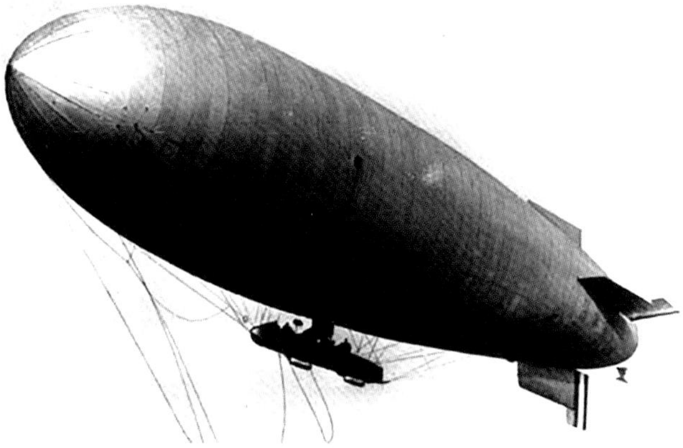

C-5 是由美国固特异公司和古德里奇公司共同研发的用于一战期间的海军训练和巡逻任务的飞艇。1919 年 5 月，C-5 飞艇离开蒙托克角，飞行经过开普梅、新泽西州、蒙托克、纽约、圣约翰、纽芬兰，并在这个过程中完成了纽芬兰的第一次无线电语音传输。

1.5 飞行员的启蒙机型——教练机

教练机是用于训练飞行员从最初级的飞行技术到能够单独飞行并完成指定工作的特殊机种。操作军用还是民用飞机的飞行员都需要经过一些相同的训练程序，使用类似的教练机完成基础飞行课程。教练机还需要具有很高的出动率，以便大量培训新飞行员，所以需要运行成本低廉、维修简单。这些要求实际上相当苛刻，使优秀教练机的设计相当不容易。

教练机分初级、中级和高级。初级教练机担负新学员的最初飞行训练任务，包括起飞、着陆、目视飞行等，还有一个很重要的任务就是鉴别、筛选出有前途的学员。中级教练机用于训练已经具有初步飞行技能的学员，用来训练队列飞行、仪表飞行等。高级教练机是飞行学员的最后阶段，用来训练复杂气象飞行、简单战术动作等。此外还有训练空中领航员、雷达员、专业人员等所用的专业教练机，一般由轰炸机或运输机改装而成，机上配有若干专用技术教学设备。虽然教练机也用于训练民航和通用航空的飞行员，但一般习惯上还是被算作军用飞机。

一战中期，出现了专门设计的教练机。教练机不光承担训练任务，也在战争时期作为对地攻击机甚至简易战斗机使用。一战时期的教练机多是采用活塞式发动机，活塞式发动机在本质上和汽车发动机差不多，技术成熟可靠，经济性也好。早期的教练机一般不参加战斗任务，在设计的时候也不考虑挂载武器的能力。

JN-4“詹尼”教练机

制造商：柯蒂斯公司

首飞时间：1915 年

空重：630 千克

JN-4“詹尼”是柯蒂斯公司在一战时研制的双座单发双翼教练机，堪称一战中美国最成功的教练机，这一点很大程度上来自其采用的柯蒂斯“公牛”5 型发动机，该发动机性能极为可靠。随着美国加入一战，JN-4 的订单激增，到战争结束时生产了超过 6000 架，是一战中美国陆航和加拿大空军使用最多的教练机。

艾尔马林 39-B 教练机

制造商：艾尔马林公司

首飞时间：1916 年

空重：879 千克

艾尔马林 39-B 是美国著名的双座双翼水上教练机型，具有双翼布局，上翼翼展较大；发动机汽缸盖外露，排气口位于驾驶舱正前方；带有中央浮筒和翼尖浮筒（仅水上型）。采用传统双翼飞机的配置和设计，可使飞机迅速脱离其浮桥并更换岸上作业的轮式底盘。

艾尔马林 40F 教练机

制造商：艾尔马林公司

首飞时间：1916 年

空重：628 千克

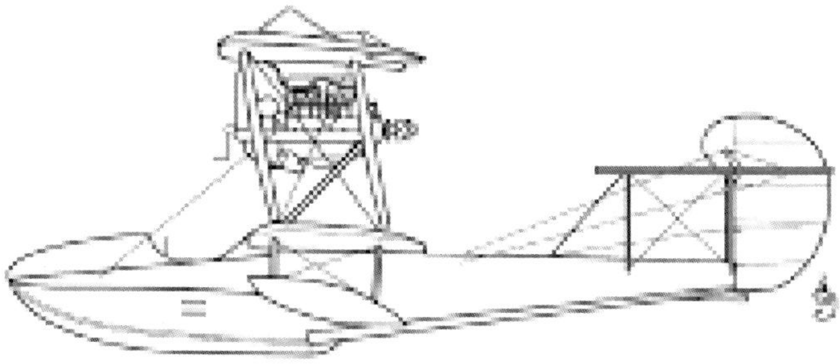

艾尔马林 40-F 是由美国艾尔马林公司在一战末期研制的一款双座双翼教练机。它的机身是木制的，而在双机翼的正前方，是一个开放式的驾驶舱，驾驶员和学生并排坐在里面。在试飞成功后，美国海军向艾尔马林公司订购了 200 多架，但 1918 年 11 月停战后，大部分订单被取消。最终，只有 50 架加入了美国海军。

托马斯 • 摩尔斯 S-4 教练机

制造商：托马斯 • 莫尔斯飞机公司

首飞时间：1917 年

空重：437 千克

托马斯 • 摩尔斯 S-4 是美国在一战期间研制的单座单发双翼教练 / 战斗机。S-4 的制式型号 S-4BS 安装了莫诺索帕普发动机，但其出现了严重的漏油问题，后来生产的400架 S-4CS 型换用功率有所下降但更为可靠的罗恩 4C 发动机。S-4 只在美国国内使用，被昵称为“汤米”，一战结束后迅速退出现役。很多飞机作为剩余物资卖给私人，作为竞速飞机或拍电影用飞机，一直到 20 世纪 20 年代。

NT-2B 教练机

制造商：诺曼 • 汤普森飞机公司

首飞时间：1917 年

空重：1053 千克

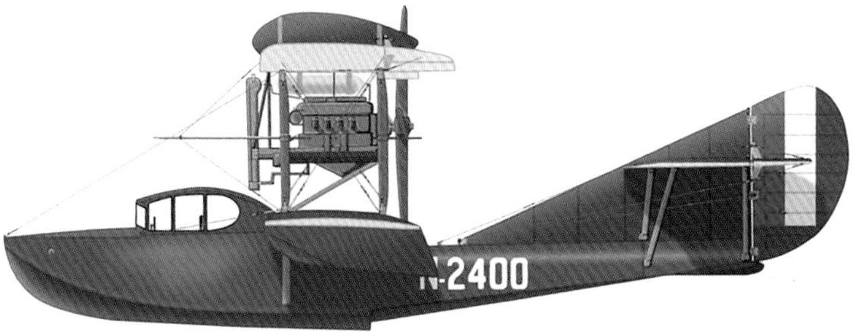

NT-2B 是一战期间由英国诺曼 • 汤普森飞机公司研发的单发双翼教练机。该飞机由安装在机翼之间的比尔德莫尔六缸水冷式发动机提供动力，飞行员与教练并排坐在一个封闭的驾驶舱内，驾驶舱内装有双重控制装置。第一架 NT-2B 教练机于 1917 年 7 月 8 日正式交付，并作为英国皇家空军的标准教练机直至一战结束。

Po-2 教练机

制造商：波利卡波夫设计局

首飞时间：1927 年

空重：770 千克

Po-2 是苏联研发的最理想的教练机之一，该机结构简单，性能可靠，除了担任教练机之外，还可作为多种用途使用，如农用机、运输机、轰炸机、侦察机等。该机是历史上产量第三多的飞机，也是产量最多的双翼机，总产量为 4 万架以上。

“山雀”教练机

制造商：霍克公司

首飞时间：1928 年

空重：821 千克

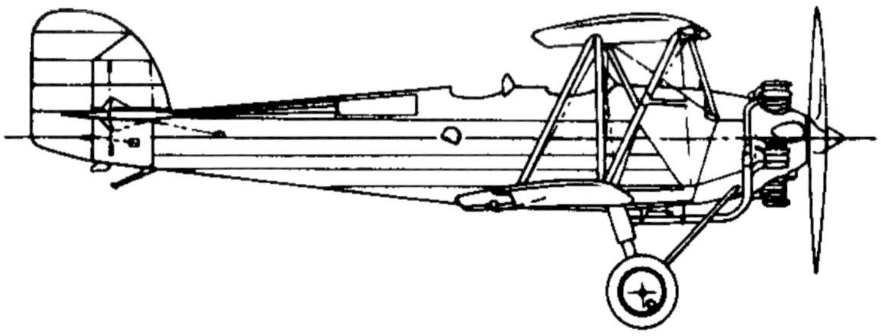

“山雀”是由霍克公司研制的教练机，得益于上机翼安装的汉德利·佩奇自动开缝式襟翼，“山雀”在英国空军的使用中表现出优异的操纵性。1928—1931 年，英国航空部分三次共订购了 25 架“山雀”。第一批“山雀”大多装备英国皇家空军位于格兰瑟姆的第三飞行训练学校，后续飞机还装备位于惠特林的中央飞行学校。

Chapter 02

二战前后

二战规模的空前绝后使各参战国理所当然产生了巨大的军事需求，这刺激了世界航空工业的第二次大发展。航空工业借此机会实现了进一步发展和持续性扩张，二战时期空军成为各国高度重视的全新军种，参战飞机数量之大、种类之多，是一战所不能企及的。此外，由于航空工业体系初具规模，所以飞机性能的提升空间也就更大，产量更是得到了前所未有的提升：全世界总产量约 100 万架，在参战国中，英、美等盟国共生产了 40 多万架，苏、德两国各生产了约 11 万架。

这一时期，民用航空业也有了一个飞跃式的发展。二战结束初期美国把大量的运输机改装成为客机，开始载运乘客。

1931—1947 年

1930 年　英国人惠特尔获得涡轮喷气式发动机的专利

1931 年　洛克希德公司推出第一架使用可收放式起落架的民航机——“猎户座”

1933 年　波音公司与联合航空公司推出划时代的民航客机 B-247

1935 年　德国的亨克尔和容克斯两家飞机公司开始进行涡轮喷气式发动机的研制工作

1939 年　He-178 喷气式战斗机试飞成功，标志着人类航空史中喷气飞行时代的到来

1941 年　格罗斯特公司的首架 E28/39 喷气式飞机首飞

1942 年　世界上最早的实用型喷气式战斗机——Me-262 试飞成功

1944 年　德国研制成功世界上第一架前掠翼飞机——“容克斯”287

1945 年　英国研制了两架飞机，安装了当时先进的喷气式发动机，速度达到音速

1947 年　贝尔直升机公司试飞能冲破音障的飞机

2.1 黄金时代的活塞式战斗机

活塞式战斗机是指以活塞式航空发动机作为动力，通过螺旋桨产生推进力的飞机。二战中世界各国都是以活塞式战斗机作为主力机型，到了二战后期活塞式战斗机也发展到了巅峰阶段。

基于冷却的需要，液冷发动机的汽缸排列呈狭长形，迎风截面积比气冷发动机要小，机身产生的阻力也相对较低，对于需要高速的战斗机来说相当重要，也是二战开始之际，许多有生产能力的国家的首要选择。

气冷发动机的输出发展潜能比较高，同时必须要以较大的输出来克服阻力。可是提升输出的重要方法之一就是增加环状汽缸的圈数，造成额外的冷却问题需要解决。散热不良的第二排之后的汽缸会使得汽缸的外壁因持续高温而变红，导致汽缸损毁的状况。美国国家航空咨询委员会（NACA）率先设计出多种可以降低阻力的发动机外罩，其他国家相继采用或者以此为基础发展，使得气冷发动机的冷却和降低阻力的两大需求都得到了适当解决。

气冷发动机比液冷发动机有设计与生产的优势，对于工业设计或者是生产能力较弱的国家来说是常见的选择，其中又以日本的情况最为明显。

二战中期，为了满足输出马力需求大幅上升的状况，液冷发动机从极为普遍的 V 形 12 汽缸提升为 X 形或 H 形 24 汽缸，气冷发动机则由 1 排、2 排提升到 4 排汽缸的庞大架构。

活塞式发动机结构相对简单，技术要求不高，而且耗油率低，能很好满足低速飞行的需求。虽然这类活塞式发动机能够提供二战前无法想象的动力输出，可是替代动力的发展在二战结束前已经逐渐明朗化，活塞式发动机与螺旋桨的搭配注定要走下战斗机动力的舞台。

XP-26“玩具枪”战斗机

制造商：波音公司

首飞时间：1932 年

空重：996 千克

XP-26 是美国陆军航空队所使用的第一款单翼战斗机，也是波音公司二战前所量产的

最后一款战斗机。因为安装在前机身上的管状瞄准器，人们送给在一线服役的 XP-26 一个绰号——“玩具枪”。

He 51 战斗机

制造商：亨克尔公司

首飞时间：1933 年

空重：1460 千克

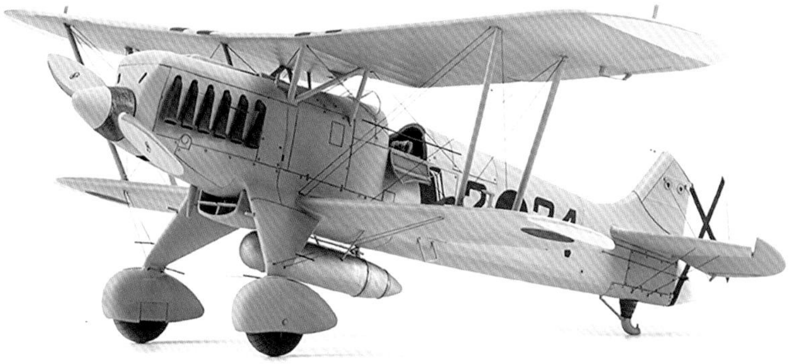

He 51 是亨克尔公司为德国重整军备推出的第一款战斗机，由于在设计上平淡无奇，于 1935 年进入德国空军服役后不久就被 Bf 109 战斗机所取代，之后其多作为对地攻击机、教练机和水上飞机使用。

I-15 战斗机

制造商：波利卡尔波夫设计局

首飞时间：1933 年

空重：1012 千克

I-15 是苏联二战前夕服役的主力战斗机，初期型号的上机翼为“鸥”式布置，以便给飞行员提供较好的视野。起落架为固定式。外形比较简洁，某些型号在机轮上还增加了整流罩。飞机的前部机身是铝蒙皮，其余部分为布蒙皮。I-15 的机载武器为 2 挺带同步射击装置的 7.62 毫米 PV-1 机枪。

I-16 战斗机

制造商：波利卡尔波夫设计局

首飞时间：1934 年

空重：1490 千克

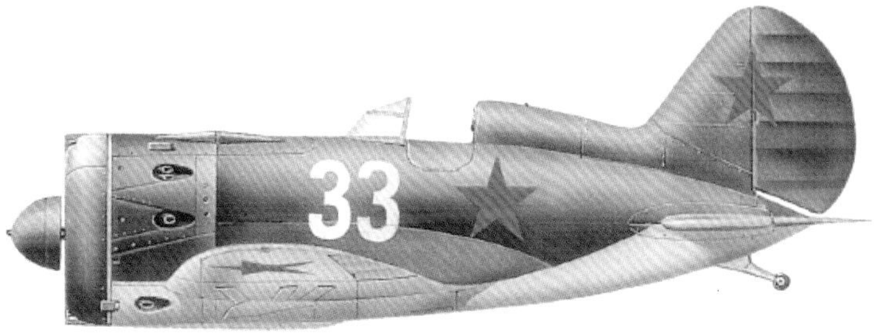

I-16 是苏联二战初期服役的主力战斗机，是世界上第一款低单翼的硬壳结构战斗机，并率先使用收放式起落架和变距螺旋桨等新的民用飞机技术。I-16 代表了两次世界大战之间空

战概念的变化，其兼有新旧机型的特色，如旧机型的开放式座舱和粗短机身，新机型的下单翼构造和收放式起落架，但总体而言却反映了第一次世界大战时的“缠斗战”思想。

Ar 68 战斗机

制造商：阿拉多飞机制造厂

首飞时间：1934 年

空重：1600 千克

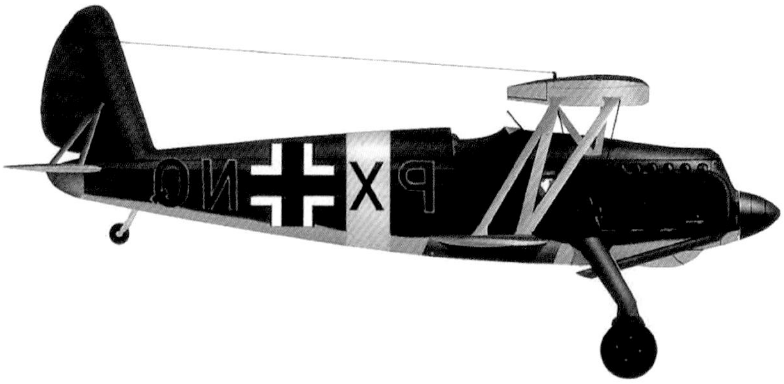

Ar 68 是德国在 1930 年单方面终止履行《凡尔赛条约》之后由阿拉多飞机制造厂自行设计并服役的战斗机，同时也是德国空军装备的最后一款双翼战斗机。这款战斗机虽然采用双翼设计，但是在外形上采用了许多降低阻力的流线形设计，同时采用液冷式发动机减少正面截面积，以降低飞行阻力。

He 112 战斗机

制造商：亨克尔公司

首飞时间：1935 年

空重：1680 千克

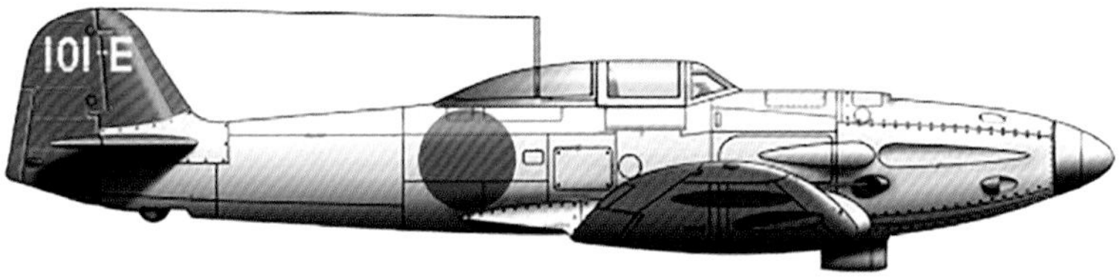

He 112 是亨克尔公司在 1934 年应德国空军的“高速邮政机”理念而研制的战斗机，理论极限速度约 700 千米 / 时，是当时飞得最快的战斗机之一，曾一度准备冲击飞行速度的世界纪录。但该战斗机设计非常复杂，且不容易维护和保养，德国空军并未采购，而日本、匈牙利、西班牙、罗马尼亚等国分别采购了一批。

F3F“飞行木桶 II”战斗机

制造商：格鲁曼公司

首飞时间：1935 年

空重：1490 千克

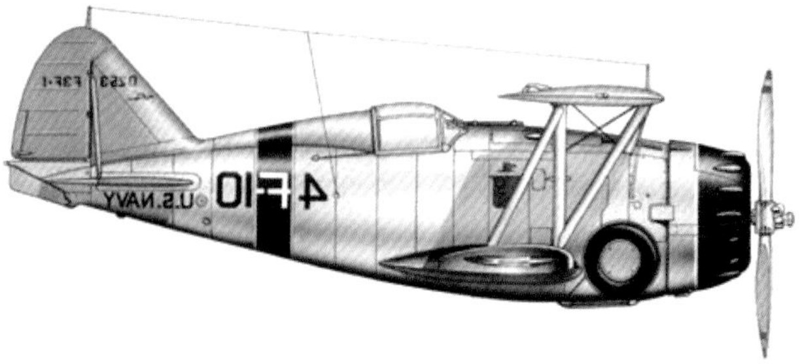

F3F 是格鲁曼公司研制的在美国海军航母上服役的最后一种双翼飞机，由 F2F“飞行木桶”战斗机改进而来，加长了机身，增大了翼展，并采用了功率更大的普惠发动机（F2F-1）

或者莱特“龙卷风”发动机（F2F-2/3）。该战斗机曾在“约克城”号、“萨拉托加”号、“游骑兵”号和“企业”号 4 艘航母上短暂服役，充分证明了格鲁曼公司设计的战斗机坚固耐用、机动灵活。

P-36 战斗机

制造商：柯蒂斯 - 莱特公司

首飞时间：1935 年

空重：2072 千克

P-36 是美国研发的一款螺旋桨战斗机。该战斗机采用低单翼，全金属半硬壳设计，起落架位于机翼下方，直接向后收起，但是机轮会旋转 90 度之后平贴于机翼。机翼外侧结构完全密封，以便为迫降水面时提供浮力。

P-35 战斗机

制造商：塞维尔斯基公司

首飞时间：1935 年

空重：2075 千克

P-35 是美国研发的一款单座单发平直翼活塞式战斗机，是美国陆军航空队 20 世纪 30 年代后期装备的第一款单座全金属战斗机。P-35 在机头发动机罩上装有 2 挺机枪，火力不足，起落架虽然可以部分收起，但硕大的整流罩却严重影响了飞行速度。

“飓风”战斗机

制造商：霍克飞机公司

首飞时间：1935 年

空重：2605 千克

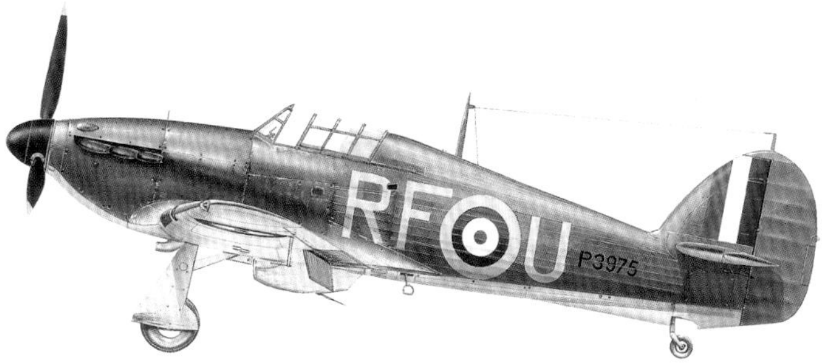

“飓风”是霍克飞机公司设计的单座单发战斗机，其金属结构机身和布制蒙皮非常耐用，而且比起“喷火”战斗机的金属蒙皮，“飓风”战斗机的布制蒙皮对爆炸性机炮弹有更高的对抗性，简单的设计也令维修变得更容易。在不列颠空战中，“飓风”击落的敌机比英军其他任何一款战斗机都多。“飓风”具有维修简便、飞行特性良好等优势，战争后期退居二线仍在一些环境恶劣、要求高可靠性多于高性能的战场执行任务。

“喷火”战斗机

制造商：超级马林公司

首飞时间：1936 年

空重：2300 千克

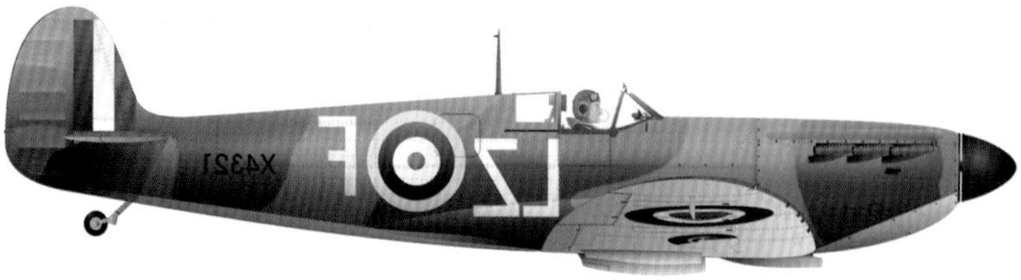

“喷火”是英国在二战中最重要且最具代表性的战斗机，也是最主要的单发战斗机。“喷火”采用的新技术包括单翼结构、全金属承力蒙皮、铆接机身、可收放起落架、变距螺旋桨和襟翼装置等。该战斗机采用了大功率活塞式发动机和良好的气动外形，与同期德国主力机型 Bf 109E 战斗机相比，“喷火”除航程和装甲等略有不及外，在最高飞行速度、火力，尤其是机动性方面均略胜一筹。

Bf 110 战斗机

制造商：梅塞施密特公司

首飞时间：1936 年

空重：4425 千克

Bf 110 是 20 世纪 30 年代中期德国研制装备的一款螺旋桨双发重型战斗机，采用常规气动布局、悬臂下单翼和双立尾，细长机身前段有一个长长的纵列三座座舱，分别配置飞行员、通信雷达手和射手。由于机体大，行动不及单发机灵活，故 Bf 110 战斗机更多用于编队护航、战术轰炸和夜间防空作战等任务。

Ar 197 战斗机

制造商：阿拉多飞机制造厂

首飞时间：1937 年

空重：1840 千克

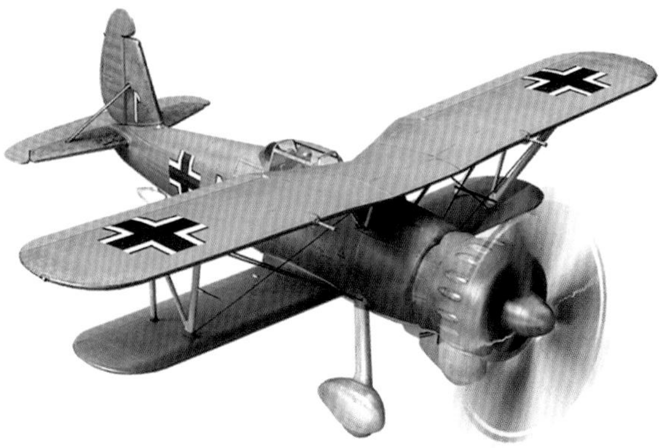

Ar 197 原本是德国计划装备在“齐柏林”航空母舰上的舰载战斗机，后来德国的航母计划因为空军总司令赫尔曼·威廉·戈林的反对而流产，所以

这架舰载战斗机的生产计划也不了了之了。

F4F“野猫”战斗机

制造商：格鲁曼公司

首飞时间：1937 年

空重：2612 千克

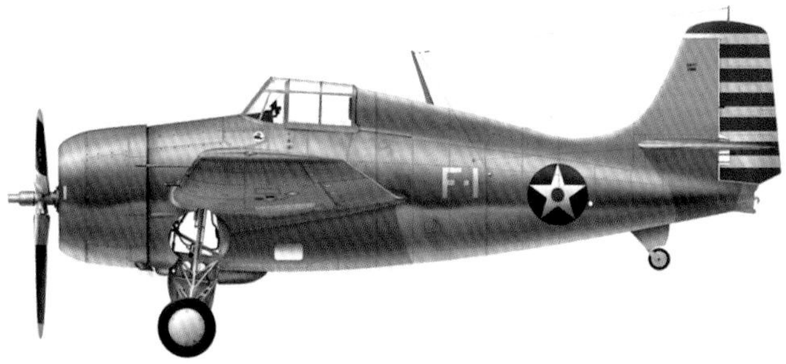

F4F“野猫”由格鲁曼公司研制，是美国海军在二战爆发时最主要的舰载战斗机。机身为全金属半硬壳结构，起落架以人力操作的方式收放于机身两侧，飞行员座舱为密闭式。F4F-3在机翼上共装有 4 挺 12.7 毫米机枪，F4F-4 以后与 FM-1/2 均增加为 6 挺同样口径的机枪。

MB.150 战斗机

制造商：国营西南航空制造公司

首飞时间：1937 年

空重：2158 千克

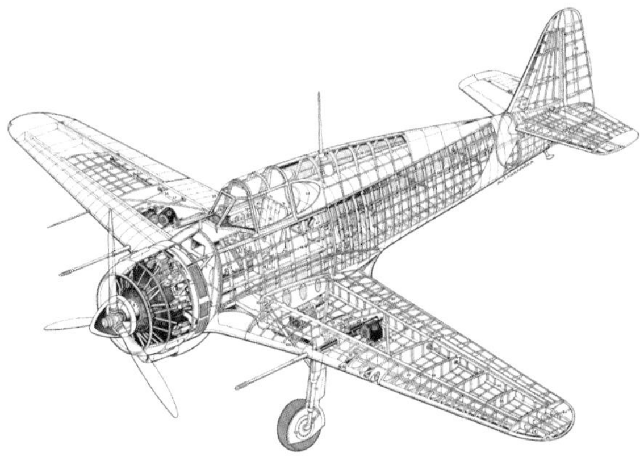

MB.150 是法国设计师莫里斯・鲁塞尔自己出资设计的一款单翼战斗机，最初是为了满足 1934 年法国空军部竞赛要求而开发的，该竞赛旨在寻求新的战斗机设计方案。MB.150 采用全金属结构，配有可伸缩的起落架和全封闭的驾驶舱。动力装置为阻力较大但在实战中生存性较好的气冷星型发动机。

F2A“水牛”战斗机

制造商：布鲁斯特公司

首飞时间：1938 年

空重：2146 千克

F2A“水牛”是太平洋战争爆发前美国海军装备的两种主力舰载战斗机之一。采用中单翼设计，机身呈圆桶状，全金属半硬壳结构。可伸缩起落架收起时缩入机身两侧位于机翼前方的位置。F2A“水牛”的机载武器为 4 挺 12.7 毫米航空机枪，另外可以在机翼下携带两枚 45 千克炸弹。

He 100 战斗机

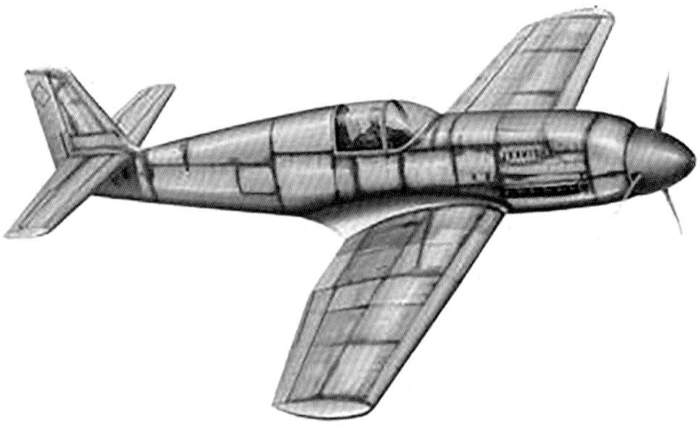

制造商：亨克尔公司

首飞时间：1938 年

空重：1810 千克

He 100 是德国亨克尔公司在二战前设计的一款战斗机，其原型机在试飞中曾达到 746.6 千米 / 时的最高速度，一举打破了国际航空联合会原来的平飞速度世界纪录。He 100 战斗机主要服务于德国的空军部队，凭借其打破世界纪录的平飞速度，塑造了德国空军的“影子部队”。

P-39“空中眼镜蛇”战斗机

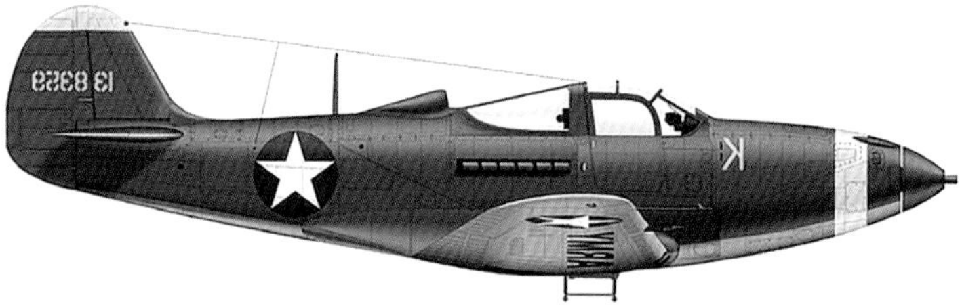

制造商：贝尔公司

首飞时间：1938 年

空重：2425 千克

P-39“空中眼镜蛇”是二战前后一款很有特色的战斗机。作为一种尝试，该机将发动机放在座舱后面，通过一根延长轴驱动机头的螺旋桨，座舱布置相应靠前，从而改变了飞机的构造。该机共装有 4 挺机枪，在发动机延长轴内还配置了 1 门 37 毫米机炮，在二战中算得上数一数二火力强大的战斗机。

P-40“战鹰”战斗机

制造商：柯蒂斯公司

首飞时间：1938 年

空重：2686 千克

P-40“战鹰”是美国在战前以 P-36 为基础改进研发的战斗机，采用单翼、收放式起落架、被整流罩严密包裹的直列发动机，散热器通风口位于螺旋桨桨毂下面。P-40“战鹰”能在中低空凭借火力以及强横结构、适度装甲取得优势，但随着新型战斗机的服役，大多数 P-40“战鹰”很快退居二线或是承担训练任务。

Ki-43“隼”战斗机

制造商：中岛飞机公司

首飞时间：1939 年

空重：1910 千克

Ki-43“隼”是中岛飞机公司于 1937 年 12 月在日本陆军的指示下开发的单发单座战斗机，主要用于替代九七式战斗机。当时日本军方要求该机的最高速度为 500 千米 / 时，并能够在 5 分钟内爬升到 5000 米高度，且装备 2 挺 7.7 毫米机枪，续航距离必须超过 800 千米。该机的整体设计除了加入可收放式起落架设计以外，基本结构大多与九七式战斗机相同。

P-38“闪电”战斗机

制造商：洛克希德公司

首飞时间：1939 年

空重：5800 千克

P-38“闪电”是二战时期由美国洛克希德公司生产的一款双发战斗机。这款战斗机的用途十分广泛，可执行多种任务，包括远程的拦截、制空、护航、侦察、对地攻击、俯冲轰炸和水平轰炸等。P-38“闪电”在太平洋战场上被应用得最广泛也最为成功，具有完美的性能和足够的航程。

A6M“零”式战斗机

制造商：三菱重工业公司

首飞时间：1939 年

空重：1680 千克

A6M“零”式是日本在二战期间装备的主力舰载战斗机，代表了二战前日本航空工业的最高水平。该机曾经在二战初期创造了所谓的 A6M“零”式战斗机神话，被视为不可能被击败的无敌战斗机，但后来其性能逐渐被美军服役的新式战斗机超越，到二战后期已经沦为美军战斗机争相猎杀的目标。A6M“零”式战斗机的主要优点包括：非常低的翼负荷，带来优异的水平面回转能力；比同时期战斗机更高的航程；中高度以下良好的爬升率；火力较强的 20 毫米机炮。

Fw 190“百舌鸟”战斗机

制造商：福克 - 沃尔夫飞机制造厂	
首飞时间：1939 年	
空重：3200 千克	

Fw 190 是二战期间德国研发的一款单座单发平直单翼全金属活塞式战斗机，绰号“百舌鸟”，是二战中后期最好的战斗机之一。该机具有良好的空中格斗性能和强大的火力，装有 2 挺机枪、4 门机炮。由于其出色的表现，它在二战期间的名声一直很好，有许多个击落过 200 架以上敌机的超级王牌飞行员驾驶的就是 Fw 190“百舌鸟”。

Me 210 战斗机

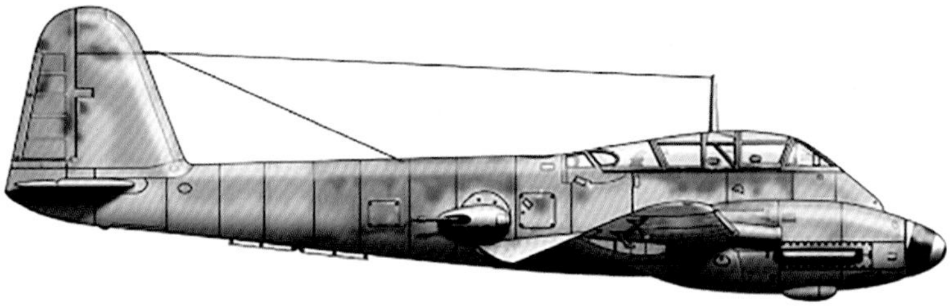

制造商：梅塞施密特公司	
首飞时间：1939 年	
空重：7069 千克	

Me 210 是梅塞施密特公司在二战前为德国军队开发的重型战斗机，是作为 Bf 110 的后继机而设计的。虽然理论上 Me 210 应该是一款优秀的战斗机，但实际上其表现令人大失所望，试飞期间就事故连连，最终因飞行问题难以解决而停止生产。

P-66“先锋”战斗机

制造商：伏尔提公司	
首飞时间：1939 年	
空重：2375 千克	

P-66“先锋”是二战时期最不起眼的战斗机之一，其主要特征为一副狭长的机翼，并装有飞行员防弹甲板。该机没

有任何突出的性能特长，其坚固耐用程度也不如 P-43 战斗机。该机曾接受英国和瑞典订购，但在 1940 年 10 月美国拒绝提供给瑞典，而英国订购的则交给了加拿大。

雅克 -1 战斗机

制造商：雅克夫列夫实验设计局

首飞时间：1940 年

空重：2394 千克

雅克 -1 是雅克系列战斗机的第一款型号，也是苏联在二战爆发时投产的一系列战斗机中最成功的一款。雅克 -1 的操纵性能不错，对飞行员技术水平要求不高，大多数飞行员在经过 30~50 小时的初级飞行训练后即可直接驾驶。由于中低空性能好，也弥补了飞行员战斗经验不足的问题。

P-43 战斗机

制造商：共和飞机公司

首飞时间：1940 年

空重：2713 千克

P-43 战斗机由 P-35 战斗机改良而来，虽然该机的整体性能表现有所不足，但因其拥有良好的高空运动性能与配有供氧系统，加上高航程，所以美军常将它用于执行高空侦察任务。P-43 战斗机采用的新设计、新科技为 P-47 战斗机的成功打下了良好的基础。

LaGG-3 战斗机

制造商：拉沃奇金设计局

首飞时间：1940 年

空重：2205 千克

LaGG-3 是一款单座单发活塞式战斗机，和雅克夫列夫实验设计局的雅克 -1 战斗机以及米高扬设计局的米格 -3 战斗机一起，在二战爆发后逐步取代老式的 I-15 和 I-16 战斗机，成为苏联空军战斗机部队的主力机型。和其他苏联战斗机相比，LaGG-3 战斗机的主要优点在于机体结构坚固，早期型号的火力也较强。

XF5F“空中火箭”战斗机

制造商：格鲁曼公司

首飞时间：1940 年

空重：3600 千克

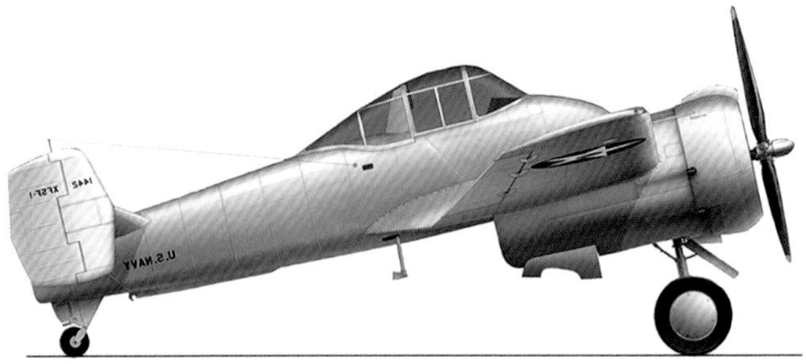

XF5F“空中火箭”是美国本土设计的一款试验性双发动机舰载战斗机，美国陆军看中这款战斗机后，将其改良成 XP-50 战斗机，不过这两架飞机都处于试验阶段。从试飞开始 XF5F“空中火箭”的问题就相当多，包括发动机润滑油冷却能力不足、阻力过高、起落架舱门的关闭有困难，等等。最终在 1944 年年底终止其研发计划。

F4U“海盗”战斗机

制造商：沃特飞机公司

首飞时间：1940 年

空重：4174 千克

F4U 是美国沃特飞机公司研发的舰载战斗机，绰号“海盗”。F4U“海盗”在许多方面都与当时的战斗机有很大差别，其机翼采用了倒海鸥翼的布局，动力装置为当时出力最大的活塞式发动机——普惠 R-2800。F4U“海盗”原型机曾创下 202.5 千米 / 时的飞行速度纪录，成为第一款超越 200 千米 / 时的美国战斗机。

雅克 -7 战斗机

制造商：雅克夫列夫实验设计局

首飞时间：1940 年

空重：2450 千克

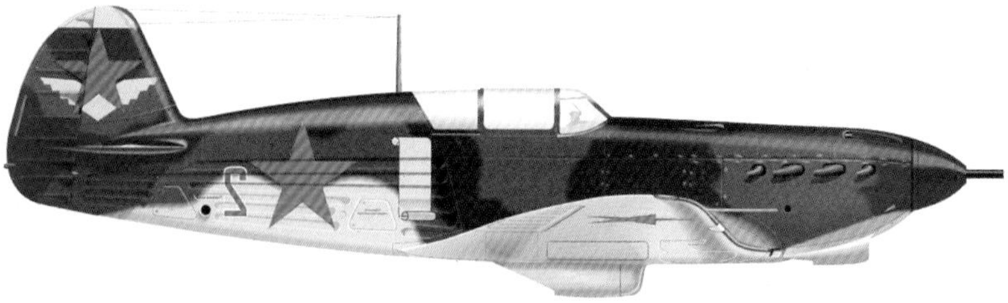

雅克 -7 是在雅克 -1 战斗机的基础上发展起来的双座教练机，1941 年被改成单座战斗机。除了作为战斗机外，雅克 -7 还不断扩展用途，成为高空截击机、重装备战斗机（3 门 20 毫米机炮或 1 门 37 毫米机炮）、长距离截击机、高速前线侦察机、炮兵校射机、高级官员联络机等共 18 种机型。

Ki-44“钟馗”战斗机

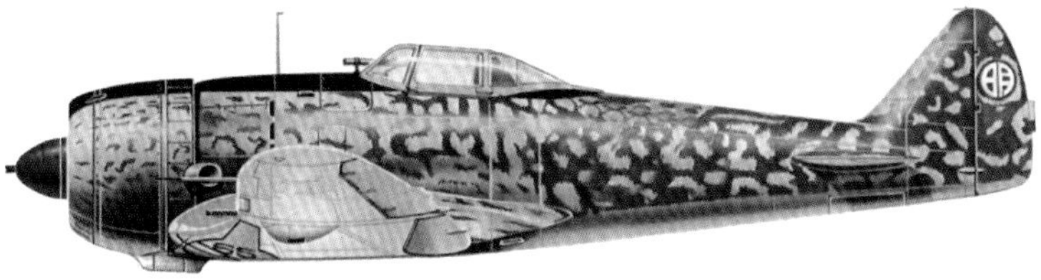

制造商：中岛飞机公司

首飞时间：1940 年

空重：2106 千克

Ki-44“钟馗”是日本在二战中研制的高空拦截型战斗机。日本原定 Ki-44“钟馗”作为高空拦截战斗机使用，以克制美军轰炸机队。但是后来发现其性能不足，所以在其衍生型号——ki-44-Ib 之后开始换装轰炸机用的 Ha-109 发动机，“钟馗”于试飞期间的模拟作战中，曾经击败川崎重工的 Ki-60 战斗机及德国引进的 Bf 109E 战斗机。在二战后期，Ki-44“钟馗”成为日本本土被轰炸时的防御主力。

P-51“野马”战斗机

制造商：北美航空公司

首飞时间：1940 年

空重：3232 千克

P-51“野马”是由北美航空公司研制，被认为是二战中综合性能最出色的主力战斗机。P-51“野马”在布局上没有特别之处，但它将航空新技术高度完美地融合于一身，采用先进的层流翼型、高度简洁的机身设计、合理的机内设备布局，这使它的气动阻力大大下降，并且在尺寸和重量与同类飞机相当的情况下，载油量增加了 3 倍。

XP-46 战斗机

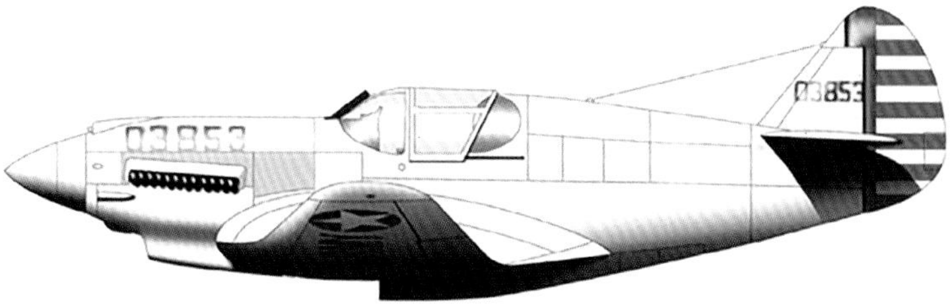

制造商：柯蒂斯公司

首飞时间：1941 年

空重：2551 千克

XP-46 是 20 世纪 30 年代柯蒂斯公司向美国陆军航空队推销的一款战斗机，曾在陆军进行性能测试，但其表现并不理想。因此在 1940 年被放弃研发，相关研究成果则转用于 P-40 战斗机的后续改良。

P-47 战斗机

制造商：共和飞机公司

首飞时间：1941 年

空重：4536 千克

P-47 是美国一型螺旋桨式战斗机，采用平直翼单座单发气动布局，是当时最大的单发战斗机，其后期的 M/N 型是二战时盟军装备最快的螺旋桨式战斗机，除了在空战中表现优异外，也适合于执行对地攻击任务。

Ki-61“飞燕”战斗机

制造商：川崎公司

首飞时间：1941 年

空重：2630 千克

Ki-61“飞燕”是日本在二战中唯一一款量产的液冷活塞式战斗机。Ki-61“飞燕”于 1943 年 7 月在南太平洋新几内亚战场上投入实战，但由于当地日军不熟悉复杂的液冷发动机，而且发动机维修需要的材料只能依靠船运，所以，在后勤补给困难时大部分的 Ki-61“飞燕”都处于故障待料状态。在二战后期，美军开始以 B-29 轰炸机轰炸日本本土，由于部署在日本本土的 Ki-61“飞燕”后勤补给方便，所以妥善率较高。于是，这些 Ki-61“飞燕”开始成为日本应对 B-29 轰炸机的主力。

P-63“眼镜蛇王”战斗机

制造商：贝尔公司

首飞时间：1942 年

空重：3084 千克

P-63“眼镜蛇王”是美国一型单座单发平直翼活塞式战斗机，总体布局与 P-39 相似，采用前三点式收放式起落架，机翼下或机身最大可携带 681 千克炸弹。该机可根据平直后缘的尾翼、较宽的机翼和四叶螺旋桨，与 P-39 战斗机区别开来。

Me 410 战斗机

制造商：梅塞施密特公司

首飞时间：1942 年

空重：7518 千克

Me 410 昵称“大黄蜂”，是二战期间服役于德国空军的一款重型战斗机与快速轰炸机，它的前身是 Me 210 战斗机。该机安装了自动开缝襟翼和更长的尾部，使 Me 210 战斗机的不安定性得到改善，主要作为高速战斗轰炸机使用。虽然只是针对前型作一个简单的修改，但为了与失败的 Me 210 作个区分，故改称为 Me 410。

N1K“紫电”战斗机

制造商：新明和工业公司

首飞时间：1942 年

空重：2656 千克

N1K“紫电”是日本在二战时研制的一款单座单发轻型战斗机。N1K“紫电”在其设计中大胆采用了世界上尚未被完全推广的层流翼型和自动收放空战襟翼，其中自动收放空战襟翼能借助不太复杂的机构使飞机在各种速度状态下都能获得相应的最佳襟翼偏转角和升阻比。N1K“紫电”安装了 4 门 20 毫米机炮，续航性能良好，是二战后期唯一能与美国海军主力战斗机 F6F 相抗衡的日本战斗机。

雅克 -9 战斗机

制造商：雅克夫列夫实验设计局

首飞时间：1942 年

空重：2350 千克

雅克 -9 是雅克夫列夫实验设计局研制的单发战斗机，是苏联在二战中生产数量最多的战斗机。该机是根据作战经验自雅克 -7 战斗机改良而来，主要特征是完全使用气泡式封闭座舱，可以很明显地与早期的雅克 -1 战斗机相区别。虽然雅克 -9 战斗机的整体性能还算不错，但也有一些较严重的缺点，例如防弹和抗毁性较差等。作为一款成功的战斗机，雅克 -9 也与其他著名战斗机一样被发展为一个成员数量庞大的系列。

F6F“地狱猫”战斗机

制造商：格鲁曼公司

首飞时间：1942 年

空重：4190 千克

F6F 是格鲁曼公司研发的舰载战斗机，绰号“地狱猫”。F6F“地狱猫”的基本武器为 6 挺勃朗宁 M2 重机枪。后来的改装令 F6F“地狱猫”能够挂载 907 千克炸弹，或者携带 150 加仑的附加油箱。机翼也可装上共 6 支 166 毫米火箭，攻击地面目标。凭借优秀的作战性能，F6F“地狱猫”逐渐取代 F4F 成为二战中的美军主力战斗机。战后，F6F“地狱猫”仍被美军使用至 1954 年，在其他国家的服役时间则更久。

La-5 战斗机

制造商：拉沃奇金设计局

首飞时间：1942 年

空重：2605 千克

La-5 是苏联在二战中后期装备的主力战斗机之一，常被认为是苏联当时综合表现最优秀的战斗机。La-5 为单座单发螺旋桨式战斗机，最大特色是首创了前缘襟翼的构造，使用后三点收放式起落架，配三叶式螺旋桨和气泡式座舱，有外露式的无线电天线。

“暴风”战斗机

制造商：霍克公司

首飞时间：1942 年

空重：4195 千克

“暴风”是霍克公司研制的一款单座战斗机，1944 年开始服役。“暴风”本来就是作为较“喷火”更先进的战斗机而设计，在使用过程中发现其爬升率和高空速度并不理想，尤其是在高速俯冲时空气动力特性恶化，不容易从俯冲中改出，在使用过程中逐渐

当作战斗轰炸机和地面攻击机使用。“暴风”的机载武器为 4 门 20 毫米机炮，另可挂载 2 枚 1000 千克炸弹。

He 219 战斗机

制造商：亨克尔公司

首飞时间：1942 年

空重：11200 千克

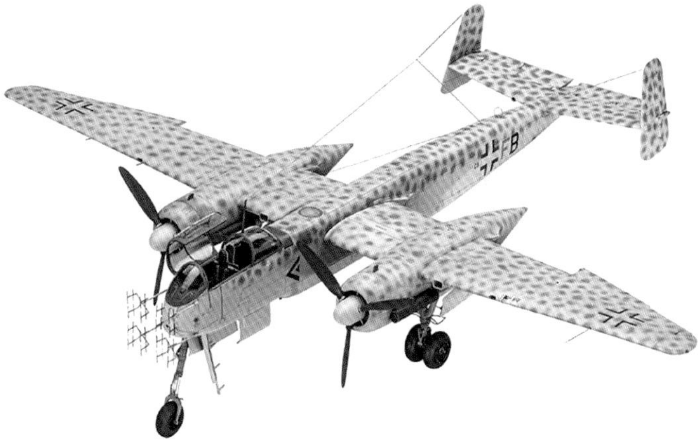

He 219 是一款服役于二战末期德国空军的夜间战斗机，是全世界第一款安装弹射座椅的军机，也是德军在二战期间第一款操作三轮起落架的军机。He 219 不仅速度快、操作灵活，而且具备毁灭性的火力配置，是德军唯一一款可以在各方面都足以抗衡英国德·哈维兰公司“蚊”式战斗机的活塞式夜间战斗机。

雅克 -3 战斗机

制造商：雅克夫列夫实验设计局

首飞时间：1943 年

空重：2105 千克

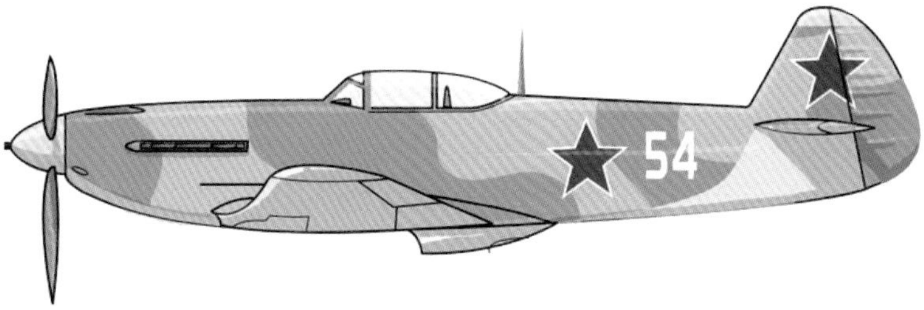

雅克 -3 是苏联在二战后期空优性能最好的战斗机，也常被认为是整个二战中最灵活和最敏捷的战斗机。雅克 -3 是一种下单翼单座液冷螺旋桨式战斗机，采用全金属结构和后三点收放式起落架。雅克 -3 取消了雅克 -1 战斗机机首下方的油冷器吸气口，改为翼根两个较小的吸气口。雅克 -3 使用气泡形座舱，外形比雅克 -1 战斗机更短粗。

Ki-84“疾风”战斗机

制造商：中岛飞机公司

首飞时间：1943 年

空重：2660 千克

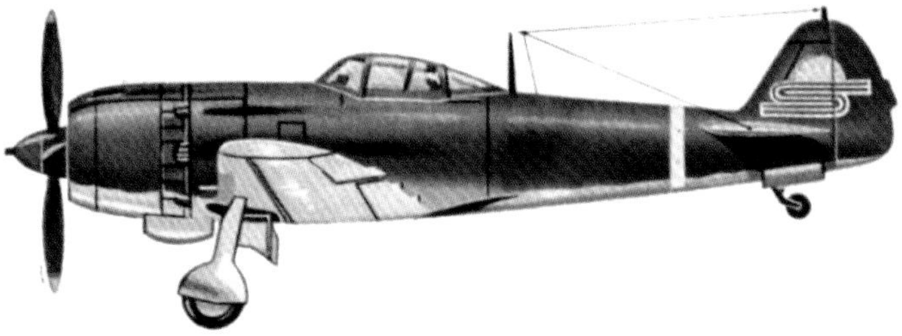

Ki-84“疾风”是日本在二战中表现最出色的战斗机之一，在中、低空高度有较强的机动性能。Ki-84“疾风”综合吸收了“隼”式、九七式以及“钟馗”式等陆军战斗机的制造技术，

具备较强的飞行性能。Ki-84“疾风”的主要特征有以下几点：着陆速度低，非常容易着陆；采用了 170 千克 / 平方米的高翼载值；地面维护简便；航炮性能可靠；同时具备良好的爬升率、平飞速度和较强的火力。

Do 335“箭”战斗机

制造商：道尼尔公司

首飞时间：1943 年

空重：7260 千克

Do 335“箭”是二战期间由道尼尔公司开发出来的一款重型战斗机，由于两台发动机独特的纵列推拉式布局使得机体阻力大减，因此也让 Do 335“箭”战斗机的性能优于其他款的重型战斗机。不过由于种种不利因素的掣肘，Do 335“箭”战斗机未能真正参战。

F7F“虎猫”战斗机

制造商：格鲁曼公司

首飞时间：1943 年

空重：7380 千克

F7F“虎猫”是美国格鲁曼公司研制的战斗机，原本是为 45000 吨的“中途岛”级航母而设计，因临近二战结束，故产量很少。该机采用全金属悬臂结构，拥有较强的火力：4 门 20 毫米机炮、4 挺 12.7 毫米机枪，还能携带 455 千克炸弹或者 1 枚鱼雷。

Ju 388 战斗机

制造商：容克斯公司

首飞时间：1943 年

空重：10400 千克

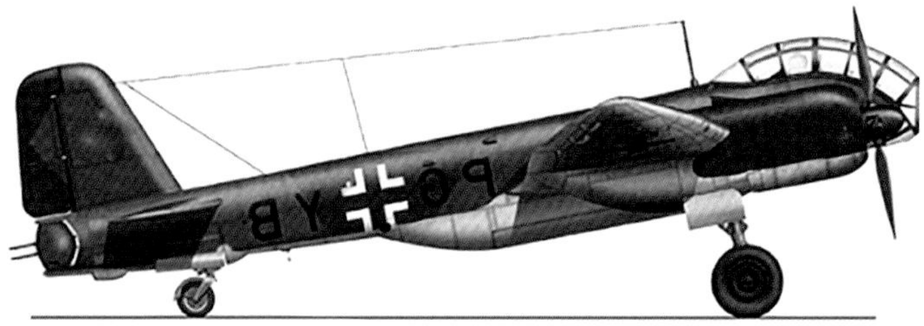

Ju 388 是德国在二战期间以 Ju 188 为蓝本研制出的多用途战斗机，一共研制了三种型号：K- 轰炸型、L- 侦察型、J- 夜间战斗机型，但仅有 L- 侦察型在战争末期参加过实战。由于 Ju 388 后继机型的不断出厂与战局不断恶化，德国军队把生产重心放在战斗机上，因此

Ju 388 产量逐渐减少，最后停止生产。

La-7 战斗机

制造商：拉沃奇金设计局

首飞时间：1944 年

空重：2638 千克

La-7 是 La-5 的改进型，也是二战中苏联红军最实用的战斗机。La-7 的主要结构仍是木材，机身主梁和各舱段隔板为松木，蒙皮为薄胶合板和多层高密度织物压制而成，蒙皮厚度由机头至机尾为 6.8 毫米至 3.5 毫米，机身其强度要比 La-5 更大。机头由于要镶上发动机和弹药舱等，故采用铬钼合金钢管焊接的支架，驾驶舱也采用金属钢管焊接的支架结构。

Ta 152 战斗机

制造商：福克 - 沃尔夫公司

首飞时间：1944 年

空重：4031 千克

Ta 152 是德国在二战末期由 Fw 190 发展而来的一种高空高速活塞式战斗机。Ta 152 装有 1 门 30 毫米 MK108 航炮（备弹 90 发）、2 门 20 毫米 MG151/20 航炮（各备弹 175 发）。与作为“快速解决方案”的 Fw 190D 相比，Ta 152 是作为“最终解决方案”的极致之作。由于其诞生时期偏晚，生产数量太少，并未在战争中发挥太大作用。但其优秀的性能仍获得了认可，与 P-51H、“喷火”XIV 一起被誉为终极活塞式战斗机，其各项飞行性能已经接近活塞式战斗机的极限。

A7M“烈风”战斗机

制造商：三菱重工业公司

首飞时间：1944 年

空重：3226 千克

A7M“烈风”是日本在二战末期开发的全金属结构战斗机。A7M“烈风”火力较强，其机载武器包括安装在机翼中的 2 挺 13.2 毫米机枪和 2 门 20 毫米机炮。该机使用了许多革新设计，其中包括自封闭式油箱、装甲座舱以及防弹风挡。为了追求更好的机动性能，该机还安装了类似于“紫电”的空战襟翼。首个型号 A7M1 的高空性能较差，改进型 A7M2 的高空性能则大大增强，在 6600 米高空的最高速度达到了 627 千米 / 时。

F8F“熊猫”战斗机

制造商：格鲁曼公司

首飞时间：1944 年

空重：3207 千克

F8F“熊猫”是美国格鲁曼公司生产的最后一款活塞式舰载战斗机。与其他一些二战中研制却没有来得及参战的战斗机一样，F8F“熊猫”也是通过航空展和飞行竞赛获得知名度的。F8F“熊猫”非常擅于特技飞行，加速能力尤为突出，从静止到 3048 米高度的爬升速度纪录保持了多年，甚至比一些喷气式飞机还快。

“海怒”战斗机

制造商：霍克公司

首飞时间：1944 年

空重：4190 千克

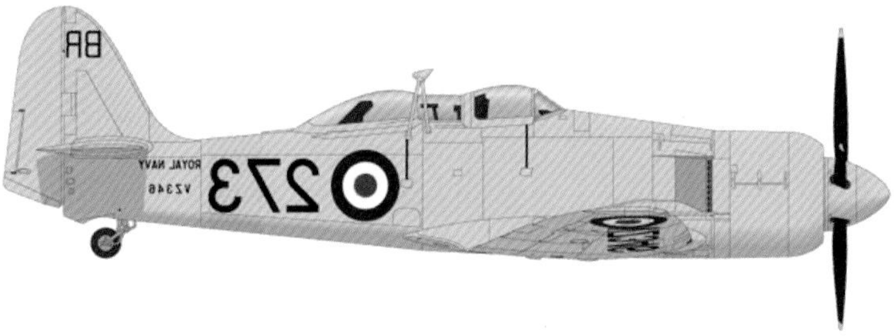

“海怒”是霍克公司研制的舰载螺旋桨式战斗机，与同时期美国海军装备的 F8F“熊猫”战斗机很相近，在机动性和爬升率上不及后者，精确武器投送和仪表飞行能力却胜出一筹。“海怒”装有 4 门希斯潘诺机炮，主起落架外侧的翼下挂架可以挂载两枚 227 千克或 1 枚 455 千克炸弹，或 12 枚火箭，或 4 枚 82 千克火箭弹。“海怒”的动力装置为一台布里斯托尔“半人马座”活塞式发动机。

F-82“双野马”战斗机

制造商：北美航空公司

首飞时间：1945 年

空重：7271 千克

F-82 是北美航空公司研制

的双座战斗机，绰号“双野马”。“双野马”第一个生产型是 P-82B，它是二战中最强的活塞战斗机，但未能参加实战。之后，陆航陆续订购了 P-82 的改进型。1948 年 6 月，陆航改组为美国空军。飞机命名规则里代表驱逐机的“P”也被代表战斗机的“F”取代，P-82 成为 F-82。

米格 -9 战斗机

制造商：米高扬设计局

首飞时间：1946 年

空重：3540 千克

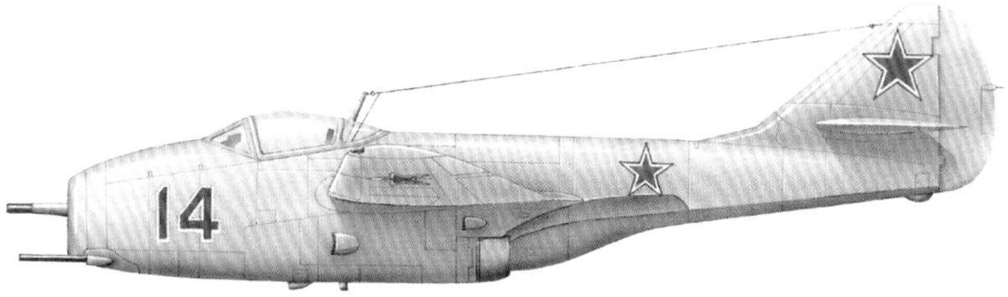

米格 -9 是苏联二战后研制的首批喷气式战斗机之一。该机揭示了喷气时代的很多气动、操控、设计、制造上的特点，堪称苏联航空工业的里程碑。机载武器包括 1 门 37 毫米机炮（备弹 40 发）和 2 门 23 毫米机炮（每门备弹 80 发）。米格 -9 虽然速度快、升限高，但具备早期喷气式战斗机的一切缺点，出动性、可靠性、机动性都很成问题。

La-9 战斗机

制造商：拉沃奇金设计局

首飞时间：1946 年

空重：2600 千克

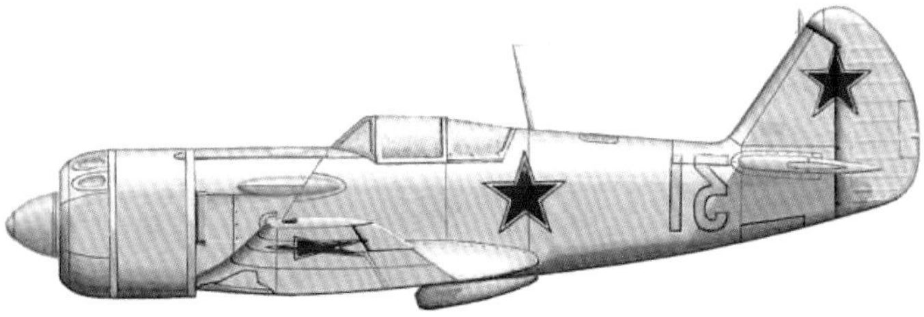

La-9 是二战末期性能较先进的活塞式战斗机，基本保持了 La-7 的气动布局和外形特点，主要改进是采用了全金属结构、层流翼形，武器为 4 门 NR-23 型 23 毫米机炮，动力装置为 1 台 ASh-82FN 发动机，由于当时喷气式战斗机已开始装备部队，所以 La-9 仅生产了约 1000 架，于 1953 年停产。

La-11 战斗机

制造商：拉沃奇金设计局

首飞时间：1947 年

空重：2770 千克

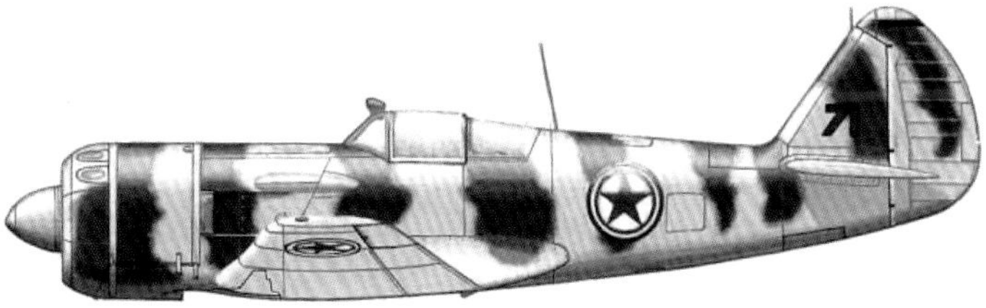

La-11 是拉沃奇金设计局在 La-9 战斗机投入批量生产后，又在其基础上改进研制的单

座活塞式护航战斗机，是苏联最后生产的活塞式战斗机。La-11 与 La-9 战斗机的外形和机体结构基本相同，主要改进是增大了机内燃油储量，武器改为 3 门 NR-23 型 23 毫米机炮。

J1N1“月光”战斗机

制造商：中岛飞机公司

首飞时间：1949 年

空重：4480 千克

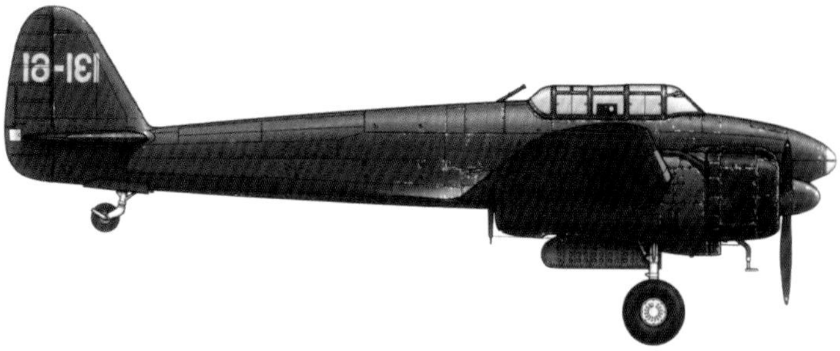

J1N1“月光”是日本在二战中后期使用的一种夜间战斗机。J1N1“月光”是日军装备的第一种安装斜炮的截击机，后来有很多二式陆上侦察机也被改造成了 J1N1“月光”。该机曾给美军的 B-17 与 B-24 轰炸机造成很大损失，美军还曾被迫在 J1N1“月光”威胁严重的地区停止使用 B-17 与 B-24 轰炸机进行夜间巡逻和骚扰。在战争末期，J1N1“月光”还用于在夜间对美军舰艇展开自杀式攻击。

传奇武器鉴赏：Bf 109 战斗机

基本参数	
机长	9.07 米
机高	2.5 米
翼展	9.92 米
航程	700 千米
速度	686 千米 / 时

Bf 109 是德国研制的一款单座单发单翼全金属活塞式战斗机。

研发历程

Bf 109 战斗机是巴伐利亚飞机厂的设计师梅塞施密特设计的。1935 年 5 月 29 日，Bf 109 在只装有 1 台英制克列斯特里尔发动机的情况下首次升空试飞，其飞行时速达 497 千米，最终 Bf 109 战胜其他竞争对手，被选中担任德国空军主力战斗机并于 1936 年开始投产，首批出厂型号为 Bf 109B。

1939 年初，Bf 109E 战斗机投产。Bf 109E 战斗机的性能非常优越，在二战的早期战斗中，该机的表现往往比同时期的战斗机更令人惊叹。

整体构造

Bf 109 战斗机机翼位于机身下方，具有全罩式座舱、可收放起落架以及全金属制造的机身与机翼等多项特点，属于新一代的战斗机，其性能远在“零”式战斗机之上，是轴心国空军使用最广泛的军用机之一。

作战性能

在英法海峡和不列颠战役中 Bf 109E 战斗机暴露出了航程较短的弱点，这也是德国空军在不列颠战役中受到挫折的重要原因之一。于是，为了弥补这一弱点，1940 年末开始德国以 Bf 109F 战斗机取代 Bf 109E。Bf 109F 使用了功率更大的发动机和最新型的冷却器、更轻巧的机身，使得该机能够更好地与英国“喷火”战斗机对抗。

到 1942 年初，Bf 109G 系列又开始生产，相比之前的型号，“G”系列战斗机比之前的各型战斗机具有速度和操纵性方面的优势。“G”系列战斗机一直持续生产到 1945 年，Bf 109 系列最后的生产型号为 Bf 109K 和 Bf 109G-10。但是由于盟军的轰炸机不断升级和德国的战略形势不断恶化，所以 Bf 109K 系列战斗机只生产了不到 2000 架。

在整个二战中，Bf 109 战斗机是德国空军战斗机中的骨干力量，它几乎在所有的战场中服务，其各型号的生产总量高达 30000 架以上。

保存在博物馆中的 Bf 109 战斗机

德国空军装备的 Bf 109 战斗机

飞行中的 Bf 109 战斗机

2.2 主流巅峰的喷气式战斗机

二战时期，战斗机的发展已经到达一个顶峰，并且开启了另一个时代，短短几年时间，战斗机使用的发动机从活塞式转变成喷气式，飞行速度更是直接上升到接近音速的区域。

由喷气式发动机推动飞行的战斗机不同于由活塞式发动机推动飞行的战斗机，它的原理是空气和煤油在燃烧室燃烧后所产生的大量高温高压气体向后喷射的作用力与外部空气形成反作用力，从而推动飞机前进。

随着航空业的不断发展，世界上许多飞机设计师都在探索使飞机飞得更快的办法。他们在实践中发现，活塞式战斗机已接近时速 750 千米、升限 12000 米的极限。要使飞机飞得更快、更高，就必须更换发动机。

世界上最早提出喷气推进理论的是法国的马克尼上尉和罗马尼亚的亨利 • 科安达。亨利 • 科安达还在 1910 年前后试制过最早的喷气式战斗机，并制造出一架原型机，但由于种种原因，这架喷气式战斗机并没有试飞成功。

最早成功发明喷气式战斗机的是德国飞机设计师亨克尔与奥海因。1939 年，亨克尔找到燃气涡轮专家——奥海因，奥海因从 1934 年起就开始研制涡轮发动机，并取得了一定的进展，这次跟亨克尔合作非常兴奋。在两位专家的合作下，研究工作进展顺利。1939 年 8 月 27 日，两人心血的结晶 He-178 喷气式战斗机试飞成功，这也标志着人类航空史上喷气式飞行时代的到来。

喷气式战斗机开始服役之后，出现对于各种战斗机在发展历史上的世代划分。常见的划分方式有很多，划分的基本原则是以较为普遍的共通点作为时代划分的界限。

Me 163 战斗机

制造商：梅塞施密特公司

首飞时间：1941 年

空重：1905 千克

Me 163 是德国于二战时唯一进入服役以液体火箭为动力的战斗机，其机身粗短，在机头有一个连接发电机的小螺旋桨，飞行时会被流过机身的气流带动而转动，从而产生提供全机的电力。机身后段液体火箭发动机有大、小两个反应室，通过开闭和切换可改变推力和工作时间，但总的来说，其 2 吨燃料平均仅可维持约 7.5 分钟有动力的飞行。

P-61“黑寡妇”战斗机

制造商：诺斯洛普公司

首飞时间：1942 年

空重：9510 千克

P-61“黑寡妇”是美国陆航唯一一架专门设计作为夜间战斗机的飞机，也是陆航在二战时期起飞重量最大的战斗机。P-61“黑寡妇”在机身下凸出部分装有 4 门 20 毫米机炮，共带 600 发炮弹。顶部遥控操纵炮塔内装有 4 挺 12.7 毫米机枪，共带 1600 发子弹。由于设计复杂且计划耗费相当长的时间，P-61“黑寡妇”服役时间较晚，没有太多发挥的余地。

P-59“空中彗星”战斗机

制造商：贝尔公司

首飞时间：1942 年

空重：3704 千克

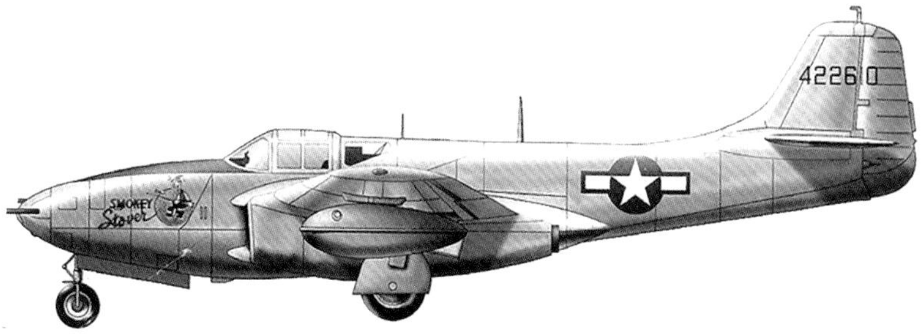

P-59“空中彗星”是美国第一款喷气式战斗机，尽管该机在二战期间没有在战场上服

役的经历，但它为美军提供了喷气式飞机使用、维护和保养的宝贵数据和经验，这些经验和数据在那些更先进的喷气式飞机开始服役时更是被证明了其宝贵价值。

“流星”战斗机

制造商：格罗斯特公司

首飞时间：1943 年

空重：4846 千克

“流星”是格罗斯特公司在二战时研制的喷气式战斗机。作为二战期间盟军部队唯一装备的喷气式战斗机，“流星”可谓是大名鼎鼎，立下了赫赫战功。该机最初的作战任务并不是同德国的先进喷气式战斗机进行空战，而是被用来对付德国的 V-1 导弹。在此后的很长时间里，“流星”因其良好的机动性和操控性成为最受英国空军喜爱的战斗机，到二战结束时，英国空军已有 16 个中队装备了“流星”F3 及其后续机型。

“吸血鬼”战斗机

制造商：德•哈维兰公司

首飞时间：1943 年

空重：3304 千克

“吸血鬼”是德•哈维兰公司研制的喷气式战斗机，是英国继“流星”之后第二种进入可实用阶段的喷气式战斗机，服役于冷战时期，服役时间长达 20 多年，使用国家达 20 多个。该机的发动机进气口与进气道开在左右机翼根部夹层内，前三点起落架可完全收入机内。这样煞费苦心的造型设计是为了使喷气管尽量做短，减少了排气损失。“吸血鬼”的原型机是当时西方国家首款时速超过 805 千米的飞机。

F-80“流星”战斗机

制造商：洛克希德公司

首飞时间：1944 年

空重：5753 千克

F-80 是美国第一款大量服役的喷气式战斗机，绰号“流星”。该机是美国空军第一款平飞速度超过 800 千米 / 时的战斗机，它配有 1 台 J33-A-5 涡喷发动机，进气口紧靠机翼根部前端，尾气从机身最后面排出。紧贴机身侧面有导流槽，用于防止空气在进气口内部分离。

He 162 战斗机

制造商：亨克尔公司

首飞时间：1944 年

空重：1660 千克

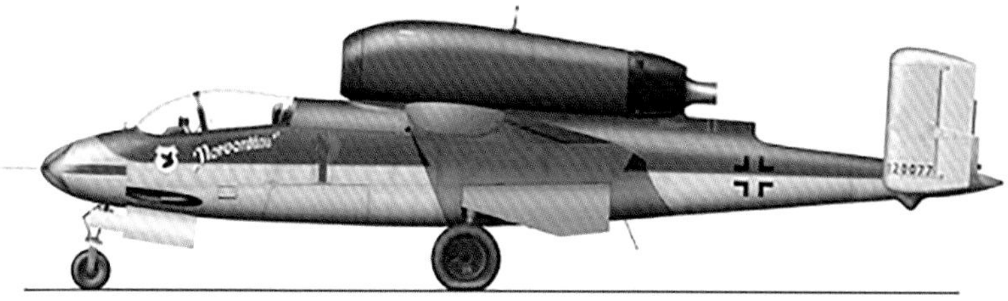

He 162 是德国亨克尔公司于二战时第二款量产的喷气式战斗机，由于设计时间太短，存在不少问题，其中一个问题是侧滑问题，若侧滑超过 20 度，发动机喷射会吹到一边方向舵上而令其不到位，影响水平稳定性；另一个问题是容易失速，若失速的话唯有弃机跳伞，但弹射椅设计又有问题，弹射时飞行员要缩回双腿，否则会发生切腿的惨剧。

F-84“雷电喷气”战斗机

制造商：共和飞机公司

首飞时间：1946 年

空重：5200 千克

F-84“雷电喷气”是共和飞机公司设计并生产，美国空军在二战后装备的第一款战斗机，也是美国第一款能运载战术核武器的喷气式战斗机。F-84 共有 A、B、C、D、E、F、G、H、J 等十多种机型，总产量达 7889 架。在 F-84“雷电喷气”家族中，性能最好的是后掠翼版本的 F-84F。

FJ-1“狂怒”战斗机

制造商：北美航空公司

首飞时间：1946 年

空重：4010 千克

FJ-1 是美国早期著名的“狂怒”系列舰载战斗机的首款型号，采用单座单发、机头进

气的布局，粗壮的机身内容纳着 J35 发动机，平直下单翼略带上反角，垂直尾翼仍然保留着活塞式战斗机的特点，水平尾翼固定在尾喷口上方，其上反角比主翼稍大。尽管 FJ-1“狂怒”性能优良，但它还是不能完全适应舰载的条件，特别是起落架强度不够。1949 年 5 月，F9F-3“黑豹”战斗机逐渐取代 FJ-1“狂怒”战斗机。

F-2“女妖”战斗机

制造商：麦克唐纳公司

首飞时间：1947 年

空重：5980 千克

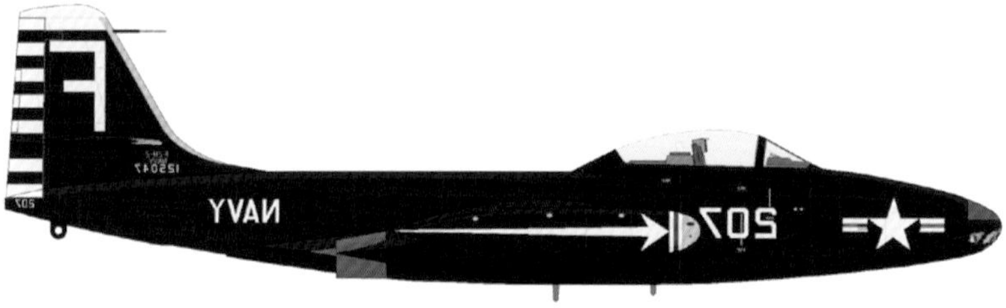

F-2“女妖”是美国麦克唐纳公司研制的单座舰载战斗 / 侦察机。首个量产型号 F2H-1 的武器为机鼻下部的 4 门 M3 型 20 毫米机炮，各备弹 150 发。F2H-1 的载油量达 3319.8 升，是当时美国海军喷气战斗机中载油量最大者。F2H-1 起初装备的是推力为 13.35 千牛的威斯汀豪斯 J34-WE-22 发动机，之后更换为 J34-WE-30 发动机。F-2“女妖”的后续改进型均在 F2H-1 的基础上提升了性能。

F-86“佩刀”战斗机

制造商：北美航空公司

首飞时间：1947 年

空重：5046 千克

F-86 是二战后美国设计的第一代喷气式战斗机，绰号“佩刀”，是美国第一款装设弹射椅的战斗机。与苏联第一代喷气式战斗机米格 -15 相比，F-86“佩刀”最大水平空速较低，最大升限较低，中、低空爬升率较低，但其高速状态下的操控性较佳，运动性灵活，也是一个稳定的射击平台，配合雷达瞄准仪，在低空能够有效对抗米格 -15。

F9F“黑豹”战斗机

制造商：格鲁曼公司

首飞时间：1947 年

空重：4220 千克

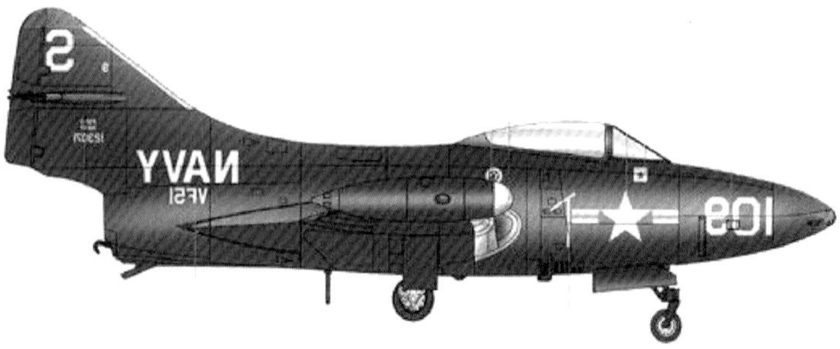

F9F 是格鲁曼公司研发的第一款喷气式战斗机，绰号“黑豹”。该机是美国海军第一款击落苏联米格系列战斗机的战斗机，同时也是机翼设计由平直翼向后掠翼变更的典型代表。F9F“黑豹”是美国海军在 20 世纪 50 年代最广泛使用的战斗机之一，一共飞行了 78000 余次。

米格 -15“柴捆”战斗机

制造商：米高扬设计局

首飞时间：1947 年

空重：3580 千克

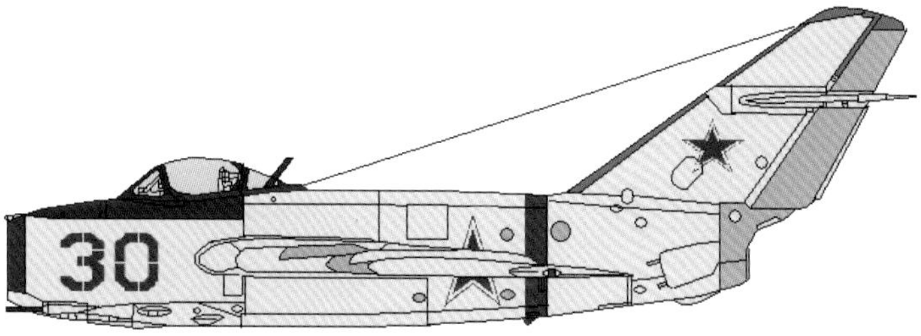

米格 -15“柴捆”是世界上第一款实用的后掠翼飞机，已经具备了现代喷气式战斗机的雏形。它的动力装置为 1 台 BK-1 发动机，具有光滑的机身外形。该机安装了 3 门机炮，翼下还可以挂载炸弹和副油箱。米格 -15“柴捆”没有装备雷达，不具备全天候作战能力。除了航程较短外，米格 -15“柴捆”在当时拥有最先进的性能指标。由于米格 -15“柴捆”的出色表现，在活塞式战斗机时代默默无闻的米高扬设计局也因此扬名立万。

XF-85“小鬼”战斗机

制造商：麦克唐纳公司

首飞时间：1948 年

空重：1696 千克

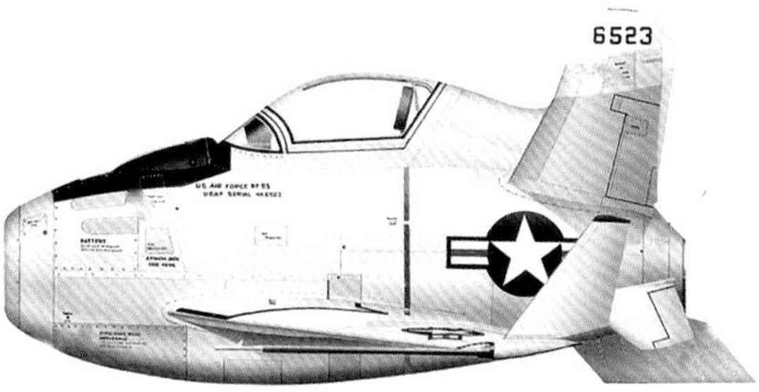

XF-85“小鬼”是美国军方为了解决长程战斗机为轰炸机护航问题而委托麦克唐纳公司设计的寄生式战斗机。所谓“寄生机”是指用大型航空器搭载小型飞机，以弥补后者航程不足或执行特定任务的做法，也称为“子母机”。

“毒液”战斗机

制造商：德 • 哈维兰公司

首飞时间：1949 年

空重：4000 千克

“毒液”是英国德•哈维兰公司研制的单发战斗机。作为“吸血鬼”的后继机型，“毒液”采用比前者更薄的机翼和推力更大的“幽灵”104 涡喷发动机，其机翼在 1/4 弦长处略微后掠，并装有翼尖油箱。该机的机鼻中安装有 4 门伊斯帕诺 Mk5 型 20 毫米机炮，翼下两个挂架，最大可携带 907 千克外挂物，包括火箭、炸弹和导弹等。

F-94“星火”截击机

制造商：洛克希德公司

首飞时间：1949 年

空重：4560 千克

F-94“星火”是美国洛克希德公司研制的第一款大量服役的喷气式截击机，第一批生产型是 F-94A，它是第一款装备发动机加力燃烧室的生产型战斗机，同时又是美国空军的第一款喷气式全天候战斗机。之后的改进型 F-94B 从外表看几乎和 F-94A 一模一样，但在内部设备和系统方面却有着不小的提升。

传奇武器鉴赏：Me 262 战斗机

基本参数	
机长	10.6 米
机高	3.5 米
翼展	12.51 米
航程	1050 千米
速度	870 千米 / 时

Me 262 是世界上第一种实际投入战斗的喷气式战斗机，由于其空气动力外形优越，也是同时期喷气式战斗机中性能最好的战斗机。

研发历程

在研制初期，由于配套的喷气发动机遇到翻修寿命太短等困难，耽搁了 Me 262 飞机的研制进度；在研制成功后，本应集中有限的资源，在短期内大量生产，以便夺取制空权，但由于受到德国政府和德国空军的反对，Me 262 的全面投产被推迟。德军在早期将这款飞机作为战斗 / 轰炸两用机使用。不过，随着德军越来越需要一款性能卓越的拦截机，Me 262 找到了自己的位置。事实证明，Me 262 能够对美国的轰炸机编队发动毁灭性打击，其飞行速度比美国的驱逐机更快。Me 262 装备喷气式发动机和采用后掠式机翼气动布局，代表战斗机的发展新方向，同时也揭开了空战史上新的一页。

整体构造

Me 262 是一种全金属半硬壳结构轻型飞机，机身呈流线型，有一个三角形的截面。座舱盖在机身中部，可向右打开。尾翼呈十字相交于尾部，两台轴流式涡轮喷气发动机的短舱直接安装在后掠的下单翼的下方，前三点起落架可收入机内。

作战性能

Me 262 对于盟军的任何一款飞机都形成了巨大的优势，只是数量较少而没有产生灾难性后果。据统计，Me 262 共击落盟军战斗机 613 架，其中大部分是四发重型轰炸机。Me 262 一共损失近 200 架，其中只有 60~70 架是战损，其余都是由于机械故障和地面损失。虽然该机制造工艺粗糙，故障率高，但仍不失为航空史上早期装备喷气式发动机的战斗机中最成功的型号之一。

Me 262 战斗机侧方特写

飞行中的 Me 262 战斗机

Me 262 战斗机及发动机

知名兵工厂探秘：梅塞施密特公司

梅塞施密特公司的前身为巴伐利亚飞机制造厂（BFW）。1916 年，MAN 股份公司和几家银行买下了当时业绩不佳的奥图飞机制造厂，将其改名成巴伐利亚飞机制造厂。因为第一次世界大战的缘故，BFW 立即投入飞机制造的工作，逐渐成为巴伐利亚地区最大的飞机制造商。一战结束后，军用战斗机的需求大大减少，严重冲击到 BFW 的业务。公司管理层被迫找寻其他的产品来保持其在业界的地位，包括生产家具、厨房设备和摩托车。

1921 年的秋天，奥地利金融家卡米罗•卡斯提李奥尼公开表示他对收购 BFW 感兴趣。当大部分的股东接受他的开价时，MAN 股份公司却想保有一定的股份，但是这位金融家想要完全买下公司。卡斯提李奥尼获得巴伐利亚机械制造厂股份公司（BMW，即宝马汽车公司）总经理佛朗兹•约瑟夫•帕普的大力支持。经过几次协商，MAN 股份公司终于在 1922 年的秋天放弃了 BFW 的全部股份。同年 5 月，卡斯提李奥尼买下了 BFW，BFW 和 BMW 的合并已经在所难免。

1926 年，BFW 在巴伐利亚奥格斯堡重组。在当时 BMW 还握有该公司极大一部分的股权，而且佛朗兹•约瑟夫•帕普还是公司的总监事。1927 年，威利•梅塞施密特以总设计师和总工程师的身份加入了公司。在最初的几个飞机设计项目中，“梅塞施密特 M20”的结果对于设计者和公司而言是悲剧性的。有好几架原型机发生事故而坠毁，其中一起事故夺走了汉斯•哈克曼的生命，他是汉莎航空和德国帝国航空部首长艾尔哈德•米尔希的挚友。米尔希对梅塞施密特漠不关心的态度感到愤怒，这导致了日后他对这位航空制造业的先驱怀恨在心。米尔希最终取消了所有有关梅塞施密特的合同，以至于最后公司不得不在 1933 年申请破产。

幸运的是，由于德国的军备重整计划以及挚友雨果•容克斯的帮助，威利•梅塞施密特并没有在事业上停滞不前。1933 年，他带领 BFW 重新振作了起来。米尔希虽然尽可能阻碍威利•梅塞施密特的脚步，但是这位传奇航空设计师还是于 1938 年接管了公司。

威利•梅塞施密特提倡一种叫作“轻重量结构”的概念。在这一理念下，有许多负重物件被整合成一个经过加强的硬件，以便减轻重量进而增强效能。第一架根据此概念设计的飞机是 Bf 108“台风”，这架飞机就创造了许多飞行纪录。之后，BFW 受到了德国官方的邀请。威利•梅塞施密特利用 Bf 108“台风”的特点设计出了 Bf 109 战斗机，从此之后，梅塞施密特成为了德国的新宠儿。

1938 年 7 月 11 日，BFW 被重新整合成为梅塞施密特公司。至此，飞机名字字头的缩写也从原来的“Bf”（巴伐利亚飞机制造厂的缩写）变成了“Me”（梅塞施密特的缩写）。

二战结束后，梅塞施密特公司被禁止制造航空器。公司转而生产迷你车 KR175/KR200 系列。1968 年 6 月 6 日，梅塞施密特公司与一家民用航空公司伯尔科合并，称为梅塞施密特 - 伯尔科。同年 5 月再买下汉堡飞机制造厂（HFB）、布洛姆 - 福斯的航空部门。公司再次更名，叫梅塞施密特 - 伯尔科 - 布洛姆（MBB）。1989 年，MBB 被戴姆勒克莱斯勒太空公司（当时称作德国航太公司）并购，最后成为欧洲航空防卫暨太空公司（European Aeronautic Defence and Space Company EADS N.V.，简称 EADS）。2014 年 EADS 又被重组成为了今天的欧洲空中客车集团。

威利•梅塞施密特

梅塞施密特公司研制的 KR175 迷你汽车

梅塞施密特公司研制的 Me 163 战斗机

2.3 大放异彩的轰炸机

轰炸机是一座空中堡垒，除了投掷常规炸弹外，它还能投掷核弹、核巡航导弹或发射空对地导弹。其机可以分为战术轰炸机、战役轰炸机和战略轰炸机三种类型。战术轰炸机一般能装载炸弹 3~5 吨，战役轰炸机能装载炸弹 5~10 吨，战略轰炸机能装载炸弹 10~30 吨。

轰炸机具有突击力强、航程远、载弹量大、机动性高等特点，是航空兵实施空中突击的主要轰炸机。装备的武器系统包括各种炸弹、航弹、空对地导弹、空舰导弹、巡航导弹、深水炸弹等。

二战前夕，远程轰炸机受到重视的程度在各国是不同的。英国一贯重视远程轰炸机的研制，因此先后有“哈利法克斯”“兰开斯特”等优秀机型参战。美国在二战开始时军用飞机性能落后，但由于有强大的工业和技术基础，后期也大量出现一流的作战飞机。苏联对远程轰炸机的作用则有不同看法，加上工业基础的关系，优先发展战斗机是符合国情的。德国一贯只重视战术轰炸机，特别“迷信”俯冲轰炸机，在批量生产的轰炸机系列中根本没有远程轰炸机的位置，也不支持研制。当其征服大部分欧洲后，需要从空中攻击英国和空袭苏联时，特别是需要轰炸已搬迁到乌拉尔山区的苏联军工厂时才发现没有可用的武器，而这时已经迟了。

二战时，德国量产且堪用的战略轰炸机仅有 He 177 一款。日本也有类似情况，但不是不想研制而是受技术力量和财力所限。

“雄鹿”轰炸机

制造商：霍克公司

首飞时间：1928 年

空重：1150 千克

“雄鹿”是霍克公司研制的轻型轰炸机，设计源于英国航空部提出的 12/26 规范，经过和阿芙罗公司的“羚羊”及费尔雷公司的“狐狸 II ”激烈的竞争后，英国空军宣布“雄鹿”胜出并被选作下一代标准昼间轻型轰炸机。“雄鹿”机身左侧有 1 挺维克斯 7.7 毫米固定机枪，观察手配备有 1 挺活动枪架上的刘易斯 7.7 毫米机枪，下机翼可挂 227 千克炸弹。

TB-3 轰炸机

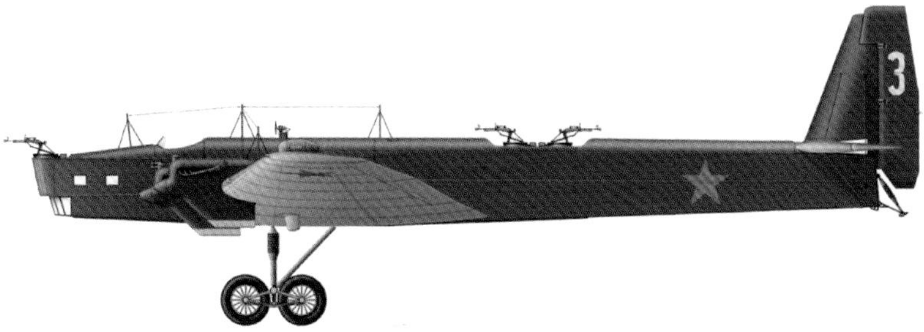

制造商：图波列夫设计局

首飞时间：1930 年

空重：11200 千克

TB-3 是苏联于 1930 年开始研制的重型轰炸机，采用平直机翼，固定式起落架，机翼蒙皮为漆布，机身蒙皮为波纹铝板。1933 年，苏联开始组建远程航空兵军，到 1935 年已拥有 400 架 TB-3。1938 年 5 月已建立 3 个特种使命航空兵集团军，每个集团军中编有 2 个重型轰炸航空兵旅，每个旅有 TB-3 轰炸机 150~170 架，是当时世界上规模最大的重型轰炸机部队。

Do 17 轰炸机

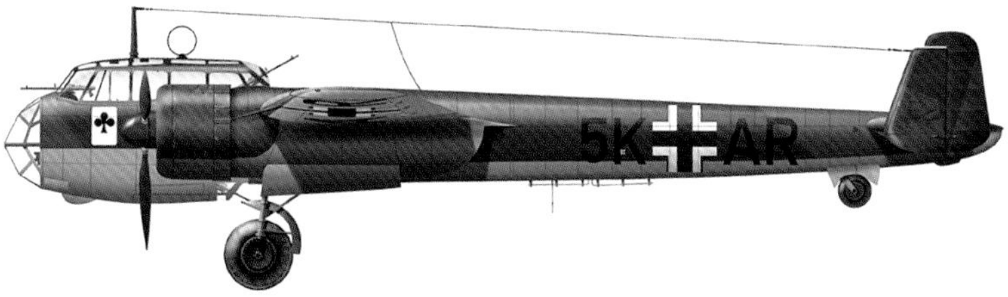

制造商：道尼尔公司

首飞时间：1934 年

空重：5210 千克

Do 17 是德国道尼尔公司在二战前研制的一款双发轰炸机，具有速度快、不易被击中、可赶超战斗机等特点。Do 17 在设计时被刻意减小机身截面积以减小飞行时的阻力。正是因为其狭窄的圆柱形机体为其赢得了“飞行铅笔”的绰号。该机在二战初期相当活跃，后期则服务于二线任务或被移交给其他仆从国家军队。

Ju 86 轰炸机

制造商：容克斯公司

首飞时间：1934 年

空重：6700 千克

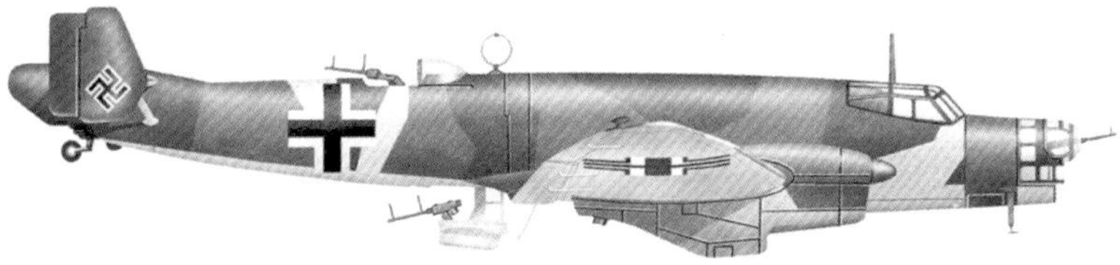

Ju 86 是德国在二战时期研发并量产的多用途双发飞机，具有军用轰炸机和民用运输机等多种用途。Ju 86 的轰炸机型称为 Ju 86A，民用型称为 Ju 86B。Ju 86A 是非常罕见的采用柴油发动机的轰炸机，装两台 Jumo 205C-4 柴油发动机。Ju 86A 仅生产了 12 架即被 Ju 86D 取代。Ju 86D 是 Ju 86A 改进尾部设计克服纵向不稳定的改进型。真正在二战中发挥作用的是 Ju 86P 高空侦察机。

“剑鱼”轰炸机

制造商：费尔雷公司

首飞时间：1934 年

空重：1900 千克

“剑鱼”是费尔雷公司研发的鱼雷轰炸机，也是二战时期英国海军航空兵使用的主要机型之一。“剑鱼”虽然是老式的双翼飞机，但在战争中立下赫赫战功，其中最著名的莫过于在塔兰托之战中重创意大利海军以及在围歼“俾斯麦”号战列舰时用鱼雷命中“俾斯麦”号尾舵造成后者无法正常行进。在服役初期，“剑鱼”被装备于航母作为鱼雷轰炸机使用，而到了战争中后期，“剑鱼”被改装为反潜和训练机。

“雌鹿”轰炸机

制造商：霍克公司

首飞时间：1934 年

空重：1452 千克

“雌鹿”是霍克公司研制的轻型轰炸机，也是英国空军20 世纪 30 年代末期广泛使用的过渡型轰炸机。1934 年，英国空军提出要求开发新一代轰

炸机以取代“雄鹿”，“雌鹿”由此而生。该机安装了“茶隼”涡轮增压发动机，以及新型炮塔。到 1936 年底，英国空军轰炸机司令部的“雄鹿”全部被“雌鹿”所取代。“雌鹿”也有过出口记录，其中 1939 年阿富汗空军购买了 20 架。

He 111 轰炸机

制造商：亨克尔公司

首飞时间：1935 年

空重：8680 千克

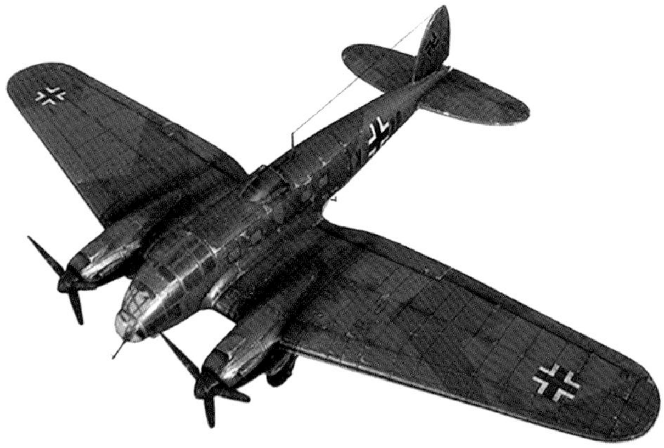

He 111 是二战时期德国空军所使用的一款中型轰炸机，其独特的机鼻设计令它成为德国轰炸机部队的著名象征。作为一架作战飞机，它证明了能够承受严重的损伤及具有多种用途的高泛用性。在战事期间，He 111 获得德军的“军马”称号，而且它在欧洲战事前线能担当多种不同角色，被用作执任何可能的任务，例如在不列颠空战期间作为战略轰炸机、在大西洋海战中用作鱼雷轰炸机，及在西战线、东战线、地中海中东非洲战线作为中型轰炸机及运输机等。

B-18“大刀”轰炸机

制造商：道格拉斯公司

首飞时间：1935 年

空重：7403 千克

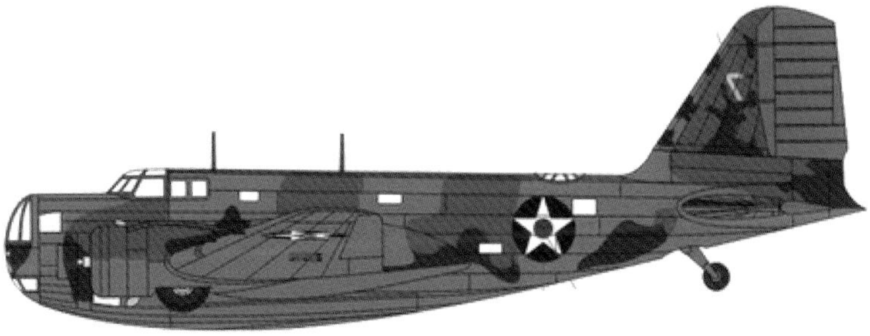

B-18“大刀”是道格拉斯公司按 DC-2 民用运输机为蓝本设计而成的，虽然不是当时最新或最先进的设计，但却是二战期间首批用于战斗巡逻的轰炸机。B-18“大刀”保留了原来 DC-2 的基本结构、尾部构造以及发动机。只有机翼与 DC-2 不同，B-18“大刀”的机翼增加了 1.37 米，并采用中翼（位于机体中部）替代了低翼。B-18“大刀”还采用了比 DC-2 更深的机身，便于给机组人员提供住宿的同时在机鼻和机背处设立一个炮塔、一个投弹瞄准位，以及一个内部弹仓。此外在机腹处还有三个炮手位置。

TBD“毁灭者”轰炸机

制造商：道格拉斯公司

首飞时间：1935 年

空重：2540 千克

TBD“毁灭者”是道格拉斯公司研制的鱼雷轰炸机，也是美国第一款得以广泛使用的单翼舰载机、第一款全金属海军飞机。TBD“毁灭者”的进攻性武器包括 540 千克布利斯 - 利维特 MK13 航空鱼雷或 450 千克炸弹、通用的 3 个 230 千克炸弹。TBD“毁灭者”参与了美国在二战中大多数海空攻防战，但在这些战役中，它几乎都是作为吸引火力的“盾牌”存在的。最著名的一战就是在中途岛战役中成功将日本的防空火力吸引到低空，使 SBD“无畏”轰炸机有机会对日方航母编队俯冲攻击。

Ju 87 轰炸机

制造商：容克斯公司

首飞时间：1935 年

空重：3205 千克

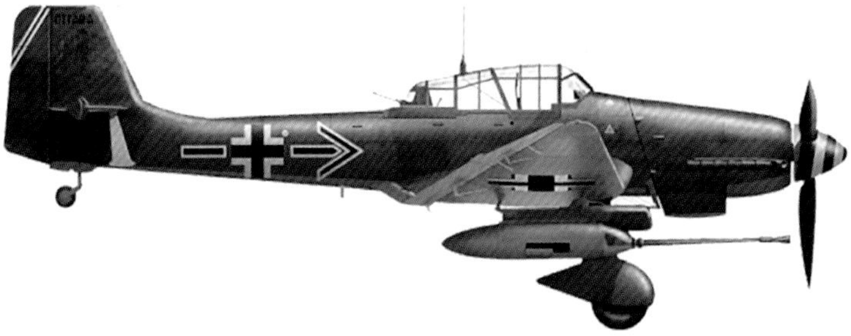

Ju 87 是 20 世纪 30 年代德国研制的一款螺旋桨俯冲轰炸机，其特点是弯曲的鸥形翼、固定式的起落架及独有低沉的尖啸声。在二战德国所发动的闪电战中 Ju 87 轰炸机取得重大战果，1940 年后德国在非洲战场及东部战线大量投入 Ju 87 轰炸机，尤其在东线战场显示了强大的对地攻击能力。该机发展出多种型号，各型号总计制造 5700 架。

IL-4 轰炸机

制造商：伊留申飞机设计局

首飞时间：1936 年

空重：9470 千克

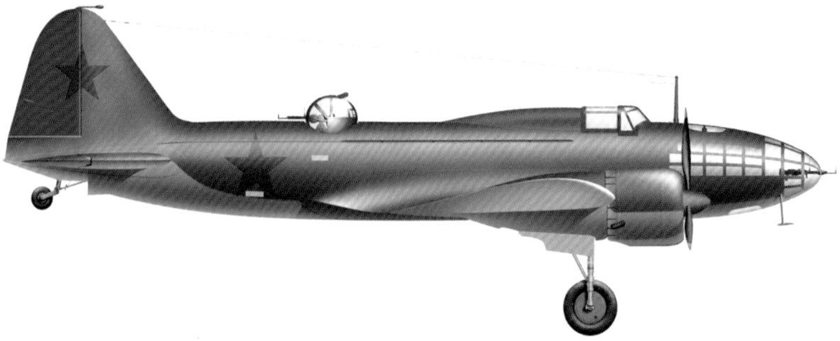

IL-4（1939 年以前生产的称为 DB-3）是苏联在二战时的主力中型轰炸机，它和 DB-3 在外型相似，除了头部的领航员舱外。但 IL-4 是一款在内部结构和制造工艺上都完全不同的飞机，钢管构架承力结构已改为机身整体承力结构，所有结构变得简单和容易制造，质量

也好控制。IL-4 非常可靠和坚固，经常在超出最大负荷和最大航程的条件下，深入敌人后方执行轰炸任务，是公认的二战中最好的中型轰炸机。除了轰炸机外，还作为鱼雷轰炸机、滑翔机牵引机、伞兵运输机使用。

He 118 轰炸机

制造商：亨克尔公司

首飞时间：1936 年

空重：2450 千克

He 118 是亨克尔公司的吉他兄弟设计的，目的是要争取作为德国空军的新式俯冲轰炸机。机身设计为流线型，机翼采用可收放式起落架，这些都令其速度比其对手 Ju-87 快 70 千米 / 时，但 He 118 因无空气减速板而令其最大俯冲角度只有 50 度，其设计更像是水平轰炸机而非俯冲轰炸机，最终由于其俯冲飞行性能不及后者而落选。

Ju 88 轰炸机

制造商：容克斯公司

首飞时间：1936 年

空重：11080 千克

Ju 88 是德国空军在二战期间所使用的标准战斗用轰炸机之一，在战争中担任过多种不同的任务，被称为“全方位工作机”，又被称为“万能博士”。Ju 88 最初设计是作为快速轰炸机与俯冲轰炸机。后续的多种改进让它成为远程轰炸机、鱼雷轰炸机、水雷布雷机、海面或远程侦察机、气象观察机、战斗轰炸机、驱逐机、夜间战斗机、坦克杀手、地面攻击机等角色，在战争末期甚至曾被改装为飞行炸弹。

Pe-8 轰炸机

制造商：佩特利亚可夫设计局

首飞时间：1936 年

空重：18571 千克

Pe-8（又称 TB-7 或 ANT-42）是二战时苏联空军唯一装备的四发重型轰炸机。以 Pe-8

的技术数据而言，性能与同时期欧美四发重型轰炸机接近。Pe-8 生产后仅配发给少数部队。在作战纪录上，Pe-8 比较著名的战斗纪录为 81 远程轰炸机航空师于 1941 年 8 月 11 日对柏林的轰炸。这场轰炸动用了 12 架 Pe-8，但是因为发动机故障以及迷航等因素最后仅有 4 架完成任务，轰炸宣示性意义大于作战实质效果。

He 115 轰炸机

制造商：亨克尔公司

首飞时间：1937 年

空重：5290 千克

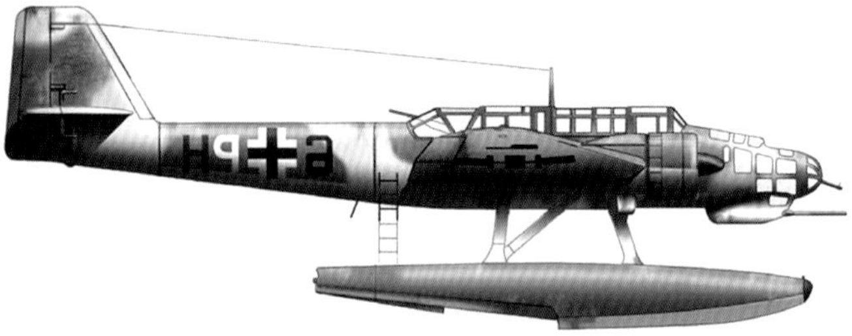

He 115 是二战时期德国空军的一款鱼雷轰炸机，最初的设计并不是用作鱼雷轰炸机，但该机在完成各种任务时的通用性极好，原型机甚至在 1938 年 3 月 20 日的一次试飞当中打破了 8 项水上飞机的飞行纪录，在二战中也是德军最重要的鱼雷轰炸机和巡逻侦察机。

“贼鸥”轰炸机

制造商：布莱克本公司

首飞时间：1937 年

空重：2498 千克

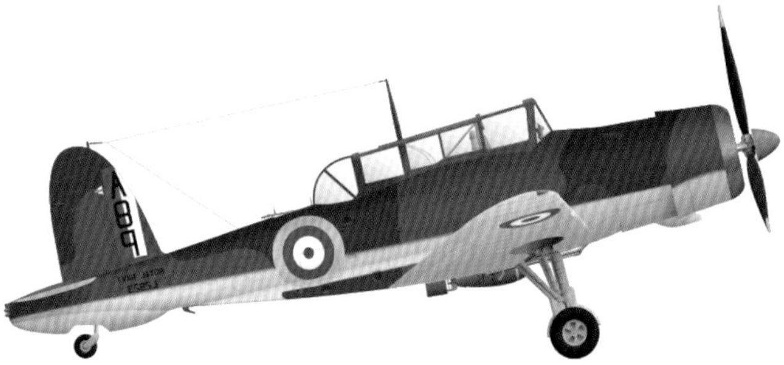

“贼鸥”是英国海军航空兵在 20 世纪 40 年代初期所使用的一款单发双座舰载飞机。“贼鸥”是英国海军航空兵所拥有的第一种全金属结构的单翼飞机，装备了可收放式起落架以及全封闭座舱，就当时来说是非常先进的设计。由于发动机马力不够，“贼鸥”的速度相对较低，但机翼内 4 挺机枪以及后座的活动机枪却使得该机在格斗中处于有利的位置。当作为俯冲轰炸机使用时，机身中线下特制的挂架可挂载一枚重 227 千克的炸弹。

九七式轰炸机

制造商：三菱重工业公司

首飞时间：1937 年

空重：2230 千克

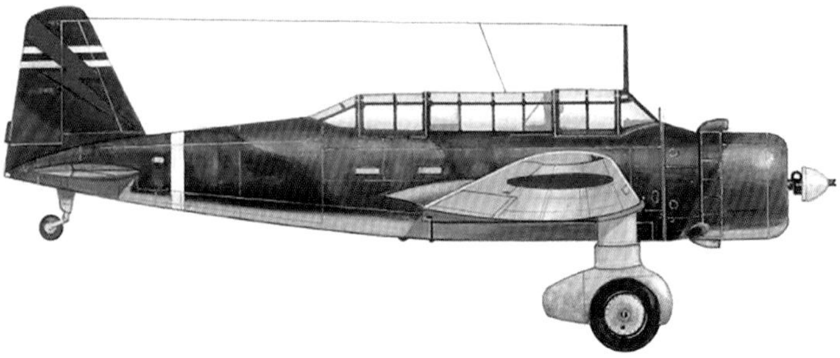

九七式是日本陆军航空兵部队二战期间配备的主力俯冲轰炸机之一，采用全金属单翼和

固定式带整流罩起落架。发动机为空冷式，还配备了内置弹舱。九七式俯冲轰炸机的总产量达到 686 架，于 1942 年退出战场。

九八式轰炸机

制造商：川崎重工业公司

首飞时间：1937 年

空重：1066 千克

九八式是日本陆军航空兵部队二战期间使用的主力俯冲轰炸机之一。1936 年，日本陆军要开发俯冲轰炸机，三菱重工业公司和川崎重工业公司都递交了自己的设计给陆军选择，三菱的称九七式轰炸机，而川崎的就是九八式轰炸机，两者的设计很相似，但最终三菱重工业公司的九七式轰炸机胜出。

Fi 167 轰炸机

制造商：费舍尔公司

首飞时间：1938 年

空重：2806 千克

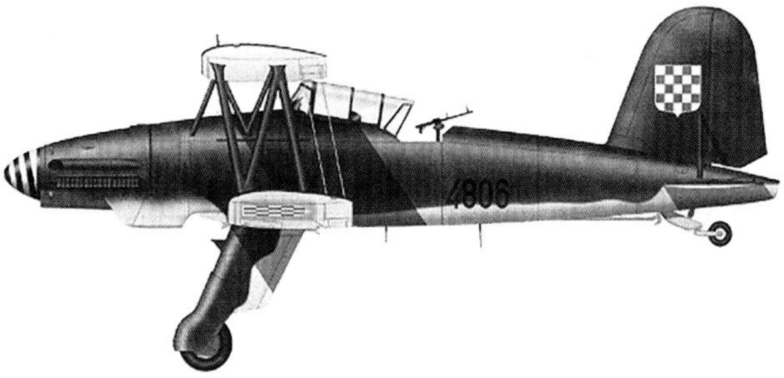

Fi 167 是德国海军在二战时期使用的一款轰炸机，具有卓越的低空性能和短距起落性能。该机机体被设计成细长型，其主起落架脚柱被延伸得很长，在降落时可以耐受较大的下降速度。由于起落架脚柱的位置处于机体重心的前方，配合强力油压刹车装置，可以在较短的距离内使飞机制动，有很好的操控性。

Do 217 轰炸机

制造商：道尼尔公司

首飞时间：1938 年

空重：9350 千克

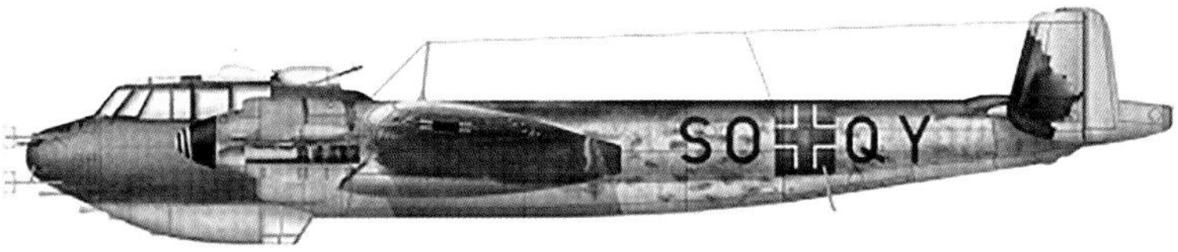

Do 217 是二战中德军使用的一款双发重型轰炸机，主要用于替代性能已逐渐落后的 Do17 轰炸机。得益于强劲的发动机，Do 217 拥有比其他德国双发重型轰炸机更大的载弹量。Do 217 可以携带的炸弹比 Ju 88 的早期型号都多，而 Do 217 的速度也很快，在最大平

飞速度这一项上甚至超过了 Ju 88。在服役后近两年的时间里，Do 217 都是德国最大的轰炸机，直到 He 177 问世后这一纪录才被打破。

“战斗”轰炸机

制造商：费尔雷公司

首飞时间：1939 年

空重：3015 千克

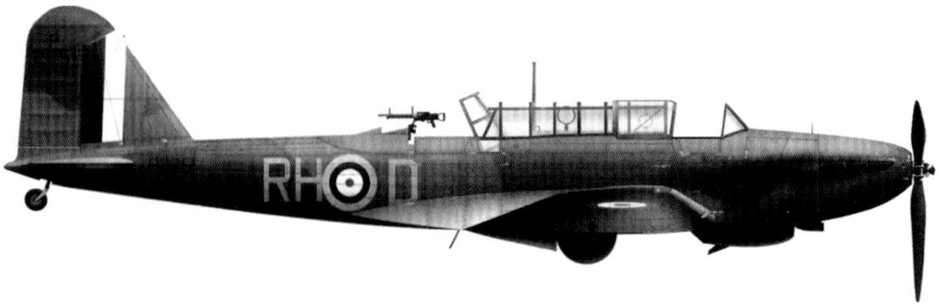

“战斗”是英国空军于二战早期装备的轻型三座轰炸机。二战初期，“战斗”取得了英国空军二战中第一个空战战果（击落一架 Bf 109）。但到 1940 年 5 月，“战斗”每次任务的损毁比例都达到了 50%。1940 年底，“战斗”停止执行作战任务，改为教练机。由于速度慢、飞行性能差、装甲薄弱等原因，“战斗”被认为是“英国空军最令人失望的轰炸机之一”。

九九式轰炸机

制造商：爱知公司

首飞时间：1939 年

空重：2390 千克

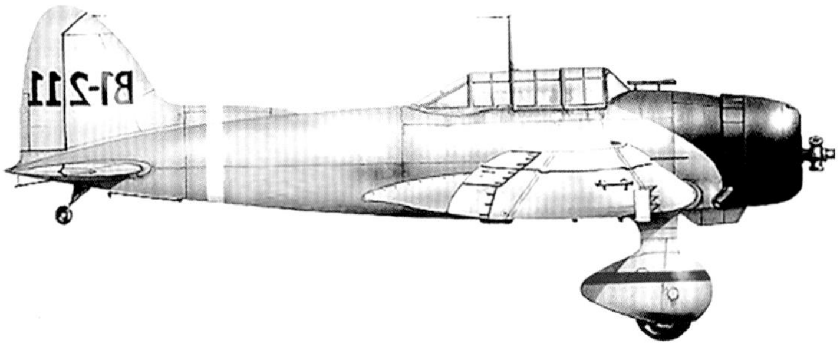

九九式是二战时期由日本爱知公司生产并制造的一款舰载俯冲轰炸机。该机参加了太平洋战场的攻击行动，是日本击沉盟军舰船最多的舰载俯冲轰炸机。该机采用固定式的起落架，主翼两侧下方配备空气刹车襟翼，增加了俯冲时的稳定性，无论是轰炸能力或空中格斗、侦察能力都为当时世界较好的轰炸机型之一。

B-23“龙”轰炸机

制造商：道格拉斯飞机公司

首飞时间：1939 年

空重：8677 千克

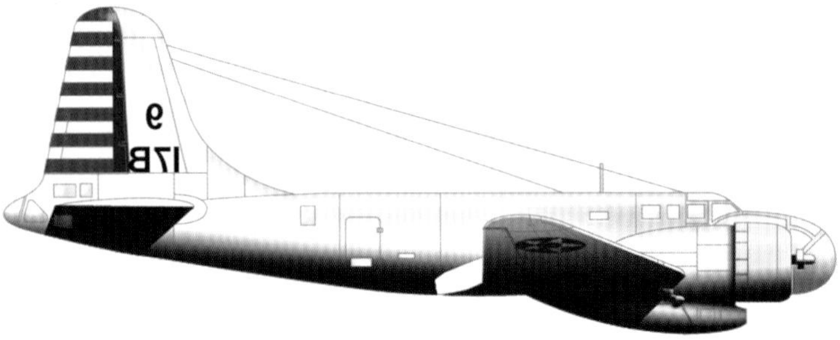

B-23“龙”是道格拉斯飞机公司设计并生产的中型轰炸机，被美国陆航订购后正式命名为 B-23。B-23 的载弹量为 900 千克，自卫武器为 1 挺 12.7 毫米机枪、3 挺 7.62 毫米机枪。动力装置为 2 台莱特 R-2600-3 活塞式发动机。第一批 B-23 在 1939 年 7 月试飞，但这

33 架样机的表现和飞行特性令人失望。结果这些“龙”只能在巡逻方面担当勤务，后期有 12 架被转作运输机使用，同时也担当滑翔机的牵引机。

He 177“鹰狮”轰炸机

制造商：亨克尔公司

首飞时间：1939 年

空重：16800 千克

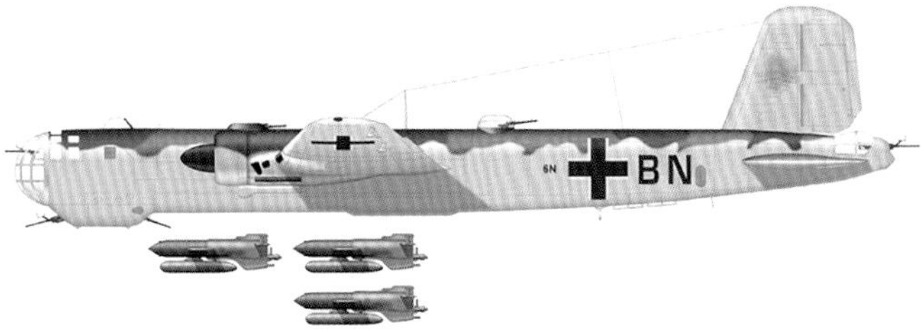

He 177“鹰狮”是德国空军的长程轰炸机，也是德国在二战时期唯一大量生产的重型轰炸机。He 177“鹰狮”常用的战术是高空出航，到达目标区后进行俯冲轰炸，由于致命的发动机过热问题长期难以解决，实际上该机很少能参加实战，即使偶尔参加，He 177“鹰狮”也没有取得多少显赫战果。

B-24“解放者”轰炸机

制造商：共和飞机公司

首飞时间：1939 年

空重：16590 千克

B-24“解放者”是共和飞机公司研制的一款大型轰炸机。B-24“解放者”有一个实用性极强的粗壮机身，其上下前后及左右两侧均设有自卫枪械，构成了一个强大的火力网。梯形悬臂上单翼装有 4 台 R1830 空冷活塞式发动机。机头有一个透明的投弹瞄准舱，其后为多人驾驶舱，再后便是一个容量很大的炸弹舱，可挂载各种炸弹。在二战期间，B-24“解放者”与 B-17“空中堡垒”对德国投下大量炸弹。

SBD“无畏”轰炸机

制造商：道格拉斯飞机公司

首飞时间：1940 年

空重：2905 千克

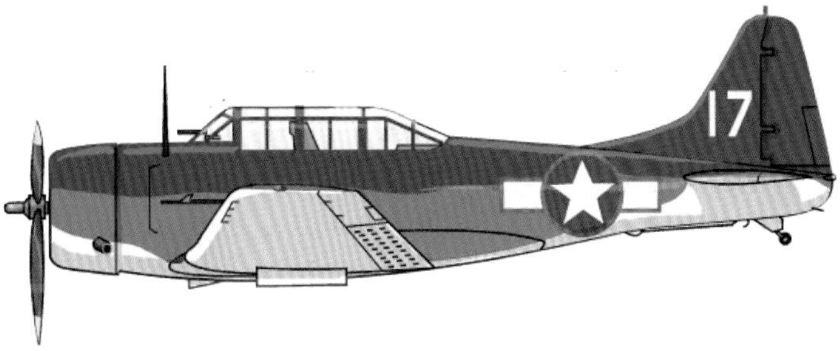

SBD“无畏”是道格拉斯飞机公司开发的舰载俯冲轰炸机。在珊瑚海海战与中途岛海战当中，SBD 创下空前的战绩，尤其是击沉了日本引以为傲的海上主力：“赤城”“加

贺”“苍龙”“飞龙”4 艘航空母舰。至 1944 年由于后继机种 SB2C 俯冲轰炸机的服役，SBD“无畏”才慢慢退居二线。到 1944 年 SBD“无畏”也加入了英国皇家海军的行列，在北海对抗德军的 U 型潜艇。

B-25“米切尔”轰炸机

制造商：北美航空公司

首飞时间：1940 年

空重：8855 千克

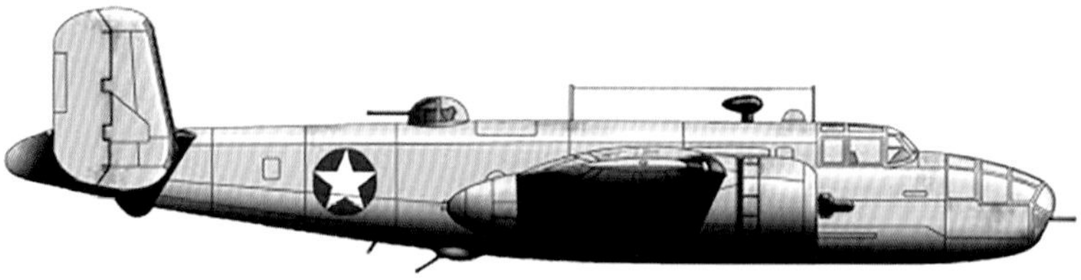

B-25 是北美航空公司设计的双发中型轰炸机，是二战中最优秀的中型轰炸机之一，它以“米切尔”命名，以纪念一战中美国指挥官威廉 • 米切尔。该机也是美国陆航（空军）装备为数不多的以指挥官名字命名的轰炸机。B-25“米切尔”综合性能良好、出勤率高而且用途广泛，在太平洋战争中表现出色，并且还承担了“空袭东京”任务。整个太平洋战争中，为适应战事的需要，B-25“米切尔”还不断进行着改装。

B-26“劫掠者”轰炸机

制造商：马丁公司

首飞时间：1940 年

空重：11000 千克

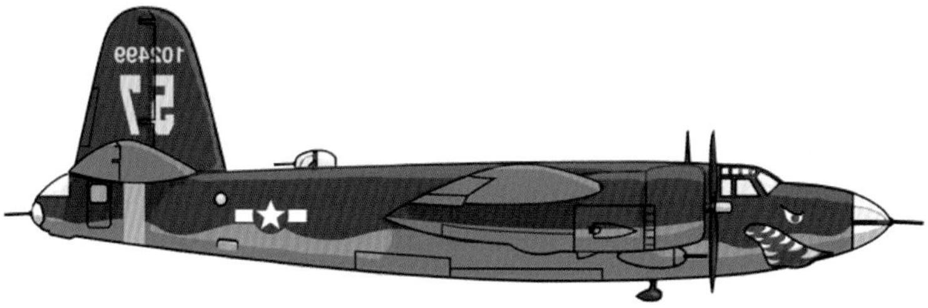

B-26“劫掠者”是马丁公司研制的一款中型轰炸机，其半硬壳铝合金结构机身由前、中、后三段组成，带弹舱的机身中段与机翼一起制造。与 B-25“米切尔”相比，B-26“劫掠者”有更快的速度、更大的载弹量，但却没有更好的名声——它以“寡妇制造者”而闻名。在早期的使用中，B-26“劫掠者”坠毁的比例较大，但在经过改进后，性能得到很大改善，坠毁率已降到正常水平。

“蚊”式轰炸机

制造商：德·哈维兰公司

首飞时间：1940 年

空重：6490 千克

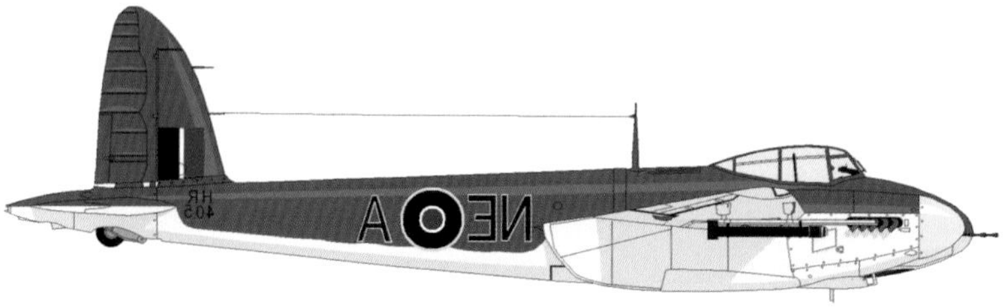

“蚊”式轰炸机以木材为主制造，有“木制奇迹”之誉。“蚊”式轰炸机有几大奇特之处。一是采用全木结构，这在20世纪40年代飞机中已很少见。二是改型多，除了担任日间轰炸任务以外，还有夜间战斗机、侦察机等多种衍生型。三是生存性好，在整个战争期间，“蚊”式轰炸机创造了英国空军轰炸机作战生存率的最佳纪录。“蚊”式轰炸机自重、发动机功率、航程约为“喷火”战斗机的两倍，但速度比“喷火”快。在载重能力上，“蚊”式轰炸机大大超出原设计指标。

Ju 188 轰炸机

制造商：容克斯公司

首飞时间：1940年

空重：9900千克

Ju 188是二战期间在德国空军服役的中型轰炸机，是以Ju 88轰炸机为蓝本研发出的性能与载弹量更加卓越的轰炸机。由于Ju 88自身也有多种改进型号以及盟军对德国工业日益有效的战略轰炸运动，使得德国不得不把重心放在战斗机生产上，所以Ju 188的实际产量并不太多。

Ju 288 轰炸机

制造商：容克斯公司

首飞时间：1940年

空重：13400千克

Ju 288是由德国容克斯公司在二战期间为德国军队设计的先进双发轰炸机，不过一直被种种技术问题困扰而不能投产。原型机也仅经过数次试飞，其中于1940年11月29日进行第一次试飞。

SB2C“地狱俯冲者”轰炸机

制造商：柯蒂斯公司

首飞时间：1940年

空重：4794千克

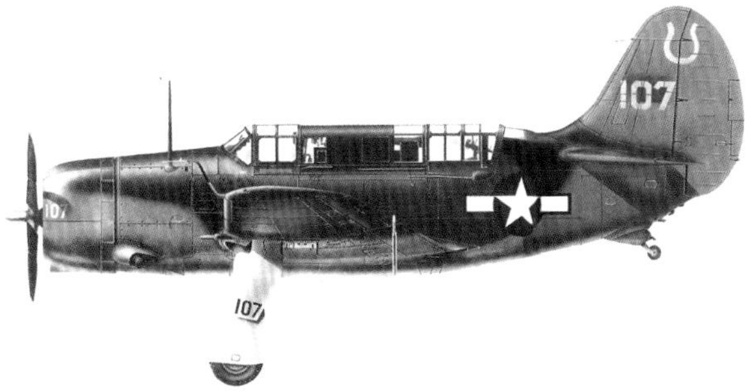

SB2C“地狱俯冲者”是柯蒂斯公司研制的一款俯冲轰炸机，装有2门20毫米机炮、1挺12.7毫米机枪。该机是历史上自重最重的俯冲轰炸机，其炸弹舱可携带1枚450千克炸弹或725千克炸弹，外加机翼两个45千克炸弹。虽然SB2C“地狱俯冲者”的载重量极大，但操纵性能太差使其饱受争议。二战结束后，SB2C“地狱俯冲者”很快被美国军方淘汰。

“兰开斯特”轰炸机

制造商：阿芙罗公司

首飞时间：1941年

空重：16571千克

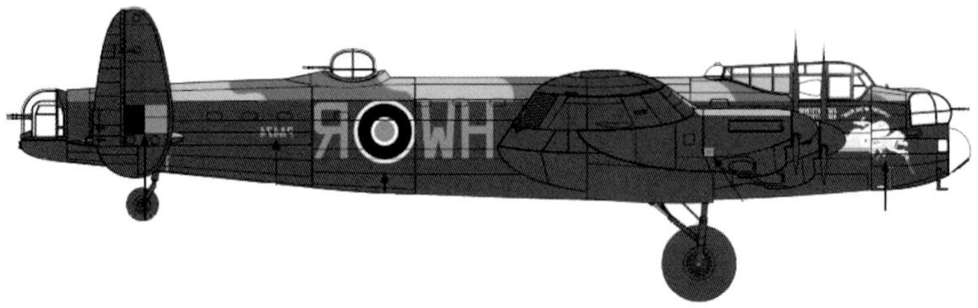

“兰开斯特”是二战时期英国服役的重要战略轰炸机，战后在其他国家持续服役到20世纪60年代。“兰开斯特”硕大的弹舱内可灵活选挂形形色色的炸弹，除113千克常规炸弹外，还可选择半裸悬挂从1814千克、3629千克、5443千克直至10160千克重的各式巨型炸弹，用于对特殊目标的打击。它的基本装备是机枪，作为自卫武器，后机身背部和机尾分别设FN5型、FN50型和FN20型动力炮塔，各炮塔安装7.7毫米机枪2~4挺。

图-2轰炸机

制造商：图波列夫设计局

首飞时间：1941年

空重：7601千克

图-2是苏联图波列夫设计局研制的中型轰炸机，原本被称为ANT-50。图-2轰炸机的动力装置为2台什韦佐夫ASh-82风冷式发动机，单台功率为1380千瓦。该机装有2门23毫米机炮和3挺12.7毫米机枪，可搭载3000千克炸弹。在二战期间，图-2轰炸机作为苏联红军的水平轰炸机甚至俯冲轰炸机，参与了德苏战争中后期的主要战役。鉴于图-2轰炸机的出色表现，其设计师安德烈•图波列夫获得斯大林奖金并重获自由。

SB2A“海盗”轰炸机

制造商：布鲁斯特公司

首飞时间：1941 年

空重：4501 千克

SB2A“海盗”是二战时期少有的被获准生产的成功轰炸机型，其单翼安装在机身中部，采用可收放式起落架。虽然武器装备达到了要求，但 SB2A“海盗”太重了，动力也有所不足。1944 年，荷兰向布鲁斯特公司订购的 162 架被美国海军拿走，被命名为 SB2A-4，分配给海军陆战队使用。SB2A“海盗”一共生产了 771 架，用于拖靶等其他二线用途。

TBF“复仇者”轰炸机

制造商：格鲁曼公司

首飞时间：1941 年

空重：4783 千克

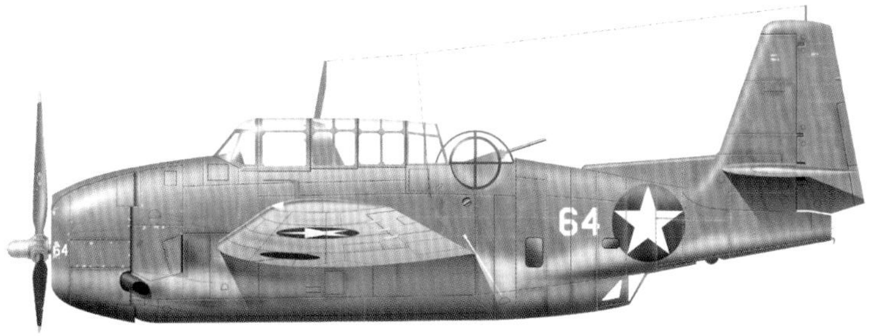

TBF“复仇者”是格鲁曼公司开发的舰载鱼雷轰炸机，与 TBD 鱼雷轰炸机相比，TBF“复仇者”的性能有了明显的提升，除了加大功率的发动机外，新设计的流线型座舱配备防弹玻璃，机身的防弹装甲也前所未有的坚固。TBF“复仇者”除了搭载 1 枚 Mark 13 航空鱼雷之外，还可装载 1 枚 900 千克或 4 枚 225 千克炸弹，而襟翼配备减速板设计加上刹车减速板，更让 TBF“复仇者”拥有和俯冲轰炸机一样的俯冲攻击能力。

A-36 轰炸机

制造商：北美航空公司

首飞时间：1942 年

空重：4535 千克

A-36 是由北美航空公司的 P-51A“野马”战斗机发展而来的俯冲轰炸机，它有“阿柏奇”和“入侵者”两个绰号。A-36 的对地攻击战术是首先在离地大约 914 米高度打开减速板，以 467 千米 / 时至 483 千米 / 时的速度向下俯冲，至 457 米高度瞄准目标并投弹，A-36 除了对敌人俯冲轰炸还用其 6 挺重机枪低飞扫射，实战证明 A-36 是一款准确又致命的俯冲

轰炸机。

Ju 290 轰炸机

制造商：容克斯公司

首飞时间：1942 年

空重：24000 千克

Ju 290 是在二战后期服役于德国空军的长距离军用运输机、海上巡逻机与重型轰炸机。Ju 290 轰炸机是直接从 Ju 90 民航飞机改进而来，作为军事用途是为了替换 Fw 200 侦察机。Fw 200 在欧陆沿海区域面对英国空军的拦截机暴露出缓慢与脆弱的缺点，所以急需一款可兼用为轰炸机用途的大型运输机，Ju 290 轰炸机由此而来。

IL-6 轰炸机

制造商：伊留申设计局

首飞时间：1942 年

空重：11930 千克

IL-6 是苏联以 IL-4 为基础研制的远程轰炸机，然而在经过飞行测试后，发现该机在高载重的状况下降落时，操控性不佳，在低温时发动机难以启动、油门反应迟缓，导致 IL-6 轰炸机在 1944 年被取消生产计划。

B-29“超级堡垒”轰炸机

制造商：波音公司

首飞时间：1942 年

空重：33800 千克

B-29“超级堡垒”是波音公司设计的四发重型轰炸机，是二战时美国陆军航空兵在亚洲战场的主力战略轰炸机。它不单是二战时各国空军中服役的最大型的轰炸机，同时也是集各种新科技的先进武器，如加压机舱、中央火控、遥控机枪等。B-29“超级堡垒”最初的设计构想是作为日间高空精确轰炸机，但在战场使用时 B-29“超级堡垒”却多数在夜间出动，在低空进行燃烧轰炸。二战结束以后，B-29“超级堡垒”仍然服役了一段颇长的时间，到

20 世纪 60 年代方才完全退役。

Me 264 轰炸机

制造商：梅塞施密特公司

首飞时间：1942 年

空重：21150 千克

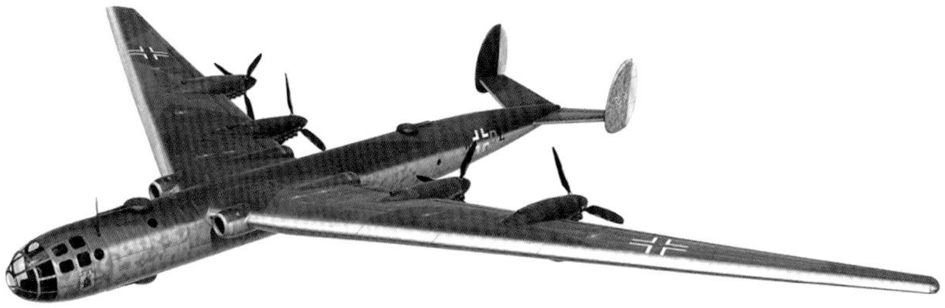

Me 264 是德国在二战期间研制的一款远程战略轰炸机，设计目标是能够自德国飞越大西洋轰炸美国本土。Me 264 为全金属制造，装备 4 台发动机，机身截面为圆形，拥有与 B-29“超级堡垒”类似的玻璃座舱。由于该机是准备用来执行远程轰炸任务的，机组成员需要在飞机上待很长时间，为了提高机组成员的舒适性，该机内部装有高低床和小型厨房。

Ar 234“闪电”轰炸机

制造商：阿拉多公司

首飞时间：1943 年

空重：5200 千克

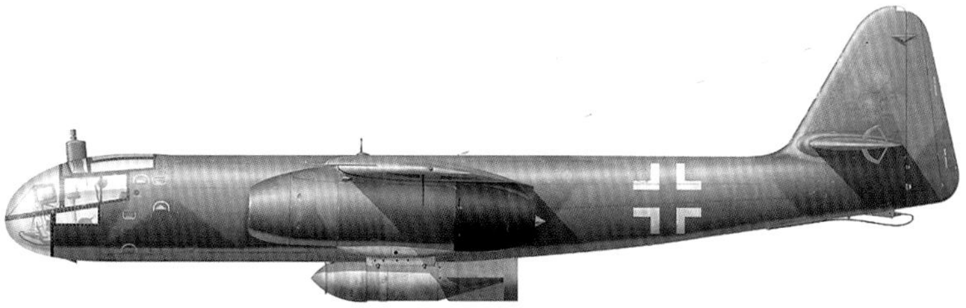

Ar 234“闪电”是世界上首款实用化的喷气式轰炸机，由德国阿拉多公司在二战尾声时制造。在实际运用上，Ar 234“闪电”大部分是担任侦察机的角色，仅少数担任轰炸机角色，它的速度性能使它几乎不可能被敌机拦截。二战期间，Ar 234“闪电”轰炸机是唯一达到战备状态的涡轮喷气式轰炸机，这是军事航空发展史上的重要里程碑。

B-36“和平缔造者”轰炸机

制造商：康维尔公司

首飞时间：1946 年

空重：75530 千克

B-36“和平缔造者”是康维尔公司制造的一款战略轰炸机，也是历史上投入批量生产的最大型的活塞式发动机轰炸机，并且是翼展最大（70.12 米）的军用轰炸机。它也是第一款无须改装就可以挂载当时美国核武库内所有原子弹的轰炸机。以其 9700 千米的航程和 33 吨的最大载弹量，B-36“和平缔造者”还成为第一款能够执行洲际轰炸任务的轰炸机。

B-45“龙卷风”轰炸机

制造商：北美航空公司

首飞时间：1947 年

空重：20726 千克

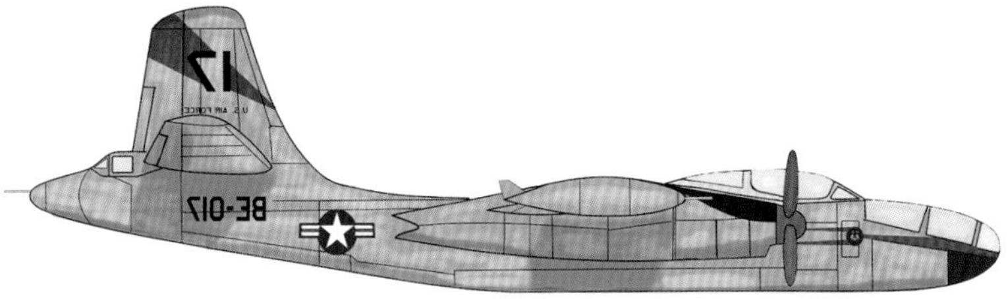

B-45“龙卷风”是美军装备的第一款喷气式轰炸机，也是第一款具有空中加油能力和核弹投放能力的喷气式轰炸机。该机的机尾有 2 具 50 毫米的机枪，备弹 22000 发。两个弹舱可以携带最大 12485 千克弹药或一枚重 9988 千克的低空战略炸弹，或 2 枚 1816 千克的核弹。B-45“龙卷风”的电子系统包括自动驾驶仪、轰炸导航雷达和火控系统、通信设备、紧急飞行控制设备等。

图 -4“公牛”轰炸机

制造商：图波列夫设计局

首飞时间：1947 年

空重：36850 千克

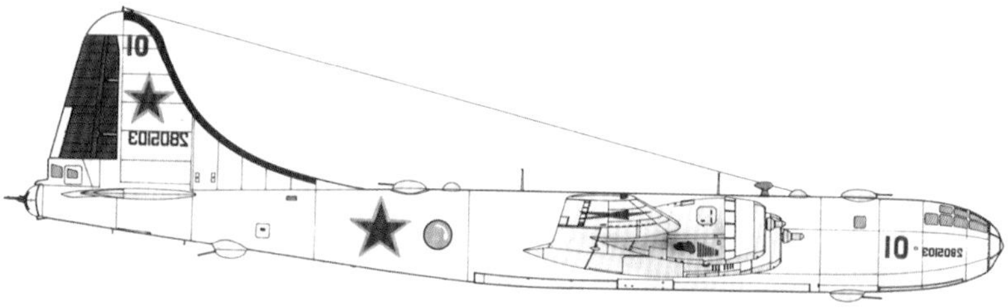

图 -4“公牛”是苏联仿制美国 B-29 轰炸机的仿制机型，各方面性能比原型 B-29 的有所提高，单台发动机功率从 2000 马力增加到 2400 马力，并装有涡轮增压器。机上飞行设备配有当时比较先进的航行雷达、天文罗盘、PB-10 无线电高度表。图 -4“公牛”有 5 个炮塔，装 10 门 23 毫米机关炮。5 个炮塔中的 3 个炮塔可以对地射击，可以由 3 个人分别射击，也可以由一个人遥控操纵 3 个炮塔同时对地面一个目标射击。

B-50“超级空中堡垒”轰炸机

制造商：波音公司

首飞时间：1947 年

空重：38256 千克

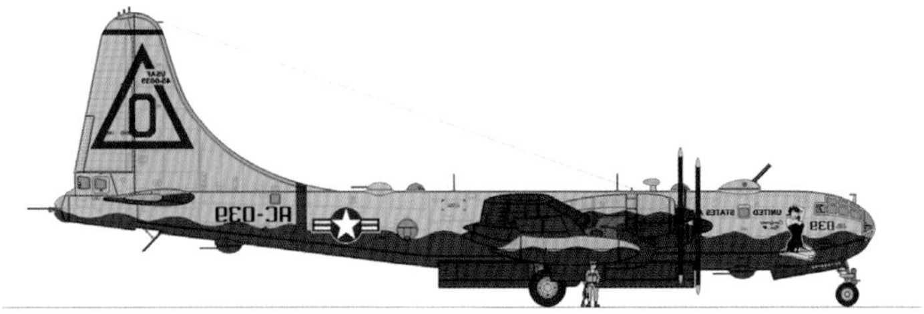

B-50“超级空中堡垒”是由波音公司研制的战略轰炸机，设计灵感源自 B-29“超级堡垒”轰炸机，但全机有 75% 的部件为重新设计。动力方面改用 4 台普惠 R-4360 系列活塞式发动机，动力更强劲。B-50“超级空中堡垒”的机身及机翼表面采用新型强韧的轻合金制造，垂直尾翼和水平尾翼均使用液压动力操作。各种改进使 B-50 比 B-29 具有更大的载弹量和续航力。

B-47“同温层喷气”轰炸机

制造商：波音公司

首飞时间：1947 年

空重：35867 千克

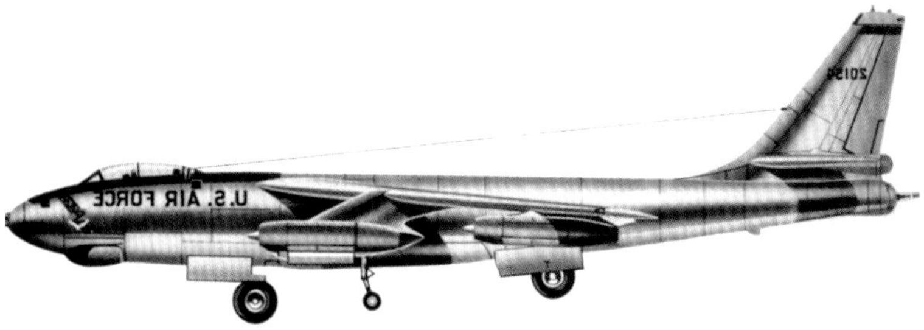

B-47“同温层喷气”是波音公司研制的中程喷气式战略轰炸机，采用细长流线型机身，机翼为大后掠角上单翼，翼下吊挂 6 台涡轮喷气发动机。B-47“同温层喷气”的弹舱长 7.9 米，可以搭载一枚 4500 千克核弹，也可携带 13 枚 227 千克或 8 枚 454 千克的常规炸弹。B-47“同温层喷气”还安装有 2 门 20 毫米机炮，备弹 700 发，最大有效射程为 1370 米。机上还装置两部安装在垂直照相架上的 K-38 或 K-17C 照相机，用来检查炸弹结果。

传奇武器鉴赏：B-17“空中堡垒”轰炸机

基本参数	
机长	22.66 米
机高	5.82 米
翼展	31.62 米
航程	3219 千米
速度	462 千米 / 时

B-17“空中堡垒”是波音公司为美国陆军航空队制造的四发重型轰炸机。它是世界上第一款装雷达瞄准具、能在高空精确投弹的大型轰炸机，也是二战中生产数量最多的大型轰炸机。

研发历程

B-17“空中堡垒”的起源可以追溯到 1934 年 2 月，美国陆军航空队（USAAC）提出了一种能装载 2000 千克炸弹以 322 千米 / 时的速度飞行 8045 千米的轰炸机的设计招标。这项招标被称为“A 计划”，偏重于可行性研究，但如果设计被证明是成功的话，军方会订购生产型样机。

美国马丁公司和波音公司提交了初步设计。马丁公司的设计在进入实质阶段前出局，波音公司的设计赢得了制造一架样机的合同，军方指定型号 XBLR-1，后改为 XB-15，在设计过程中，波音公司获得了制造四发轰炸机的丰富经验。

XB-15 在一次试飞时坠毁令合约取消，但 USAAC 对波音公司的设计印象深刻并订购了 13 架，其后被 USAAC 恢复全面量产，包括衍生型 B-17A 至 B-17G。

整体构造

B-17“空中堡垒”轰炸机采用常规气动布局，下单翼，单垂尾，后三点可收放式起落架。该机在当时世界轰炸机中首次采用装配 4 台螺旋桨发动机的新型设计方案，首次全机采用金属结构和流线型外形，首次在轰炸机中设置了机炮炮塔，增强了空战自卫能力。B-17“空中堡垒”轰炸机整个机身分为 5 段，机翼为承力管状结构，外包皱形波纹蒙皮，在机身与发动机舱的主翼翼段设有铝质油箱。

作战性能

B-17“空中堡垒”轰炸机在机头、机腹、机背、机尾和机身两侧设有水滴形机枪炮塔，能对空中各个方向进行射击，具有突出的空中火力。

B-17“空中堡垒”是一种多用途的飞机，除了在 USAAC 中作为轰炸机服役及在英国皇家空军中作炸弹运输机外，其他国家也有采用。二战后，因为其结构坚固而作为森林消防机。直到 20 世纪 80 年代美国还有一批 B-17 消防机在使用。

战略轰炸的概念基本上是由 B-17“空中堡垒”轰炸机开创的。1940 年，B-17“空中堡垒”因白天轰炸柏林而闻名于世。1943—1945 年，美国陆军航空队在德国上空进行的规模庞大的白天精密轰炸作战中，B-17“空中堡垒”更是表现优异。实际上，欧洲战场上大部分的轰炸任务都是 B-17“空中堡垒”完成的。战后的统计数据显示，B-17“空中堡垒”在欧洲上空共投下了 580513 吨炸弹，同期 B-24“解放者”投下了 410425 吨炸弹，其余的美军飞机则是 420434 吨。在波音公司的档案中，B-17“空中堡垒”每 4 次出击可以击落 23 架敌机，B-24“解放者”为 22 架，美军战斗机是 11 架，其余的美军轻型和中型轰炸机是 3 架。

飞行中的 B-17“空中堡垒”轰炸机

B-17“空中堡垒”在执行轰炸任务

执行轰炸任务的 B-17“空中堡垒”轰炸机编队

知名兵工厂探秘：波音公司

波音公司是美国一家开发及生产飞机的企业，在航空业上拥有颇高的占有率。二战期间，波音公司为美军研制了多款轰炸机，为战争的胜利做出了重要贡献。目前，波音公司已与麦克唐纳 • 道格拉斯公司完成合并，成为世界上航空航天领域规模最大的公司。

波音公司成立于 1916 年 7 月 1 日，由威廉 • 爱德华 • 波音创建。1929 年更名为联合飞机及空运公司。1934 年按政府法规要求拆分成三个独立的公司：联合飞机公司（现联合技术公司）、波音飞机公司、联合航空公司。1961 年，原波音飞机公司改名为波音公司。波音公司建立初期以生产军用飞机为主，并涉足民用运输机。其中，P-26 驱逐机以及波音 247 型民用客机比较出名。1938 年研发的波音 307 型是第一款带增压客舱的民用客机。

20 世纪 30 年代中期，波音公司开始研制大型轰炸机，包括在二战中赫赫有名的 B-17“空中堡垒”、B-29“超级堡垒”轰炸机，以及冷战时期著名的 B-47“同温层喷气”和 B-52“同温层堡垒”战略轰炸机。此外，美国空军的 KC-135 空中加油机和 E-3“望楼”预警机也是由波音公司生产。20 世纪 80 年代，波音公司还和贝尔直升机公司联合设计并制造了 V-22“鱼鹰”倾转旋翼机，这种飞机具备直升机的垂直升降能力及固定翼螺旋桨飞机较高速、航程较远及耗油量较低的优点。

20 世纪 60 年代以后，波音公司的主要业务由军用飞机转向商用飞机。1957 年在 KC-135 空中加油机的基础上研制成功的波音 707 是该公司的首架喷气式民用客机，共获得上千架订货。从此，波音公司在喷气式商用飞机领域内变得举足轻重，先后发展了波音 727、波音 737、波音 747、波音 757、波音 767 等一系列型号，逐步确立了全球主要的商用飞机制造商的地位。其中，波音 737 是在全世界被广泛使用的中短程民航客机。波音 747 一经问世就长期占据世界远程民航客机的头把交椅。

1997 年，波音公司与麦克唐纳•道格拉斯公司（简称麦道公司）完成合并，新的波音公司正式营运。麦道公司曾经是美国最大的军用飞机生产商之一，著名的 F-4“鬼怪”、F-15“鹰”、C-17“全球霸王 III”军用运输机、MD 系列商用飞机就产自该公司。

位于芝加哥的波音公司总部

时至今日，波音公司已是全球航空航天业的领袖公司，也是世界上最大的民用和军用飞机制造商。此外，波音公司设计并制造旋翼飞机、电子和防御系统、导弹、卫星、发射装置，以及先进的信息和通信系统。作为美国国家航空航天局的主要服务提供商，波音公司运营了航天飞机和国际空间站。波音公司还提供了众多军用和民用航线支持服务，其客户分布在全球 90 多个国家和地区。就销售额而言，波音公司是美国较大的出口商之一。

宾夕法尼亚州里德利公园的波音工厂

波音艾弗雷特工厂

2.4 蓄势待发的攻击机

攻击机的特点是有良好的低空和超低空稳定性和操纵性；有良好的下视界，便于搜索地面小型隐蔽目标；有威力强大的对地攻击武器，除机炮和炸弹外，还包括制导炸弹、反坦克集束炸弹和空对地导弹等；飞机要害部位都有装甲保护，以提高飞机在地面炮火攻击下的生存力；起飞着陆性能优良，能在靠近前线的简易机场起降，以便扩大飞机支援作战的范围。

攻击机的攻击目标主要包括军用直升机在内为敌方战术机动目标、前沿机场、战术导弹发射场、战场兵力集结点、交通枢纽及近海舰船等。攻击机是强行突破敌防空火力对敌实施攻击的，所以其战损率明显高于其他机种。

二战后多次局部战争的实践表明，攻击机在复杂气象或暗夜条件下搜索小型目标的能力，有待进一步加强，装备的武器的性能还需提高，自卫能力包括装甲和电子干扰设备等也需不断加强和改进。二战结束后，攻击机家族为顺应时代的发展，也进入了喷气式时代。

攻击机跨入喷气式时代的时间略晚于战斗轰炸机。在早期问世的喷气式攻击机中最为有名的要算是美国的 A-4 舰载攻击机。该机问世后，因其出色的飞行性能而受到青睐，先后出口许多国家，并有幸成为美国海军“蓝色大使”空中特技表演队的专用机种。1982 年，在英阿马岛战争中，阿根廷空军装备的 A-4 攻击机一举击沉英国现代化导弹驱逐舰“考文垂”号，创造了战争史上的奇迹。

V-11 攻击机

制造商：伏尔提公司

首飞时间：1937 年

空重：2927 千克

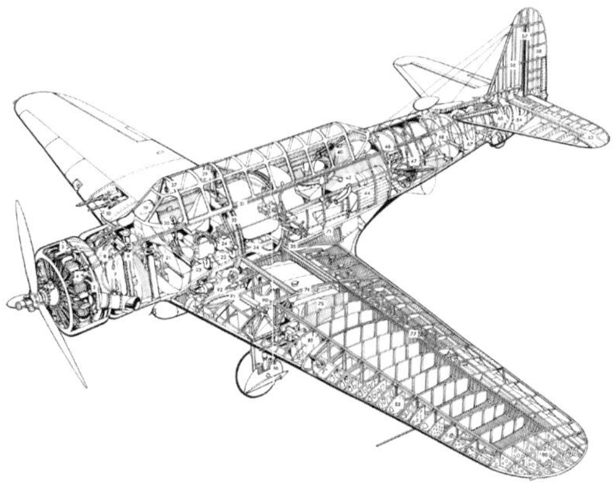

1934 年，美国伏尔提公司发展出 V-1 轻型客机，由于美国民航局不允许单发飞机用于客运，后改为 3 座攻击机，即伏尔提 V-11。该机采用半硬壳式机身、纵列座舱，主油箱、炸弹舱，驾驶员座椅靠背后方有一个可承受 6 倍机体重量支架，用于飞机在地面倾覆时，保护机组人员安全，机腹尾部装有向下开启的舱门，配有活动机枪 1 挺，射击员卧姿操纵。

A-20“浩劫”攻击机

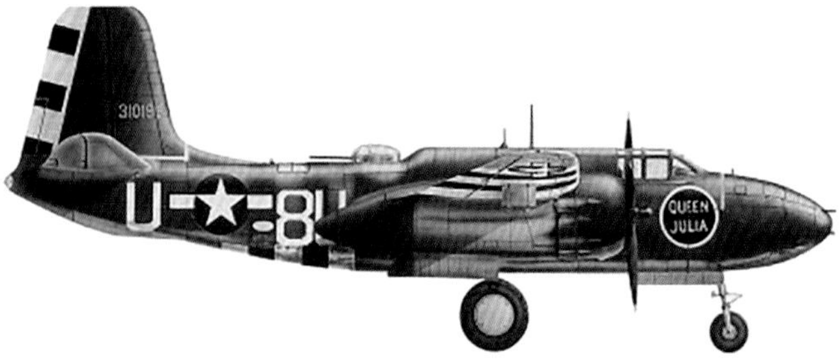

制造商：道格拉斯飞机公司

首飞时间：1939 年

空重：7272 千克

A-20“浩劫”是二战期间美国研发的一款轻型双发亚音速平直翼攻击机，是一款非常有效的地面近距支援飞机。该机机头集中安装多门机炮用来对地扫射，或改成透明玻璃机头供投弹手瞄准，此时机腹弹舱内挂有炸弹。座舱盖很长，前后分别坐有驾驶员和射手，后座常配备机枪或遥控炮塔。飞机乘员总数 3—4 人，很像一架轻型轰炸机。

IL-2 攻击机

制造商：伊留申设计局

首飞时间：1939 年

空重：4425 千克

IL-2 是苏联在二战期间生产的对地攻击机，产量超高 36000 架，堪称航空史上单型号产量最大的军用飞机。IL-2 原本是作为单座的战斗轰炸机，但初期在和德军作战时表现不理想，因为对于其较大的体型来说发动机功率不足，使得其飞行性能不足以与德军 Bf 109 进行格斗战。后来加装了机枪手的后座位和重机枪自卫，并强化了装甲并集中攻击地面目标，才成为当时最成功的攻击机。

IL-8 攻击机

制造商：伊留申设计局

首飞时间：1943 年

空重：4910 千克

IL-8 是伊留申设计局为了替代当时苏联所使用的 IL-2 攻击机而设计的地面攻击机。原型机的性能测试证明了 IL-8 的速度远高于 IL-2 攻击机，不过 IL-8 的机动性却降低了不少，因此，IL-8 后来被重新设计，并演变成 IL-10，且 IL-8 并未被军方采用。

IL-10 攻击机

制造商：伊留申设计局

首飞时间：1944 年

空重：4680 千克

IL-10 是伊留申设计局在二战后期由 IL-8 改进而来的攻击机，外观和 IL-8 相似，但实为全金属结构，外观上不同的地方是改用普通战斗机的收放式起落架。另一特点有内藏的弹仓。IL-10 也是以单活塞式三叶螺旋桨驱动的机型，呈下单翼硬壳式布局，为后三点式收放式起落架，主要生产型为纵列双座封闭式座舱，后座位是面向后方的机枪手座位。

IL-16 攻击机

制造商：伊留申设计局

首飞时间：1945 年

空重：5780 千克

IL-16 是苏联研发的一款轻型地面攻击机，本质上是比例缩减版本的 IL-10，但配有新开发的发动机，使它比后者拥有更快的速度和更强大的机动性。然而，由于发动机缺陷，该计划在 1946 年夏季被取消。

A-1“天袭者”攻击机

制造商：道格拉斯公司

首飞时间：1945 年

空重：5429 千克

A-1“天袭者”是美国研发的一款螺旋桨攻击机，采用全金属半硬壳式铝合金结构机身，全金属悬臂式下单翼，机翼为梯形平直翼。内翼段靠近机翼折叠部分内部安装有 2 门 M3 型 20 毫米机炮，每门备弹 200 发。理论上总挂载能力 6622 千克，但由于外翼段挂架排列紧密，只能挂载小型武器，所以达不到极限挂载能力。

2.5 齐头并进的教练机

和所有飞机一样，教练机可以是螺旋桨的，也可以是喷气式的。初教通常都是螺旋桨的，而且采用活塞式发动机。中教有螺旋桨的，但一般已经不用活塞式发动机，而用涡桨发动机。中教也有采用喷气式的。高教一般是喷气式的。推进形式的差异在很大程度上反映了初教、中教、高教的使命和使用习惯上的差异。初教最强调的是廉价、皮实、操作简单，飞行性能特别温和、稳定，还要具有很高的出动率。活塞式发动机在本质上和汽车发动机差不多，技术非常成熟可靠，经济性也好，用于初教正合适。中教和高教对飞行性能有一点追求了，也要求和现代飞机的飞行特性相对接近，采用喷气式推进就顺理成章了。

教练机对速度和高度的要求毕竟不高，活塞式螺旋桨飞机具有可靠、廉价的优点，现代涡桨发动机则可以达到高亚音速和相当高的高度，采用涡桨发动机的苏联图 -95 轰炸机在速度和高度上都接近采用涡喷发动机的美国 B-52 轰炸机。如果教练机不要求超音速性能，采用涡桨发动机的教练机在很大的性能包线内，都可以匹敌喷气式的教练机。

教练机的批量大，使用寿命长，出勤率高，对成本控制和使用经济性的要求几乎和民航客机一样苛刻，这样就需要尽可能减少不必要的重量、设备和飞行阻力。

DH 82“虎蛾”教练机

制造商：德 • 哈维兰公司

首飞时间：1931 年

空重：506 千克

DH 82“虎蛾”是由德 • 哈维兰公司研制的一款教练机，具有非常好的操作性和安全性，很多飞行员甚至称呼它为“闭着眼睛都可以安全驾驶的飞机”。除英国以外，加拿大、澳大利亚和新西兰都生产过“虎蛾”，用以培训本国的军民飞行员。“虎蛾”在问世以后，不断经历修改，包括将开放式飞行座舱改为封闭式座舱、改进制动系统、尾撬改为尾轮等。

DH 89“牧师”教练机

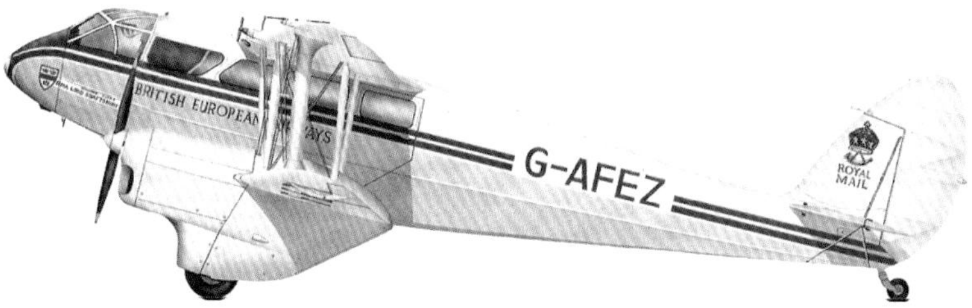

制造商：德 • 哈维兰公司

首飞时间：1934 年

空重：1465 千克

DH 89“牧师”是由德 • 哈维兰公司研制的教练机，被英国空军选中作为联络机。德 • 哈维兰公司于 1937—1938 年完成了首批订单，后英国空军于 1939 年追加了 17 架以用于无线电导航培训。教练机“牧师”正式型号为“牧师”MK. Ⅰ型，联络型军用编号则为“牧师”MK. Ⅱ。二战初期英国空军服役的“牧师”中，除了新生产的军用型号外，还有一批被征用的战前制造的民用型号。

T-6“德州佬”教练机

制造商：北美航空公司

首飞时间：1935 年

空重：2135 千克

T-6“德州佬”是北美航空公司制造的初级教练机，自二战以来，T-6“德州佬”被广泛用于训练美国陆航（空军）、美国海军以及美国盟邦的飞行员。T-6“德州佬”教练机采用单发、双座设计，最多可安装 3 挺 7.62 毫米机枪，分别安装在右翼内、鼻罩右上方、后座尾部。除了军事用途外，T-6“德州佬”也是一款受欢迎的收藏或运动竞赛飞机。

2.6 乘势发展的民航客机

第一款全金属、具备一切现代民航客机（除螺旋桨发动机外）特点的商用单翼机是 1930 年波音公司的“单发邮政机”，波音公司根据这架飞机的半硬壳式机身和应力蒙皮设计，在 1931 年为美国陆军航空部研制了双发动机轰炸机的原型机 YB-9。

由于美国陆军未将 YB-9 投产，波音与其商业伙伴联合航空经过慎重考虑后，在 1932

年以 YB-9 构型为基础研制了体型稍小的商用机型，这就是于 1933 年 2 月首飞的 B-247。这架飞机具有全金属、应力蒙皮结构、全包覆式机舱、橡胶除冰靴、配平片、流线型发动机罩、自动驾驶仪、下单翼、可收放式起落架等设计特点，只凭一台发动机也能飞行和爬升。B-247 是第一架“现代化”的民航机，之后的每种民航客机都是在模仿它的设计特点。

由于波音公司的生产线无法满足航空公司的订单，道格拉斯公司乘势崛起，迅速推出后来名噪一时的全金属、下单翼、双发动机、可收放式起落架 DC 系列客机。DC-3 是第一架能通过运送旅客及货物，不需政府补贴就能赚钱的民航机，到二战结束时，共生产了 11000 多架，是全世界到目前为止单一机型生产量最多的飞机，其中大多数是军用型的 C-47。

DC-2 民航客机

制造商：道格拉斯飞机公司

首飞时间：1934 年

空重：5628 千克

DC-2 是由美国道格拉斯飞机公司研发的民航客机，是 DC-1 的后继型号，也被称为“改进型 DC-1”。基本设计与 DC-1 类似，但有两项大的改动，第一项是将机身加长 0.61 米，全长达到了 18.89 米，第二项改进是增加客舱座椅，可以搭载 14 名乘客。

DC-3 民航客机

制造商：道格拉斯飞机公司

首飞时间：1935 年

空重：7650 千克

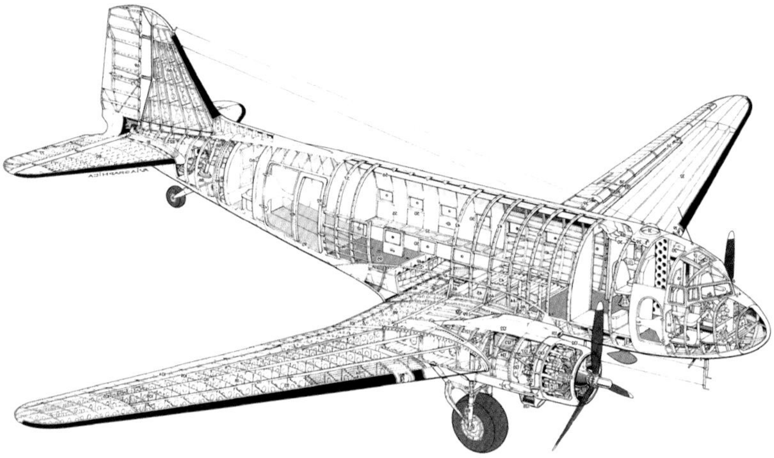

DC-3 双发动机客机是道格拉斯 DC-2 的改良版，有多个民用或军用版本（C-47），产量极高。与同时期其他客机相比，DC-3 的载客量增加一倍左右，运行成本大为降低，一举扭转了航空公司经营客运亏损的局面，民用航空客运业务从此不需政府补贴就可独立发展。

IL-12 民航客机

制造商：伊留申设计局

首飞时间：1945 年

空重：11045 千克

IL-12 是苏联研制的一款活塞式近程民航客机，采用全金属下单翼结构，起落架为前三点式，发动机功率较大并装有二级增压设备，还安装了仪表飞行、高空飞行、跳伞及防火、防冰设备。作为军用运输机时可空运或投送兵员、轻型装备。

DC-6 民航客机

制造商：道格拉斯飞机公司

首飞时间：1946 年

空重：25110 千克

DC-6 是道格拉斯飞机公司研发的一款四发动机商用客机 / 运输机。在进入喷气式时代后，DC-6 及其后继型 DC-7 在客运一线的地位被波音 707 和道格拉斯 DC-8 所取代。但时至今日，仍有一部分 DC-6 执行货运、军事和森林火灾控制的任务。

2.7 洞若观火的侦察机

一战爆发后，欧洲各交战国都很重视侦察机的应用。在大战的初期，德军进攻处于优势，直插巴黎。1914 年 9 月 3 日，法军的一架侦察机发现德军的右翼缺少掩护，于是法国根据飞行侦察的情报，乘机反击，发动了意义重大的马恩河战役，终于遏止住了德军的攻势，扭转了战局。

二战中，侦察机应用得更为广泛，出现了可进行垂直照相及倾斜照相的高空航空照相机和雷达侦察设备。大战末期还出现了电子侦察机。20 世纪 50 年代，侦察机的性能明显提高，飞行速度超过了音速，还出现了专门研制的战略侦察机，如美国的 U-2。20 世纪

60 年代，又出现了飞行速度达音速的 3 倍、飞行高度接近 3 万米的所谓“双 3”高空高速战略侦察机，如美国 SR-71 和苏联的米格 -25。在这一时期，无人驾驶侦察机也开始得到广泛使用。

“海象”水上侦察机

制造商：超级马林公司

首飞时间：1933 年

空重：2223 千克

“海象”是由超级马林公司研制的一款水上侦察机，可轨道弹射起飞的“海象”被广泛装备于英国海军的各种大型战舰。在战争期间，“海象”通常担任侦察 / 搜救工作，部分“海象”还安装了反潜雷达，担任反潜机。速度极慢的“海象”是战斗机非常好的“猎物”，二战中任何战斗机在空战中对它都有绝对的优势。但是面对潜艇时，“猎物”变为了“猎人”，一共有 5 艘德国潜艇被“海象”击伤或击沉。

Fi 156“鹳”侦察机

制造商：格哈德 · 费斯勒制造厂

首飞时间：1936 年

空重：930 千克

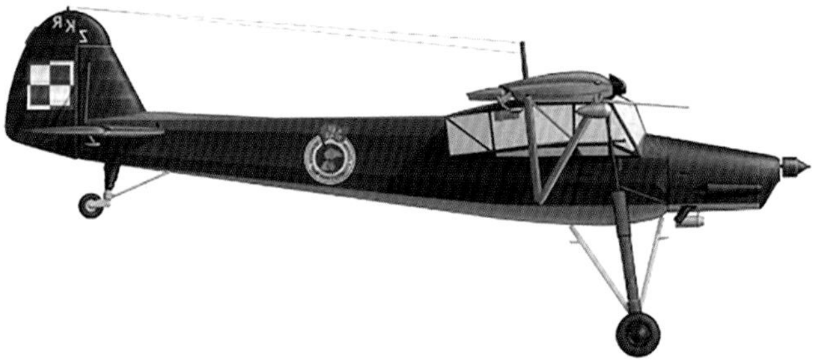

Fi 156“鹳”是二战期间德国服役的轻型侦察机，堪称“空气动力学的奇迹”。该机具有极其优异的短场起降功能，其操控性能获得飞行员的一致赞许，其平均寿命为著名战斗机 Bf 109 的 10 倍，二战期间几乎在所有德军前线都有它的踪影。

Ar 196 水上侦察机

制造商：阿拉多飞机制造厂

首飞时间：1937 年

空重：2990 千克

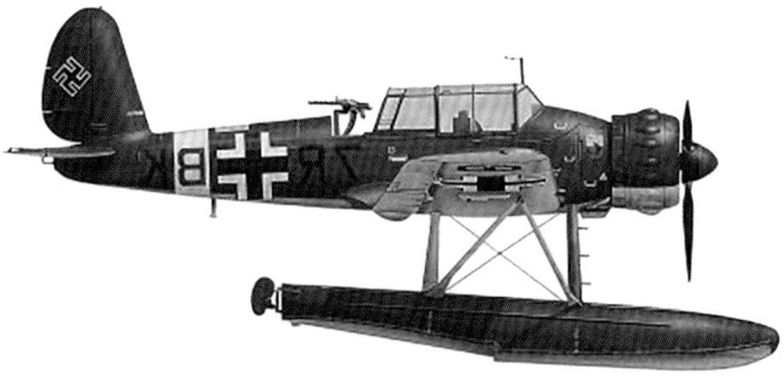

Ar 196 是由德国阿拉多飞机制造厂设计并生产的舰载型水上侦察机，1936 年起开始生产，并于 1937 年在德国海军的招标中胜出，自此该机成为德国海军舰队在二战期间的标准

舰载侦察机，为其活动在印度洋活动的潜艇群提供空中侦察情报。

Fw 200“兀鹰”侦察机

制造商：福克 - 沃尔夫公司

首飞时间：1937 年

空重：17005 千克

Fw 200“兀鹰”是由德国福克 - 沃尔夫公司研制的一种全金属四发单翼侦察机，原先作为客机使用，在二战爆发后被空军用作远程侦察机、海军轰炸机与运输机。由于该机在德国对英国的大西洋海战中表现出色，重创英国运输船，导致英军资源匮乏，无法与德军作战，温斯顿 • 丘吉尔将其称为“大西洋的祸害”。

OS2U“翠鸟”水上侦察机

制造商：沃特飞机公司

首飞时间：1938 年

空重：1513 千克

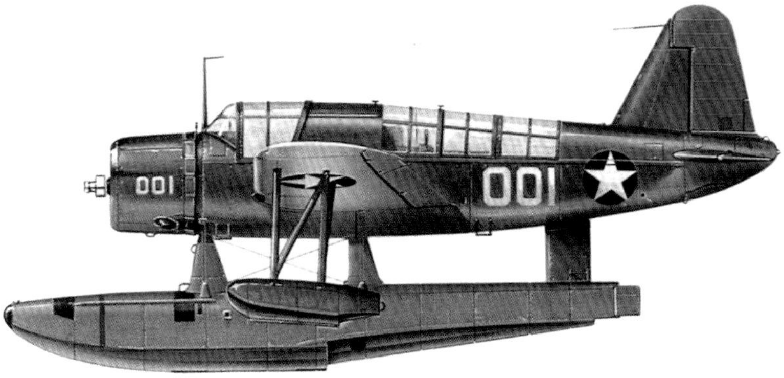

OS2U“翠鸟”是由沃特飞机公司研制的水上侦察机，机载武器包括 1 挺固定式勃朗宁 7.62 毫米机枪，1 挺可俯仰转动的 7.62 毫米机枪。OS2U“翠鸟”在两翼下各有 1 个挂架，可以携带 1 枚 45 千克的航空炸弹或者 1 颗 147 千克的深水炸弹。美国海军装备的 OS2U“翠鸟”在二战中被广泛用于各个战场，执行侦察、反潜巡逻、海空救援和炮兵观测等任务。

P-2“海王星”海上巡逻 / 侦察机

制造商：洛克希德公司

首飞时间：1945 年

空重：22650 千克

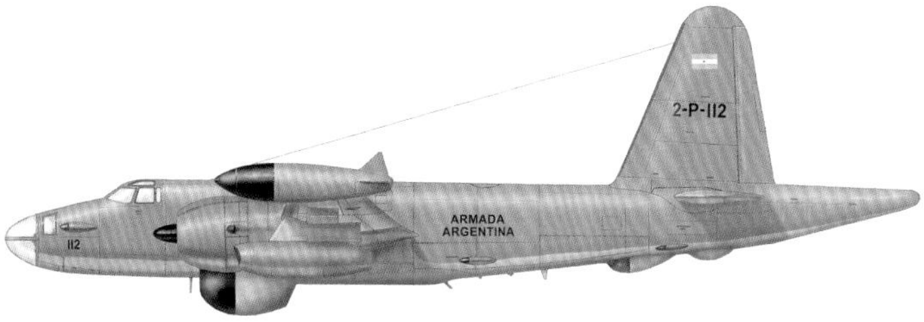

P-2“海王星”是由洛克希德公司设计并生产的海上巡逻机，细长的机身中段是电子作战席或炸弹舱，可携炸弹、水雷、鱼雷、深水炸弹、声纳等器材。前部装有一对大展舷比的

平直上单翼，翼上安装 R3350 型空冷活塞式发动机 2 台，后期机型并有翼尖油箱，外翼下可设挂架 8—16 个武器挂点及助推用小型喷射发动机 2 台。

2.8 运输机的命运转折点

1933 年是运输机发展史上具有重要意义的一年。该年 2 月 8 日，美国波音公司的波音 B-247 运输机原型机载着 10 名乘客首次试飞。改进后的波音 247D 型运输机巡航时速为 304 千米，航程达 1200 千米。7 月 1 日，美国道格拉斯公司 DC-1 型运输机首次飞行，后来改进定型为 DC-2 型，它可载客 16 人，巡航时速 274 千米，航程 1900 千米。波音 247D 和道格拉斯 DC-2 标志着现代运输机的诞生，它们的结构、性能、乘坐舒适性都较早期的运输机有显著的提高。

1935 年，道格拉斯公司推出了有史以来最有影响的运输机 DC-3，军用型号为 C-47。它为发展和建立可靠的世界航空网、促进航空运输所做的贡献是其他任何一款飞机无法比拟的。DC-3 可载客 21—36 人，巡航时速 290 千米，航程 2400 千米。DC-3 共生产了约 11000 架，几乎世界上所有大型航空公司和小型航空公司都使用过这种飞机。波音公司和道格拉斯公司首先采用了光滑的承力金属蒙皮的悬臂式下单翼设计、可收放式起落架、襟翼、变距螺旋桨、机体除冰设备、自动驾驶仪、双套操纵系统和飞行仪表。它们为现代运输机奠定了基础。

Ju 52“容克大婶”运输机

制造商：容克斯公司

首飞时间：1930 年

空重：5720 千克

Ju 52“容克大婶”是由容克斯公司研制的运输机，二战前作为民航机开辟了多条新航线，几乎参加了二战中德军所有的行动。Ju 52“容克大婶”外型丑陋，全机使用波纹铝蒙皮，机身轮廓棱角分明，粗壮的起落架支柱从机身中伸出，采用了容克斯公司独特的两段式襟翼。Ju 52“容克大婶”除了机翼上的两台发动机外，机鼻上还装有一台。

G-21“鹅”式运输机

制造商：格鲁曼公司

首飞时间：1937 年

空重：2461 千克

G-21“鹅”式是由格鲁曼公司设计的水陆两用飞机，二战期间成为美军以及许多其他国家空军的有效运输工具。G-21“鹅”式几乎为全金属制造的高翼单翼机——除襟翼被织物覆盖之外，主翼尾部与整个飞行控制面都为金属制造。飞机内部空间很大，可容纳 8 个座位，可当作运输机使用，也可当作豪华客机使用。

C-119“飞行车厢”运输机

制造商：费尔柴德公司

首飞时间：1947 年

空重：18053 千克

C-119“飞行车厢”是由费尔柴德公司研制的双发运输机，采用双尾梁布局，两台发动机装在尾梁前端，尾梁后端由一片平尾两片梯形垂尾相连，中央翼的中部是短舱形式的机身，前后分别是 5 人驾驶舱和尾部货门，便于货物从双尾梁间快速装卸。C-119“飞行车厢”还是最早实现重物空投的机型，它能进行伞兵空降作业，是西方国家在 C-130 运输机服役前广泛使用的战术运输机。

2.9 精准敏捷的联络机

虽然在莱特兄弟发明飞机后不久，美国就将这一新技术运用到了军事领域，但在后续发展上却大大滞后于欧洲各国。1917 年 4 月美国卷入一战时，甚至没有可直接作战的军用飞机，还要依靠英法盟国提供的机型。一战后，美国军方开始有计划地增强空中力量，其中一个不太起眼但又颇有远见的新项目就是轻型联络与观测机，包括步兵联络机、炮兵观测机和兵团观测机。参与竞争的有柯蒂斯、道格拉斯、北美航空等多家飞机制造企业，但它们拿出的机型与便于在前线简陋条件下使用和维护的要求还有一定差距。

战争的紧迫性让军方感到，理想的轻型联络和观测机不宜花费太多的经费和时间重新设计，机型结构必须简单可靠以利于快速生产和就地维护。而无线电信号是会衰减的，飞机上的电台功率不会太大，所以远距离作战的飞机与基地联系的话，可能会因距离太远而联络困难，所以需要一个无线电的中继站，而联络机就是一种比较方便可行的方式。

YC-43“旅行家”联络机

制造商：比奇公司

首飞时间：1932 年

空重：1152 千克

YC-43“旅行家”是由比奇公司设计的第一款投产的飞机，一经推出，即在 20 世纪 30 年代高速发展的美国民用航空市场上确立了自己的地位。该型飞机为它的驾驶者提供了舒适性和良好的性能，这些特性还吸引了军方的高级官员。

L-4“草蜢”联络机

制造商：派珀公司

首飞时间：1941 年

空重：331 千克

L-4“草蜢”是二战中美国陆军航空部队使用频度很高的火炮定位和一线联络机。它是在民用的 J-3 小型飞机上做了一些修改的改进型，包括改进后的串列式布局的驾驶座、增大了玻璃座舱罩以提供更好的全方位视野，并且安装了双向军用无线电。

L-5“哨兵”联络机

制造商：斯坦森公司

首飞时间：1941 年

空重：702 千克

L-5“哨兵”是20世纪40年代初期美国研制并生产的轻型联络机，由于它的结构简单、使用方便和用途广泛，在军中有“空中吉普”之称，各种改型总产量超过3000架。在二战中，主要用于太平洋战区。

2.10　直升机试水战场

19世纪末，人们在意大利的米兰图书馆发现了达芬奇在1475年画的一张关于直升机的想象图。这是一个用上浆亚麻布制成的巨大螺旋体，看上去好像一个巨大的螺丝钉。这种飞机器由四个人操纵，在达·芬奇时代流行的旋转玩具可能引发了这位大发明家的设计灵感，他建议以旋转一绕垂直轴的螺旋面来达到垂直的飞行。它以弹簧为动力旋转，当达到一定转速时，就会把机体带到空中。驾驶员站在底盘上，拉动钢丝绳，以改变飞行方向。事实上，达·芬奇称自己的发明也只是提供一个直升动力，而不是真正能工作的飞机。但西方人都说，这是最早的直升机设计蓝图。

尽管现代科学家认为达·芬奇设计的“直升机”可能永远不会起飞，但这一设计仍旧是达·芬奇最著名的发明之一。直到今天，人们还将达·芬奇视为双旋翼直升机概念的鼻祖。

Fa 223“龙”式军用直升机

制造商：福克·阿奇利斯公司

首飞时间：1940年

空重：3180千克

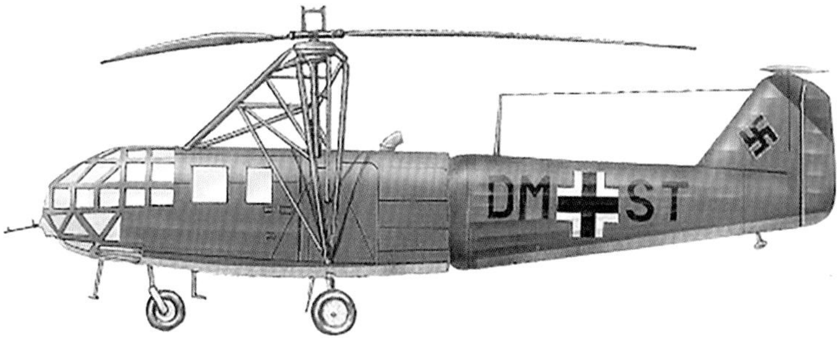

Fa 223“龙”式是二战时期由德国福克·阿奇利斯公司所开发的一款军用运输直升机，也是全世界第一款真正不需要跑道、可完全垂直起降的旋翼机。1945年9月，一名德国空军飞行员驾驶着Fa 223“龙”式军用直升机抵达英国皇家空军机场，这架Fa 223作为人类历史上第一架穿越英吉利海峡的直升机必将名垂千古。

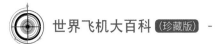

Fi-282“蜂鸟”直升机

制造商：安东·弗莱特纳公司

首飞时间：1941 年

空重：760 千克

Fi-282“蜂鸟”是一款海军舰载直升机，其可在狂风大浪的恶劣海况下完成升空和降落。不过，在恶劣海况下，Fi-282“蜂鸟”的起飞会变得比较困难。在执行反潜任务时候，Fi-282“蜂鸟”的飞行员只能靠目视搜索，特殊情况下，飞行员仅靠目视搜索就可以发现海平面 40 米以下的潜艇，然后使用在海上求生用的发烟器标出潜艇位置，并向周围舰艇报告敌方潜艇位置，完成反潜任务。

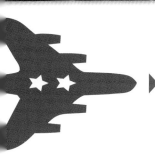

Chapter 03

冷战前后

在数十年的冷战时期，苏联与美国虽未发生直接交战，但在战略武器方面一直以对方为假想敌进行着无声的对抗。而军备竞赛就是最重要的表现形式之一，双方都不容忍自己落后对方，甚至以比对方更高的标准来当作自己的标准。在此期间，苏联在武器数量上颇具优势，而美国则更注重武器的质量。

就作战飞机而言，同一个作战理念或者技术验证都可以在两国找到相应的机型。更有意思的是，双方为了竞争，常常是有一个比较先进的验证机出来还没到实战阶段就公布出来，以确保自己的领先地位。不过由于技术水平的限制，双方在相同作战理念、大致相同的战术指标范围内设计出来的飞机性能都基本相同。

1947—1999 年

1947 年　贝尔直升机公司试飞能冲破音障的飞机

1949 年　“彗星”号喷气式客机首次试飞

1954 年　A-4 喷气式舰载攻击机的原型机进行首飞

1956 年　洛克希德公司研制的 F-104“星”式战斗机是第一架能持续飞行于 2 倍音速的飞机

1964 年　世界上首款使用可变后掠翼的 F-111 战斗轰炸机首飞

1967 年　美国空军中将威廉 J. 皮特驾驶世界上飞行高度最高的 X-15 飞机

1976 年　英国和法国合作研制的“协和”客机投入使用

1978 年　第一架空中客车 A310 在汉诺威航展（今天的柏林航展）亮相

1981 年　美国空军开始形成了对新的空优战斗机的要求，打算取代 F-15 的主力位置

1982 年　以色列航空工业公司（IAI）首创以无人机担任其他角色的军事任务

1984 年　美国前掠翼试验飞机 X-29A 首次试飞

1991 年　华约解散，苏联解体，标志着冷战结束

1992 年　一架“协和”号超音速客机，用了 32 小时 49 分绕地球一周，创造了环球飞行新纪录。

1996 年　英国国防部发布了未来舰载飞机项目

1999 年　空客公司设立了一家独立的公司——空客军用飞机公司

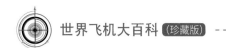

3.1 脱颖而出的喷气式战斗机

二战结束后，世界航空进入了喷气式时代，喷气战斗机迅速在各国取代活塞式战斗机，成为第一线装备，除了极少数的区域冲突，喷气式战斗机之间的战斗已经成为常态。

除了动力系统的改变以外，尚有其他的系统的加入逐渐改变战斗机的功能、战术与性能。比较重要的包括如下系统。

雷达

雷达最初是使用在夜间拦截任务上，二战时期的使用经验延伸出两种发展路线。一种是利用小型雷达测距仪追踪目标，协助飞行员找到最佳射击时机，提高一般飞行员的命中率。这条路线的发展很快就和第二种合并，也就是持续改进二战拦截用空载雷达系统，朝向功能更多、简单化、使用限制更少的方向发展。早期喷气式战斗机常见的机鼻进气口设计，为了将空间腾出来安装功率更大的雷达而移动到机身其他的部位，20 世纪 70 年代以后设计服役的战斗机，机鼻的空间都留给了雷达使用。

导弹

战斗机使用导弹对付其他飞行目标的最大动机是对付高飞的轰炸机，尤其是携带原子弹的战略轰炸机。战略轰炸机带来的这种威胁升高到几架轰炸机就足以重创一个大型城市，远高于二战时期需要数千架次以上大量传统炸弹才足以相比的破坏效果。20 世纪 50 年代中期，最早的雷达与红外线制导空对空导弹开始量产。

加力燃烧室

加力燃烧室相当于装在喷气式发动机后面的第二个燃烧室，在紧急的时候以大量的燃料提供非常大的推力。苏联与美国都曾经进行于涡轮段前方再度注入燃料点火的试验，然而这个手段对于涡轮叶片的耗损提高许多，类似的构想有在压缩段前面喷水，降低压缩气体的温度，提高燃烧前后的温度变化以取得更大的推力。等到加力燃烧室的发展逐渐成熟之后，成为战斗机不可或缺的装置。除了在战斗中使用以外，起飞或者是需要加快爬升的时候，都会使用加力燃烧室。

电传操纵

此前飞机在空气动力设计上必须考虑稳定的问题以利于飞行员控制稳定的飞行状态，但电传操纵的发展让先天不稳定的机体构型飞上天成为可能。因此电传操纵对战斗机的重大影响在于将传统的静稳定推向静不稳定设计，提高总体可用升力和飞机的运动能力，此外利用电脑配合对飞行状态的监视，能够防止飞机失去控制，或者是让飞机在接近失去控制的状态下仍然足以保持稳定飞行。此外，电传操纵还可以整合不同控制面的使用形态，突破过去钢缆机械式的瓶颈，做出过去无法想像的动作，譬如飞机以朝上或者是朝下的姿态保持不改变高度的水平飞行。以电脑控制飞机的方式，在更新控制系统上也比过去的硬件要简单与快速。

低可侦测性

低可侦测性又被称为隐身或隐形，这项技术是为了降低飞机被侦测到的概率、距离和避免被持续追踪的可能。自从雷达于二战初期开始被运用于对空警戒以来，相关研究不断的进行，而广义的降低侦测的手段当中，除了电磁波以外，同时要考虑的还包含红外线、声波与可见光等。

“海鹰”战斗机

制造商：霍克公司

首飞时间：1947 年

空重：4208 千克

“海鹰”是由霍克公司研制的舰载喷气式战斗机，融汇了数项富有独创性的工程技术，是一种相当简洁的设计。其中，战斗轰炸型“海鹰”FB.Mk.3 采用了经过加强的机翼，可以安装多种挂架。曾经试验过的挂载方案包括：两枚 225 千克炸弹和两个副油箱；20 枚“60 磅”火箭弹；以及其他的炸弹、火箭弹或水雷组合。

F-10“空中骑士”战斗机

制造商：道格拉斯飞机公司

首飞时间：1948 年

空重：8237 千克

F-10“空中骑士”是由道格拉斯飞机公司研制的一款舰载夜间战斗机，也是世界上最早

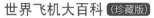

的喷气式夜间战斗机。该机采用双发、并列双座设计，机载武器为 4 门 20 毫米机炮，动力装置为两台西屋 J46-WE-36 发动机，单台推力 15.1 千牛。F-10“空中骑士”曾参加 20 世纪 50 年代以来的多场局部战争，最后于 1978 年退役。

SAAB 29“圆桶”战斗机

制造商：萨博公司

首飞时间：1948 年

空重：4845 千克

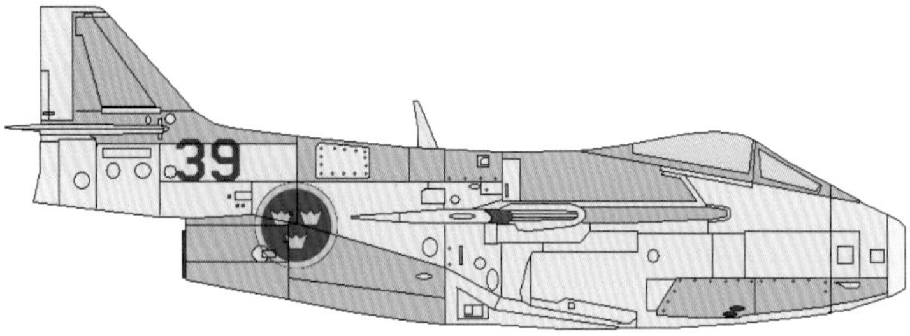

SAAB 29“圆桶”是由萨博公司研制的一款单发单座轻型喷气式战斗机，武器装备为四门 20 毫米机炮，翼下有四个挂架。由于主起落架距地高度太低，SAAB 29“圆桶”的机腹下无法挂载武器设备，也就没有安装机腹挂架。该机的动力装置为 1 台 RM2A 喷气式发动机，加力推力 27.5 千牛。虽然外形不佳，但 SAAB 29“圆桶”的机动性能颇为优秀。

“暴风雨”战斗机

制造商：达索公司

首飞时间：1949 年

空重：4140 千克

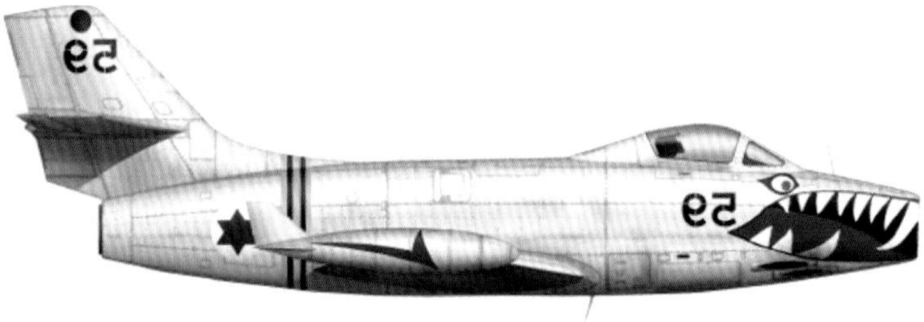

“暴风雨”是由达索公司在二战后研制的第一款喷气式战斗机，作为达索的第一款喷气式战斗机，虽然“暴风雨”看上去还很简陋，但是这款飞机使达索积累了设计喷气式战斗机的经验，尤其是飞机与发动机的匹配问题。从外观上看，“暴风雨”是典型的第一代喷气式战斗机：纺锤形机体、机头进气、平直下单翼、单垂尾。该机是一种更擅长对地作战的飞机，机身坚固异常，作战性能非常出色。

米格 -17“壁画”战斗机

制造商：米高扬设计局

首飞时间：1950 年

空重：3798 千克

米格 -17“壁画”是由苏联米高扬设计局研制的一款单发战斗机，是基于米格 -15 战斗

机的经验研制的单发战斗机，其基本型号只供 1 名飞行员架乘，采用中单翼设计，起落架可伸缩。机身结构为半硬壳全金属结构。座舱采用了加压设计，气压来源由发动机提供。前方和后方有装甲板保护。前座舱罩是 65 毫米的防弹玻璃。紧急时驾驶员可以使用弹射椅脱离。

CF-100“加拿大人”战斗机

制造商：阿弗罗加拿大公司

首飞时间：1950 年

空重 :10500 千克

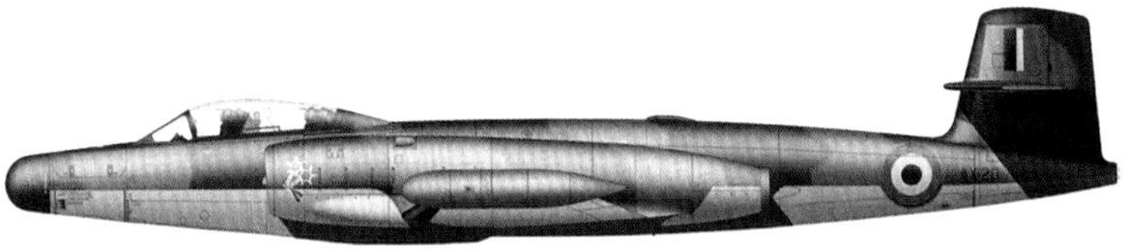

CF-100“加拿大人”是由阿弗罗加拿大公司设计的喷气式战斗机，也是加拿大第一款自行设计和制造的喷气式飞机。该机曾经大量生产，共有 5 种不同型号，除了装备加拿大空军外，还出口到了比利时。CF-100“加拿大人”战斗机的机载武器为 8 挺 12.7 毫米机枪，截击性能非常出众。

F-6“天光”战斗机

制造商：道格拉斯飞机公司

首飞时间：1951 年

空重：7268 千克

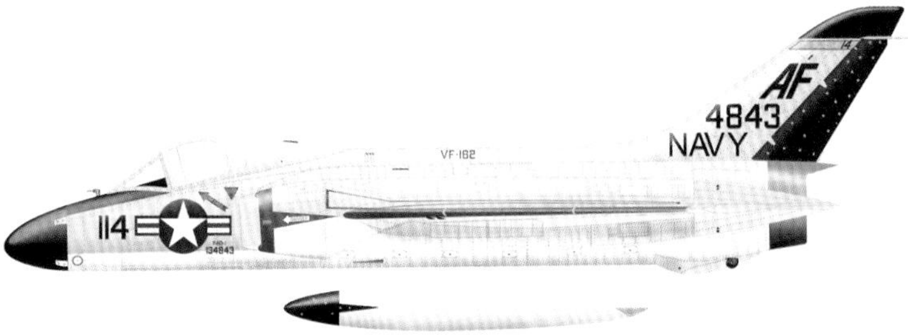

F-6“天光”是由道格拉斯飞机公司研制的三角翼战斗机，是美国海军第一种超音速战斗机。F-6“天光”具有极佳的机动性，其爬升性能尤为出众。该机的内部武器包括 4 门柯尔特 M12 型 20 毫米机炮，每一门备弹 70 发。不过，由于 4 门机炮的炮口过于靠近，机炮经常被拆除。后期生产型共有 7 个外挂点，总共可以负担 1800 千克重量的外挂物，包括副油箱、火箭发射巢和导弹等。

“神秘”战斗机

制造商：达索公司

首飞时间：1951 年

空重：5225 千克

“神秘”是由达索公司研制的单座喷气式战斗机，沿用了“暴风雨”的机身，但是为了

安装机翼，中部做了一些改动，机翼的后掠角由“暴风雨”的 14 度增大到 30 度，机翼的相对厚道也要比原来的小。达索公司通过逐步完善该机性能和发展出各种用途，“神秘”衍生出了多种型号，以满足不同的作战要求。

“猎人”战斗机

制造商：霍克公司

首飞时间：1951 年

空重：6405 千克

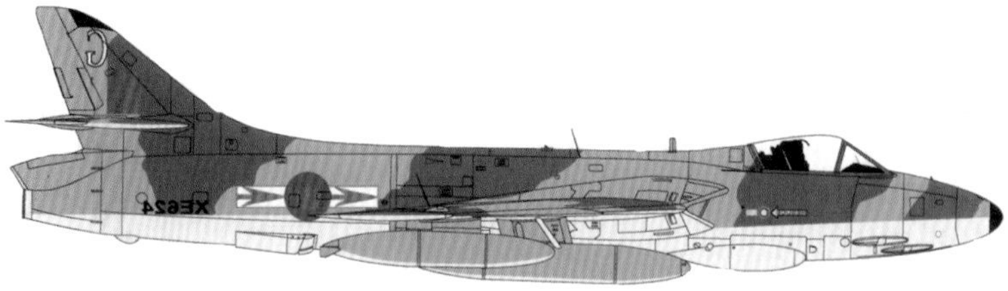

“猎人”是由霍克公司研制的单发高亚音速喷气式战斗机，有单座和双座机型，只安装了简单的测距雷达，不具备全天候作战能力，但可兼作对地攻击机用。该机的武器装备为四门 30 毫米机炮，另有 4 个挂架，最大载弹量为 1816 千克。动力装置为 1 台“埃汶”207 涡喷发动机，总产量约 1970 架（含荷兰、比利时的仿制型），曾供多个国家使用。

F9F-9“美洲狮”战斗机

制造商：格鲁曼公司

首飞时间：1951 年

空重：5484 千克

F9F-9“美洲狮”是装备美国海军的舰载战斗机。该机是基于格鲁曼 F9F“黑豹”战斗机的改进型，F9F-9“美洲狮”替换掉了 F9F“黑豹”战斗机的平直翼采用了更现代的后掠翼。大量的 F9F-9 “美洲狮”在一线部队、训练单位和预备役单位服役，直到 1974 年才退役。

“海雌狐”战斗机

制造商：德 • 哈维兰公司

首飞时间：1956 年

空重：12680 千克

“海雌狐”是由德 • 哈维兰公司研制的双发舰载战斗机，

是英国海军航空兵装备的第一款后掠翼、具有完整武器系统、以导弹为主要武器的舰载战斗机。“海雌狐”机翼下的挂架最多可带 4 枚“火光”空对空导弹，或者总共 907 千克的炸弹，机头下还有 2 个火箭弹发射装置，内部有 28 枚 50 毫米空对空火箭弹。

“标枪”战斗机

制造商：格罗斯特公司

首飞时间：1951 年

空重：10886 千克

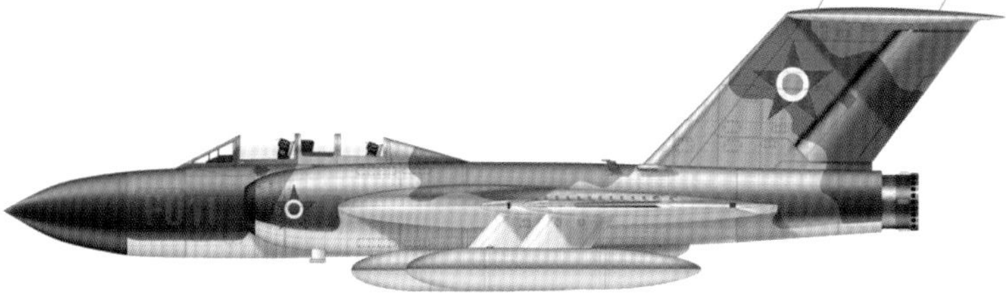

“标枪”是由英国格罗斯特公司研制的双发亚音速战斗机，是英国研制的第一款三角翼战斗机，也是世界上最早使用三角翼的实用战斗机，主要依靠截击雷达和空对空导弹作战。该机装有两门 30 毫米机炮，动力装置为两台阿姆斯壮 • 西德利“蓝宝石”ASSa.6 涡喷发动机。

米格 -19“农夫”战斗机

制造商：米高扬设计局

首飞时间：1952 年

空重：5447 千克

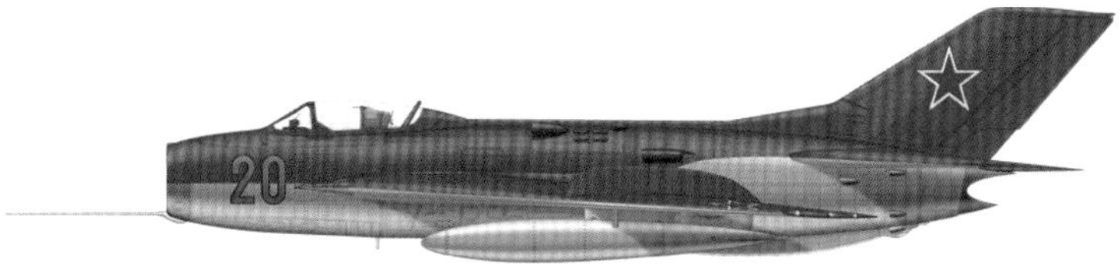

米格 -19“农夫”是由米高扬设计局研制的最后一款传统后掠翼布局的战斗机，也是世界上第一款进入批量生产的超音速战斗机。米格 -19“农夫”爬升快，加速性和机动性好，火力强，能全天候作战，主要用于空战，争夺制空权，也可实施对地攻击。该机的武器除一门固定的机首机炮和两门机翼机炮外，还可以通过 4 个挂架挂载导弹或火箭弹，导弹型号主要为 R-3 空对空导弹，火箭弹包括 S-5 系列。

F2Y“海标”水上战斗机

制造商：康维尔公司

首飞时间：1953 年

空重：7586 千克

F2Y“海标”是美国唯一研制过的喷气式水上战斗机，其最大速度可以突破音速，所以又是迄今为止人类研制的唯一能够突破音速的水上飞机机型。但由于技术和实际使用的问题，最终以失败收场。

F-100“超佩刀”战斗机

制造商：北美航空公司

首飞时间：1953 年

空重：9500 千克

F-100“超佩刀”是美国研制的世界上第一款实用化的具有超音速平飞能力的喷气式战斗机，也是首款广泛利用钛合金制造的战斗机，主要作为战斗轰炸机使用。主要型别有：A、C、D、F 等。各机型共生产了 2350 多架，1959 年全部停产。

F-102“三角剑”截击机

制造商：康维尔公司

首飞时间：1953 年

空重：8777 千克

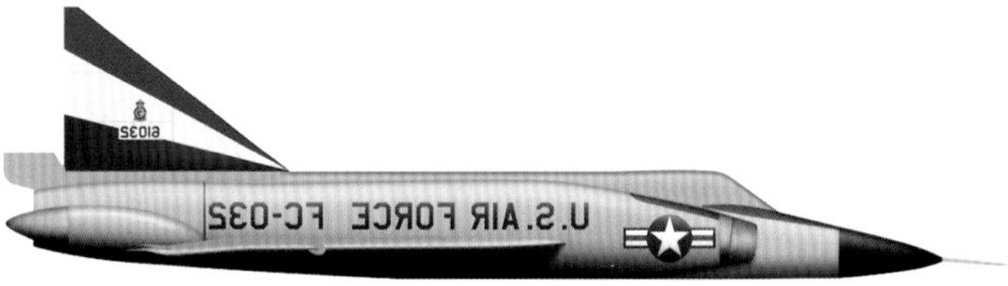

F-102“三角剑”是由康维尔公司研制的单座全天候截击机，主要用于美国本土的防空作战。其设计来自于 1948 年试验成功的 XF-92 无尾三角翼试验机。20 世纪 50 年代初，美国空军想要研制一种超音速的截击机。按照当时的方法将整个系统分成武器系统和飞机系统两者分别招标，最终只有康维尔公司的设计被允许继续发展。F-102“三角剑”服役后主要被部署在北美大陆，用来拦截敌方的远程轰炸机。

F-11“虎”战斗机

制造商：格鲁曼公司

首飞时间：1954 年

空重：6277 千克

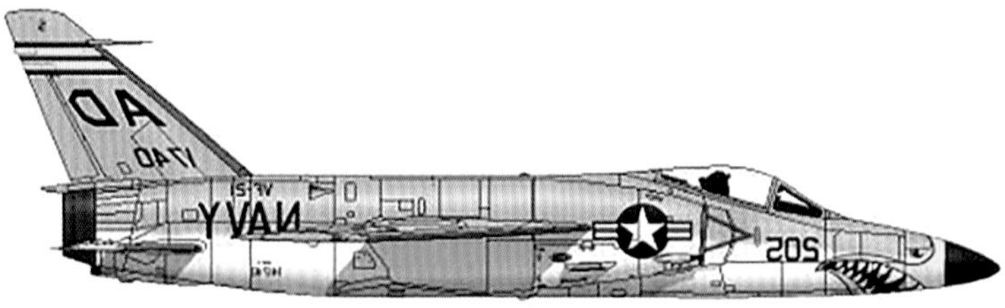

F-11“虎”是由格鲁曼公司研制的舰载单座战斗机，与 F-8“十字军”几乎同时进入美国海军服役，但 F-8 的速度比 F-11 快得多，作为武器平台更令人满意。虽然 F-11 的海平面

速度快于 F-8，操纵品质也更好，但它在 10675 米高度的速度比 F-8 慢得多，爬升率和作战半径也稍逊一筹。此外，莱特 J65 发动机的可靠性也一直不佳，而且当时它已经达到了潜能的极限，这也注定了 F-11“虎”的服役时间不会很长。

“超神秘”战斗机

制造商：达索公司

首飞时间：1954 年

空重：6390 千克

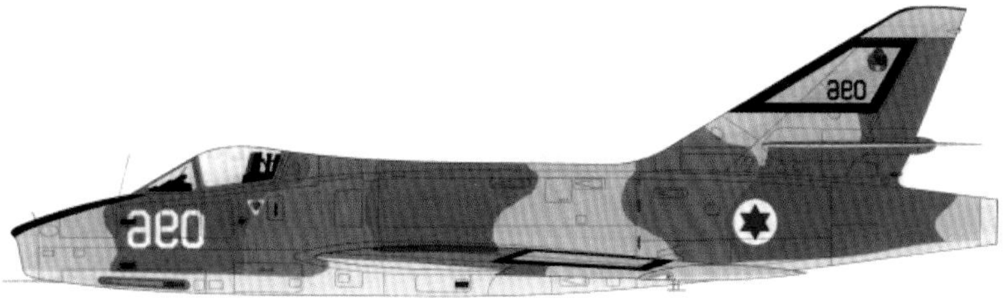

“超神秘”是由达索公司研制的超音速战斗机，在气动外形上借鉴了美国 F-100“超佩刀”，虽然和“神秘”II 型很相似，但实际上是一架全新的飞机。在安装带加力燃烧室的“阿塔”101 涡喷发动机后，“超神秘”成为西欧各国空军中第一款平飞速度超过音速的战斗机。该机装有 1 门双联德发 551 型 30 毫米机炮，翼下可选挂 907 千克火箭弹或炸弹。

F-104“星”战斗机

制造商：洛克希德公司

首飞时间：1954 年

空重：6350 千克

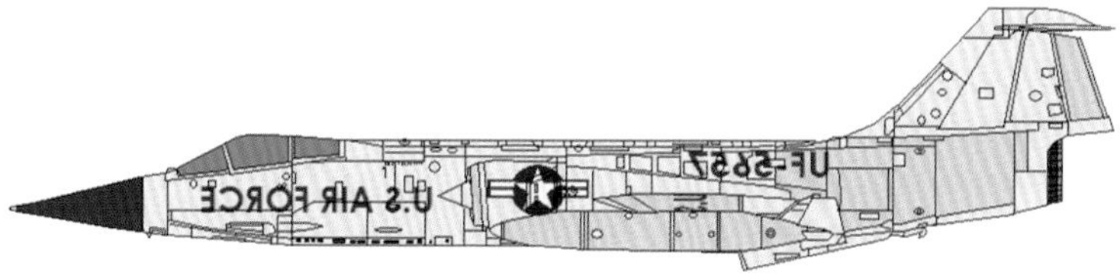

F-104“星”是由洛克希德公司研制的一款超音速轻型战斗机，后成为 20 世纪 60 年代世界三大高性能战斗机之一。不过，该机因航程短、载弹量小未成为美国空军的主力战斗机。F-104“星”通常装有 1 门 20 毫米 M61 机炮，备弹 750 发。执行截击任务时，携带“麻雀”空对空导弹和“响尾蛇”空对空导弹各 2 枚。执行对地攻击任务时，可选择携带“小斗犬”空对地导弹 2 枚、900 千克核弹 1 枚以及多枚普通炸弹，最大载弹量 1800 千克。

“闪电”战斗机

制造商：英国电气公司

首飞时间：1954 年

空重：14092 千克

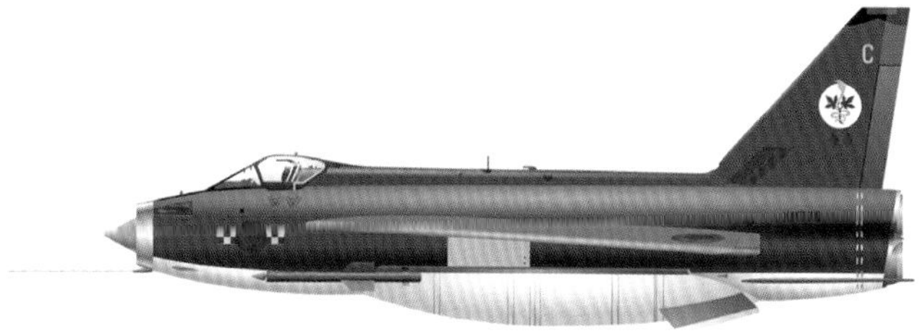

“闪电”是由英国电气公司研制的双发单座喷气式战斗机，其最大的设计特点是在后机身内使两台“埃汶”发动机别出心裁地呈上下重叠安装。该机采用机头进气，在后来生产的战斗机型的圆形进气口中央有 1 个内装火控雷达的固定式调节锥。该机的机翼设计也很独特：前缘后掠 60 度，并带缺口（作为涡流发生器用），后缘沿着飞机纵轴互为垂直的方向切平。

F-101“巫毒”战斗机

制造商：麦克唐纳公司

首飞时间：1954 年

空重：12680 千克

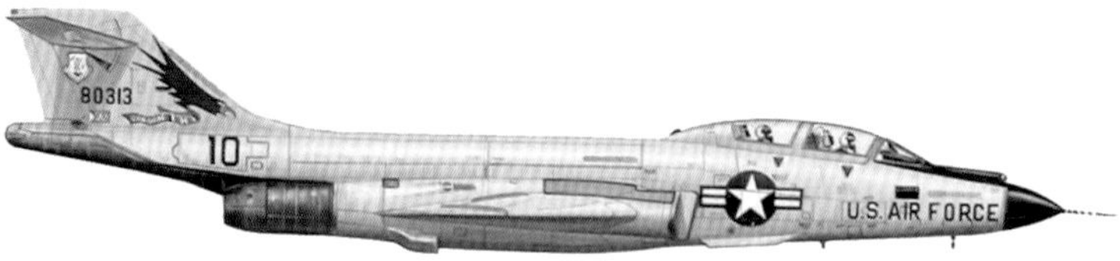

F-101“巫毒”是由麦克唐纳公司研制的双发超音速战斗机，是世界上第一款水平飞行速度超过 1600 千米 / 时的量产战斗机。F-101“巫毒”采用中单翼，两台有后燃器的 J-57-P-55 涡喷发动机，进气口位于机身两侧，发动机喷嘴在机身中后部，后机身结构向后延伸安装垂直尾翼。水平尾翼接近垂直尾翼的顶部，为全动式设计。武器包括 4 门在机身内的 20 毫米 M39 机炮，以及外部挂架挂载的 3 枚 AIM-4E 或 AIM-4F 空对空导弹，2 枚 AIR-2A 无控空对空火箭弹（核弹头）。

F-8“十字军”战斗机

制造商：沃特飞机公司

首飞时间：1955 年

空重：7956 千克

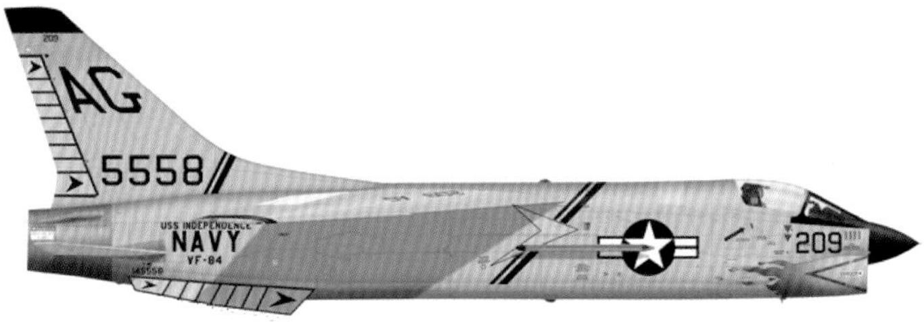

F-8“十字军”是由原沃特飞机公司为美国海军研制的舰载超音速战斗机。在 20 世纪 50 年代末至 60 年代中期是美国海军的主力舰载战斗机之一。该机安装 1 台普惠 J57-P-20 涡喷发动机，机头装有 4 门 20 毫米机炮，每门备弹 85 发。机身两侧各有 2 个武器挂架，可挂载 4 枚“响尾蛇”空对空导弹，也可挂 8 枚 127 毫米“阻尼”火箭弹。

米格-21“鱼窝”战斗机

制造商：米高扬设计局

首飞时间：1955 年

空重：5700 千克

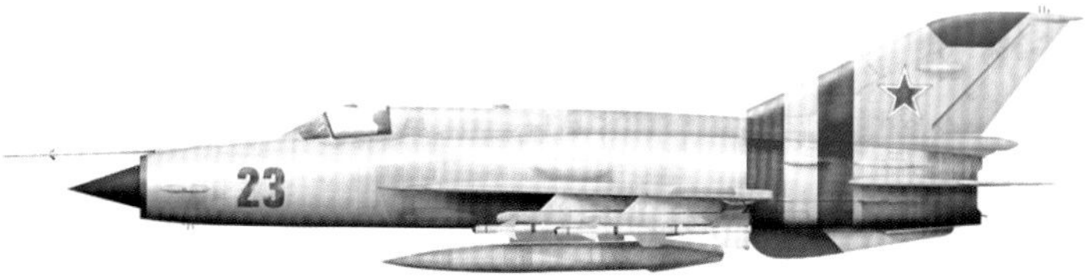

米格-21“鱼窝”是由米高扬设计局研制的单座单发轻型战斗机，具有简单、轻便和善于缠斗的特点，而且价格也较为便宜适合大规模生产。米格-21“鱼窝”有 20 余种改型，除几种试验用改型，其余的外形尺寸变化不大，虽然重量不断增加，但同时也换装推力加大的发动机，因而飞行性能差别不大。由于机载设备不同和武器不同，各型号的作战能力有明显差别。

“蚊蚋”战斗机

制造商：弗兰德公司

首飞时间：1955 年

空重：2175 千克

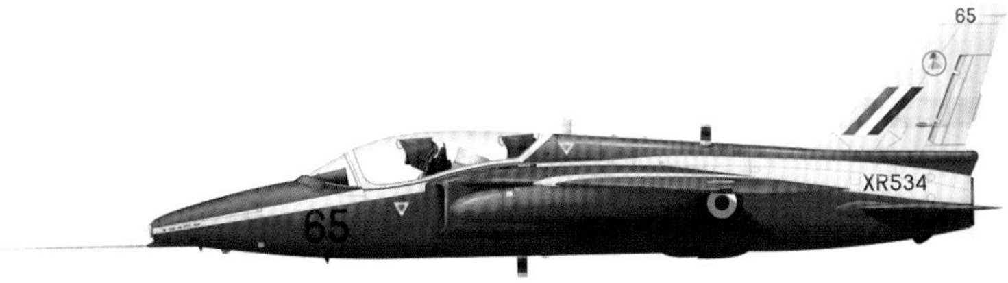

“蚊蚋”是由英国弗兰德公司研制的单座轻型战斗机，其设计一反当时追求更快、更高的潮流，而是追求操作灵活、容易整备。由于高推重比和低翼载，加上助力操纵装置的“蚊蚋”具有相当好的机动性和操纵性。但追求简易性的独特设计也存在一些缺点，如液压助力操纵系统常出故障，襟副翼在飞行时会突然下垂，造成低空飞行时产生致命的低头力矩。

“无敌”战斗机

制造商：印度斯坦航空公司

首飞时间：1955 年

空重：2307 千克

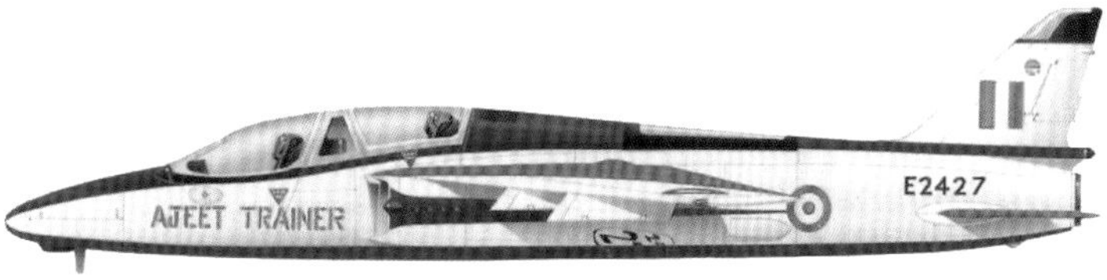

“无敌”是由印度斯坦航空公司研制的单座战斗机，由英国“蚊蚋”战斗机改进而来，两者虽然外形相同，但部件有 40% 不同。“无敌”的机重增加 136 千克，称得上是一种新的战斗机。该机强化了控制平尾的液压系统，增加主翼内的整体油箱并重新安排机身油箱，总容量达 1350 升，主翼下的 4 个挂架可全挂炸弹以增强对地攻击力。

苏-7“装配匠 A”战斗轰炸机

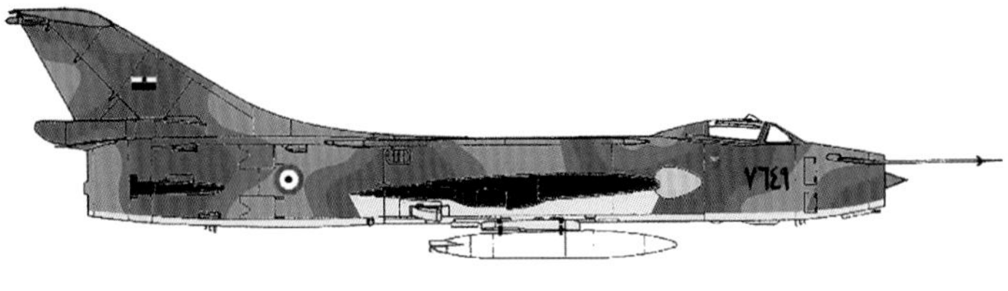

制造商：苏霍伊设计局

首飞时间：1955 年

空重：8937 千克

苏-7“装配匠 A”是由苏霍伊设计局于 20 世纪 50 年代研制的喷气式战斗轰炸机。有较高的推重比，中、高空机动性能较好。不过，苏-7 对跑道要求较高，早期机型不能在野战机场使用。作为战斗轰炸机，苏-7 未装备雷达，只有简单的航空电子系统。苏-7 的固定武器为2门30毫米机炮，每门备弹30发。可携带火箭弹、炸弹等执行对地支援任务。苏-7“装配匠 A”后期型号可投放战术核武器，是第一款具备此能力的苏联战斗机。

F-105“雷公”战斗轰炸机

制造商：共和飞机公司

首飞时间：1955 年

空重：12470 千克

F-105“雷公”是美国空军装备的第一款超音速战斗轰炸机，也是美国空军服役的有史以来最大的单座单发作战飞机。该机最大的特点是它宽敞的内部武器舱和翼根下的前掠发动机进气口。F-105“雷公”前机身左侧装有 1 门 20 毫米的 6 管机炮，备弹 1029 发。弹舱内可载 1 枚 1000 千克或 4 枚 110 千克的炸弹或核弹。翼下有 4 个挂架，机腹下还有一个挂架，可按各种方案携带核弹和常规炸弹、4 枚 AGM-12 空对地导弹或 4 枚 AIM-9 空对空导弹。

SAAB 35“龙”式截击机

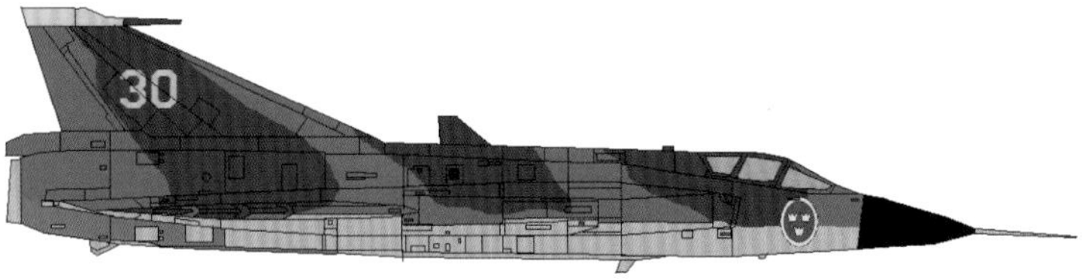

制造商：萨博公司

首飞时间：1955 年

空重：6590 千克

SAAB 35“龙”式是萨博公司研制的多用途超音速截击机，采用特殊的无尾、双三角翼翼身融合体布局，三角形的发动机进气口布置在翼根部，采用大后掠垂直尾翼，并在其前方设有一个小型三角形天线，有利于避免失速。第一种生产型安装了两门 30 毫米机炮，可以携带“响尾蛇”空对空导弹进行空战。

“弯刀”战斗机

制造商：超级马林公司

首飞时间：1956 年

空重：10869 千克

“弯刀”是由英国超级马林公司研制的喷气式战斗机，采用中单翼设计，机翼在 1/4 弦线处的后掠角度是 45 度，机翼中间的部分可以向上折起以节省在航舰上的储存与操作空间。机翼前端是同样长度的前缘襟翼，为了降低降落速度与保持良好的低速控制。该机的发动机位于机身的两侧，有各自的进气口和进气道负责提供稳定的气流。

苏 -9“捕鱼笼”截击机

制造商：苏霍伊设计局

首飞时间：1956 年

空重：8620 千克

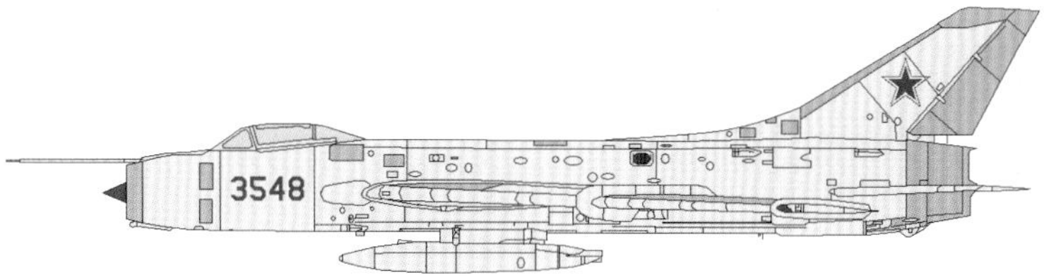

苏 -9“捕鱼笼”是由苏霍伊设计局于 20 世纪 50 年代研制的单座单发全天候截击机，高空高速性能较好，成为苏联防空部队首批具备拦截美制 U-2 高空侦察机能力的飞机。由于受导弹制胜论的影响，苏 -9“捕鱼笼”未安装机炮，其 RP-9U 火控雷达可在 17—20 千米距离上探测到中等尺寸的目标，机翼前伸发射梁可携带 4 枚 RS-2 空对空导弹。在服役期间，苏军飞行员对其评价不高，主要原因是难以操作和事故率较高。

G.91 战斗机

制造商：菲亚特公司

首飞时间：1956 年

空重：3100 千克

G.91 是意大利菲亚特公司应北约要求所研制的轻型战斗机，为意大利在二战后第一款自行研制的喷气式战斗机。机载武器为机头的 4 挺 12.7 毫米口径勃朗宁 M2 重机枪，另可挂载 680 千克炸弹等各种空用武器。联邦德国使用的型号将 4 挺重机枪换成了 2 门 30 毫米机炮。

F-107“终极佩刀”战斗机

制造商：北美航空公司

首飞时间：1956 年

空重：10295 千克

F-107“终极佩刀”是在 F-100“超佩刀”战斗机基础上研制的一款超音速战斗轰炸机，其设计目的是以超音速突入防线进行核攻击。F-107“终极佩刀”以罕见的背部进气方式而闻名，但也因此带来太多技术困难而在美国空军的竞标中败给了与其相似的 F-105 战斗机，并最终成为 NASA 的试验机。

“幻影III”战斗机

制造商：达索公司

首飞时间：1956 年

空重：7050 千克

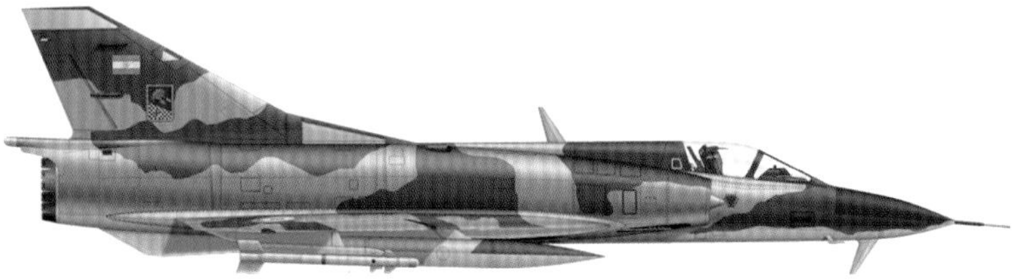

“幻影III”是由法国达索公司研制的单座单发战斗机，最初被设计成截击机，但随后就发展成兼具对地攻击和高空侦察的多用途战斗机。与同期其他 2 马赫战斗机相比，“幻影III”具有操作简单、维护方便的优点。该机为无尾翼三角翼单发设计，主要武器包括 2 门固定 30 毫米机炮及 7 个外挂点。

F-106“三角标枪”截击机

制造商：康维尔公司

首飞时间：1956 年

空重：11077 千克

F-106“三角标枪”是由康维尔公司研制的全天候超音速截击机，从 F-102 截击机改型而来，气动外形、结构、军械和机载设备方面变动较大，采用推力更大的 J-75 发动机，战术技术性能有较大提高。F-106“三角标枪”的主要目标是各种远程轰炸机，标准武器配置是 4 枚 AIM4 空对空导弹和 1 枚 AIR-2“妖怪”核火箭。F-106“三角标枪”原本没有机炮，后来加装了 M61“火神”机炮。

F-5“自由斗士”战斗机

制造商：诺斯洛普公司

首飞时间：1959 年

空重：4410 千克

F-5是由诺斯洛普公司研制的轻型战斗机，A型、B型、C型三型称为“自由斗士”，E型、F型两型被称为“**虎 II** ”。F-5通常装有两门20毫米M39A2型机炮，7个外挂点可挂载2枚“响尾蛇”空对空导弹和各种空对地导弹、激光制导炸弹及各类常规炸弹。该机的动力装置为两台通用 J85-GE-21B 涡喷发动机。

HF-24“风神”战斗机

制造商：印度斯坦航空公司

首飞时间：1961 年

空重：6195 千克

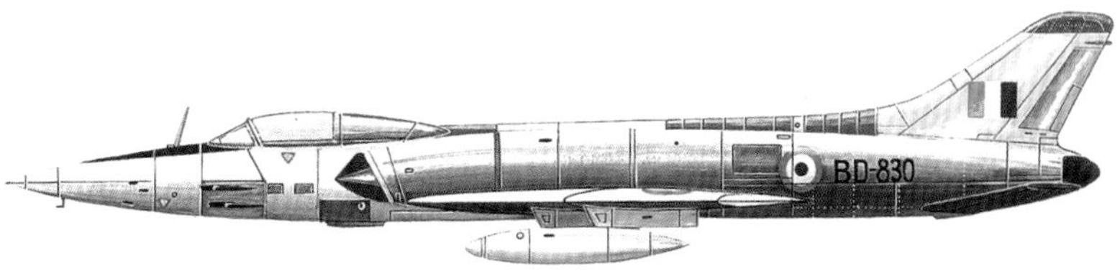

HF-24“风神”是印度空军为了在航空方面自给自足而发展的国产多用途战斗机，安装的是两台印度斯坦航空公司自制的布里斯托尔“奥菲斯”703 涡喷发动机。该机机身前部装有 4 门“阿登”20 毫米机炮，翼下 4 个挂架最大可挂 1814 千克炸弹或火箭吊舱。尽管 HF-24“风神”的性能并不优秀，但是“风神”计划也为印度航空工业打下了基础。

苏 -15“细嘴瓶”截击机

制造商：苏霍伊设计局

首飞时间：1962 年

空重：10874 千克

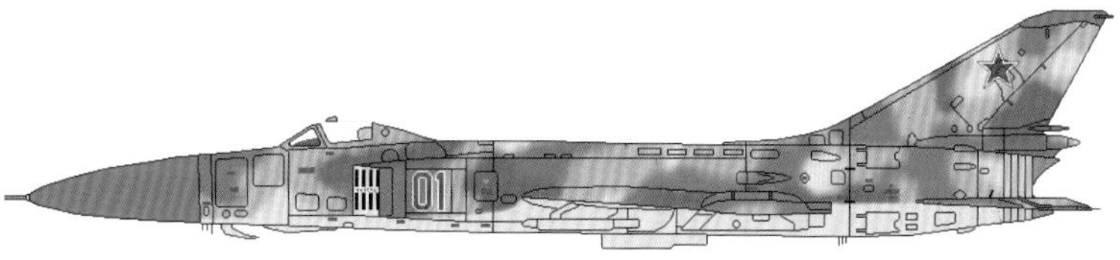

苏 -15“细嘴瓶”是由苏霍伊设计局研制的双发截击机，冷战结束后，苏 -15“细嘴瓶”于 1993 年全面自俄罗斯队退役。苏 -15“细嘴瓶”装备一门 23 毫米双管机炮，备弹 200 发。机翼下共有 4 个外挂点，可挂装 AA-3“阿纳布”红外制导或雷达制导空对空导弹、“蚜虫”红外制导近距空对空导弹，还可挂载其他武器或副油箱。动力装置为两台 R-13-300 涡轮喷气发动机，单台最大推力约 65 千牛，加力推力为 70 千牛。苏 -15“细嘴瓶”在作战半径上略有不足，但在其他方面都被证明是极其优秀的。

YF-12 战斗机

制造商：洛克希德公司

首飞时间：1963 年

空重：27604 千克

YF-12 是美国空军在 A-12 侦察机基础上发展的拦截机，也是美国唯一成功试飞验证过的 3 马赫拦截机。YF-12 的试飞时间一直持续到 1968 年，后来美空军放弃了 YF-12 截击机计划，自此 YF-12 截击机结束了所有测试，该机型仅以试制 3 架而告终。

米格 -25“狐蝠”战斗机

制造商：米高扬设计局

首飞时间：1964 年

空重：20000 千克

米格 -25“狐蝠”是由米高扬设计局于 20 世纪 60 年代研制的高空高速战斗机。在设计上强调高空高速性能，曾打破多项飞行速度和飞行高度世界纪录，如可在 24000 米高度上以 2.8 马赫的速度持续飞行。为了保证机体能够承受住高速带来的高温，米格 -25“狐蝠”大量采用了不锈钢结构，但这样的高密度材料却给米格 -25“狐蝠”带来了更大的重量和更高的耗油量，在其突破 3 马赫高速飞行时油料不能支撑太久，而且机体本身的高重量也一定程度上限制了其载弹量。

HA-300 战斗机

制造商：埃及通用航空组织

首飞时间：1964 年

空重：3200 千克

HA-300 是埃及研制的轻型超音速战斗机，最初是一款无尾三角翼布局的飞机，此后埃

及工程师修改了气动布局，在机身后部安装了水平尾翼。修改后的 HA-300 的外形看起来有点像米格 -21。HA-300 主要的空战武器是四枚红外格斗导弹，以及两门希斯潘诺 30 毫米机炮。

F-111“土豚”战斗轰炸机

制造商：通用动力公司

首飞时间：1964 年

空重：21537 千克

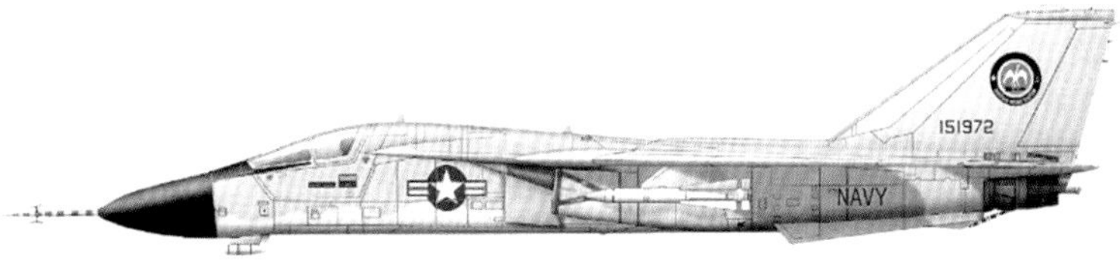

F-111“土豚”是由通用动力公司研制的战斗轰炸机，是世界上最早的实用型变后掠翼飞机，主要用于夜间、复杂气象条件下执行遮断和核攻击任务。该机拥有诸多当时的创新技术，包含几何可变翼、后燃器、涡轮扇发动机和低空地形追踪雷达等。F-111“土豚”通常装备两台 TF30-P-3 加力涡轮风扇发动机，单台推力 55.39 千牛。该机的武器系统包括机身弹舱和 8 个翼下挂架，可携带普通炸弹、导弹和核弹。

“幻影 F1”战斗机

制造商：达索公司

首飞时间：1966 年

空重：7400 千克

“幻影 F1”是由法国达索公司研制的空中优势战斗机，机载武器包括两门 30 毫米机炮，其翼尖可携带 2 枚“魔术”红外制导空对空导弹，翼下的 4 个挂架可挂载 R530 空对空导弹。在执行对地攻击任务时，可在翼下的 4 个挂架和机身挂架上挂载各种常规炸弹火箭发射器和 1200 升的副油箱。

“幻影 5”战斗轰炸机

制造商：达索公司

首飞时间：1967 年

空重：7150 千克

“幻影 5”是由达索公司研制的单座单发战斗轰炸机，主要用于对地攻击，也可执行截击任务。该机是在“幻影 3E”基础上改型设计的，采用其机体和发动机，加长了机鼻，简

化电子设备，增加 470 升燃油，提高外挂能力，可在简易机场起落。武器装备为两门 30 毫米型机炮，七个外挂点的载弹量达 4000 千克。

米格 -23“鞭挞者”战斗机

制造商：米高扬设计局

首飞时间：1967 年

空重：9595 千克

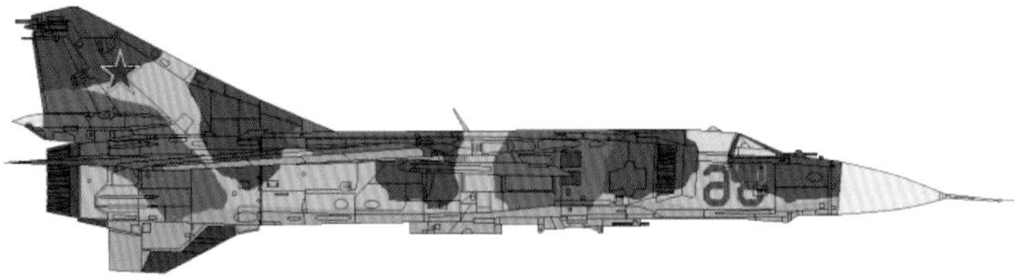

米格 -23“鞭挞者”是由米高扬设计局研制的多用途超音速战斗机，设计思想强调了较大的作战半径、在多种速度下飞行的能力、良好的起降性和优良的中低空作战性能。机载武器方面，米格 -23“鞭挞者”除一门固定的 GSh-23L 双管 23 毫米机炮外，还可以通过机翼和机身下的挂架挂载包括 R-3、R-23/24 和 R-60 在内的多款空对空导弹。而米格 -23MLD 更是可以使用先进的 R-27 和 R-73 空对空导弹。

苏 -24“击剑手”战斗轰炸机

制造商：苏霍伊设计局

首飞时间：1967 年

空重：22300 千克

苏 -24“击剑手”是由苏霍伊设计局设计的双座战斗轰炸机，是苏联第一款能进行空中加油的战斗轰炸机，其机翼后掠角的可变范围为 16 度至 70 度，起飞、着陆用 16 度，对地攻击或空战时为 45 度，高速飞行时为 70 度。其机翼变后掠的操纵方式比米格 -23“鞭挞者”的手动式先进，但还达不到美国 F-14 的水平。苏 -24“击剑手”装有惯性导航系统，飞机能远距离飞行而不需要地面指挥引导，这是苏联飞机制造能力的新发展。

F-14“雄猫”战斗机

制造商：格鲁曼公司

首飞时间：1970 年

空重：19838 千克

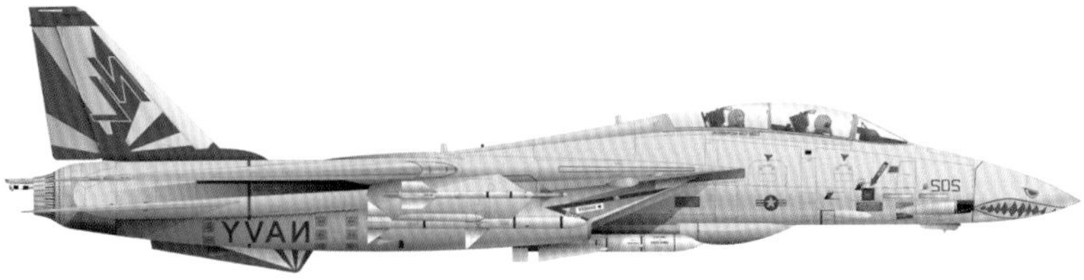

F-14“雄猫”是由格鲁曼公司研制的双座超音速多用途舰载战斗机，其设备先进，性能

优越，可执行护航、舰队防空、遮断和近距支援任务。该机装备了当时独有的资料链，可将雷达探测到的资料与其他 F-14“雄猫”战斗机分享，其雷达画面能显示其他 F-14“雄猫”探测到的目标。F-14“雄猫”装备 1 门 20 毫米 M61 机炮，还可发射 AIM-54“不死鸟”、AIM-7“麻雀”和 AIM-9“响尾蛇”等空对空导弹，以及各类炸弹。

“幼狮”战斗机

制造商：以色列航空工业公司

首飞时间：1973 年

空重：7285 千克

“幼狮”是由以色列航空工业公司研制的单座单发战斗机，机身采用全金属半硬壳结构，机头锥用以色列国产的复合材料制成。“幼狮”C2 型在机头锥靠近尖端的两侧各装有一小块水平边条，可以有效改善偏航时的机动性能和大迎角时机头上的气流。前机身下的前轮舱的前方装有超高频天线。

F-16“战隼”战斗机

制造商：通用动力公司

首飞时间：1974 年

空重：8272 千克

F-16“战隼”是由通用动力公司为美国空军研制的单发单座轻型战斗机。设计的初衷是用于空中格斗，辅助美国空军主流派心目中的主力战斗机 F-15，形成高低配置，后来经过不断的升级改造成为也可用于近距空中支援、地面攻击、侦察等多种用途的战斗机。F-16“战隼”装备有 1 门 20 毫米 M61 机炮，并可发射多种空对地导弹、空对舰导弹和空对空导弹。

YF-17“眼镜蛇”战斗机

制造商：诺斯洛普公司

首飞时间：1974 年

空重：9525 千克

YF-17 是一款轻量级原型战斗机，由于翼前缘延伸面的曲线与大小的关系，使得 YF-17 获得“眼镜蛇”的昵称。虽然是作为技术验证的原型机，但 YF-17 翼端两侧可以各携带一枚 AIM-9“响尾蛇”导弹，计划中的设备还包括雷达与 AIM-7“麻雀”导弹。此外在机鼻上方还装有 1 门 20 毫米 M61 机炮。

“狂风”战斗机

制造商：帕那维亚公司

首飞时间：1974 年

空重：13890 千克

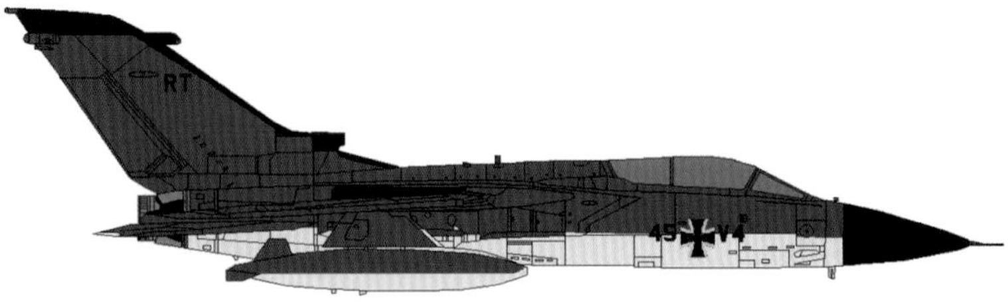

“狂风”是由德国、英国和意大利联合研制的双发战斗机，采用串列式双座、可变后掠悬臂式上单翼设计。后机身内并排安装两台涡轮风扇发动机，进气道位于翼下机身两侧。在后机身上部两侧各装有一块减速板，可在高速飞行中使用。“狂风”战斗机有多个型号，武器装备各有差异。

F-1 战斗机

制造商：三菱重工公司

首飞时间：1975 年

空重：6358 千克

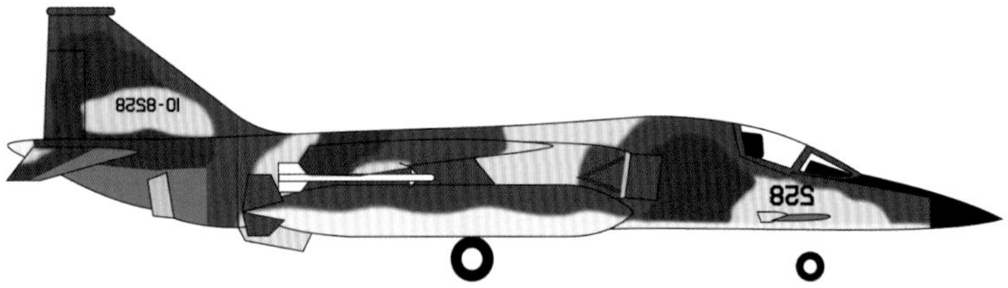

F-1 是日本在二战以后设计的第一款战斗机，装有 1 门 20 毫米 JM61A1 机炮，另有 5 个外挂点，可挂载副油箱、炸弹、火箭、导弹等，总载弹量为 2710 千克。F-1 典型的作战任务为携带 2 枚 ASM-1 反舰导弹及 1 个 830 千克副油箱，以高—低—低—高剖面进行反舰任务，作战半径为 550 千米。

米格 -31“捕狐犬”战斗机

制造商：米高扬设计局

首飞时间：1975 年

空重：21820 千克

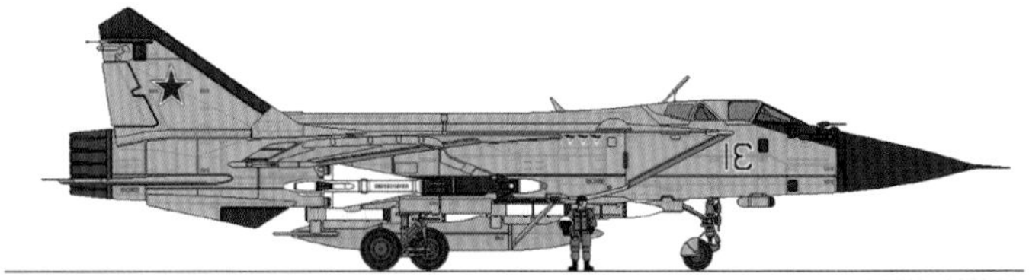

米格 -31“捕狐犬”是由米高扬设计局研制的双座全天侯战斗机，是苏制武器“大就是好”的典型代表，其机身巨大、推力发动机耗油高、相控阵雷达功率极强，至今仍能接受各种升级改装。与米格 -25 相比，米格 -31“捕狐犬”的机头更粗、翼展更大，增加了锯齿前缘，进气口侧面带附面层隔板，换装推力更大的发动机并加强机体结构，以适应低空超音速飞行。此外，增加了外挂点，攻击火力大大加强。

苏 -27“侧卫”战斗机

制造商：苏霍伊设计局

首飞时间：1977 年

空重：17450 千克

苏 -27“侧卫”是由苏霍伊设计局研制的单座双发全天候重型战斗机，机动性和敏捷性好、续航时间长，可以进行超视距作战。但其机载电子设备和座舱显示设备较为落后，且不具隐身性能。苏 -27“侧卫”的固定武器为一门 30 毫米 TBK-687 单管机炮，另可使用 K-13M1、K-14、K-60 和 K-73 四种近距离空对空导弹，以及 K-27ET 和 K-27ER 型中程空对空导弹。

米格 -29“支点”战斗机

制造商：米高扬设计局

首飞时间：1977 年

空重：11000 千克

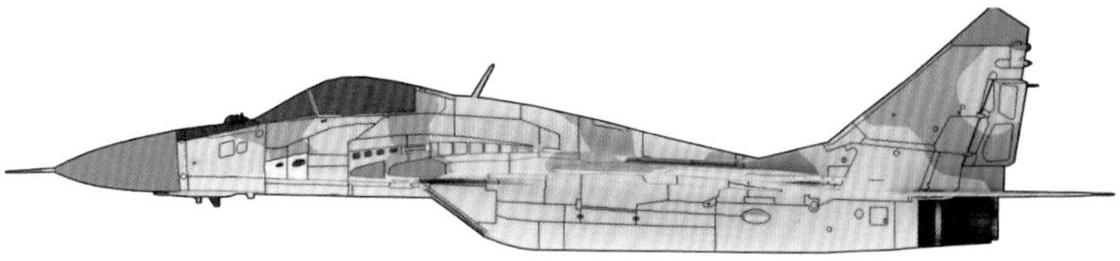

米格 -29“支点”是由米高扬设计局研制的双发战斗机，基本任务是在各种海拔高度、方向、气象和电子对抗条件下，消灭 60—200 千米内的空中目标。该机在气动设计上的最大特色，就是其精心设计的翼身融合体。米格 -29“支点”基本型具备有限的空地攻击能力，但其改进型号已具有使用精确制导武器攻击固定或移动目标的能力。米格 -29“支点”的固定武装为一门 30 毫米的 GSh-30-1 机炮。在每个机翼下，依据不同的型号有 3 个或 4 个挂点，两边一共有 6 个或 8 个挂点。

“幻影 2000”战斗机

制造商：达索公司

首飞时间：1978 年

空重：16350 千克

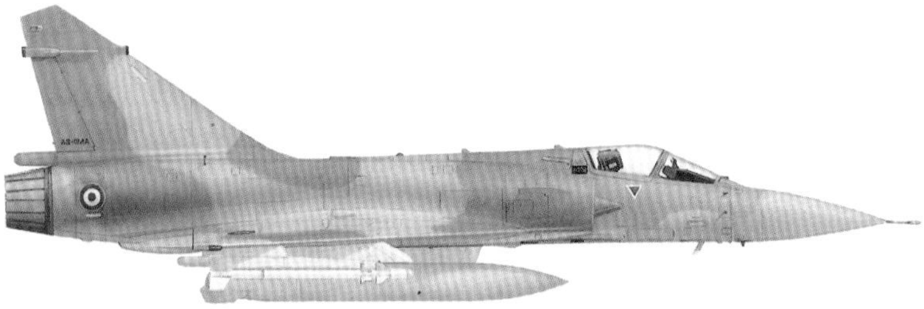

“幻影 2000”是由法国达索公司研制的多用途战斗机，该机重新启用了“幻影Ⅲ”的无尾三角翼气动布局，以发挥三角翼超音速阻力小、结构重量轻、刚性好、大迎角时的抖振小和内部空间大以及贮油多的优点。另在技术发展的条件下，解决了无尾布局的一些局限问题。

F/A-18“大黄蜂”战斗 / 攻击机

制造商：麦道公司

首飞时间：1978 年

空重：11200 千克

F/A-18“大黄蜂”是由麦道公司为美国海军研制的舰载单座双发超音速战斗 / 攻击机。主要特点是可靠性和维护性好，生存能力强，大仰角飞行性能好以及武器投射精度高。该机的机体是按 6000 飞行小时的使用寿命设计的，机载电子设备的平均故障间隔为 30 飞行小时，雷达的平均故障间隔时间为 100 小时，电子设备和消耗器材中 98% 有自检能力。F/A-18“大黄蜂”装备有 1 门 20 毫米六管机炮，另有 9 个挂架。

“幻影 4000”战斗机

制造商：达索公司

首飞时间：1979 年

空重：13000 千克

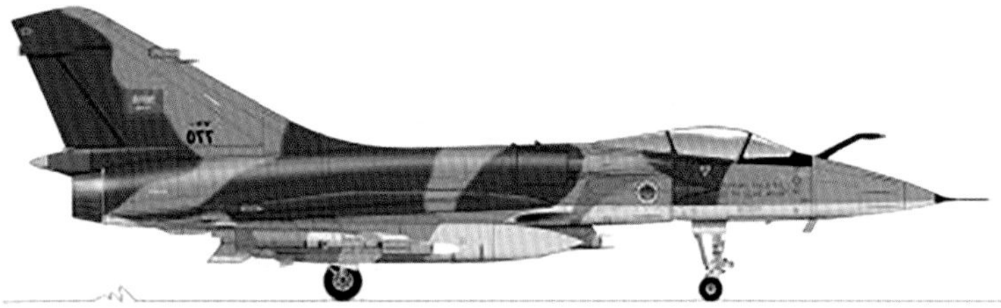

“幻影 4000”是达索公司研制的双发重型战斗机，和“幻影 2000”使用相同的发动机和武器系统，是一款标准的重型制空战斗机。除了双发和单发的区别外，“幻影 4000”还在进气道两侧增加了一对固定式前翼而非“幻影 2000”的小型条板翼，它们可以有效改善高迎角条件下的气流并使飞机获得更好的机动性。

F-20“虎鲨”战斗机

制造商：诺斯洛普公司

首飞时间：1982 年

空重：5357 千克

F-20“虎鲨”是由美国诺斯洛普公司以 F-5E 战斗机为蓝本的改良设计的，试图夺取国际轻型战斗机的市场。相较于当时美军战斗机，F-20“虎鲨”借由集成电路、微电脑技术等优势，让这架轻型战斗机具备大部分战斗攻击机可执行的作战任务，包括视距外作战、对地攻击等，而且比 F-16 战斗机还要便宜。

“鹰”200 战斗机

制造商：英国宇航公司

首飞时间：1986 年

空重：4128 千克

“鹰”200 是由英国宇航公司在“鹰”100 教练机的基础上研制的单座多功能喷气式战斗机。该机可执行防空、近距空中支援、战场遮断、远距侦察和反舰等任务。1986 年 7 月，“鹰”200 在试飞过程中由于过载太大，导致飞行员失去知觉，飞机在事故中坠毁。

“猎豹”战斗机

制造商：阿特拉斯公司

首飞时间：1986 年

空重：6600 千克

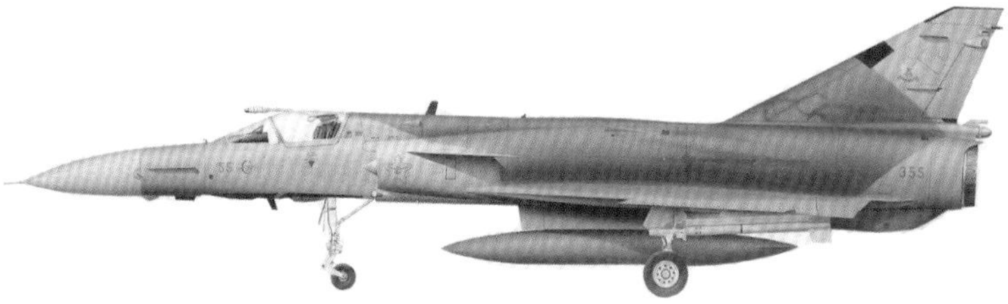

“猎豹”是由南非阿特拉斯公司在“幻影III”基础上改进而来的战斗机。除了一个加长的机鼻外，“猎豹”在气动布局方面的修改包括：机鼻两侧装上可以防止在“高攻角”下脱离偏航的“幼狮”式小边条，一对固定在进气道的三角鸭翼，锯齿型外翼前缘，和代替前缘翼槽的短翼刀。机体结构上的修改着重于延长主翼梁的最低寿命（800 小时）。

F-15E“攻击鹰”战斗轰炸机

制造商：麦道公司

首飞时间：1986 年

空重：14515 千克

F-15E“攻击鹰”是由麦道公司在 F-15 的基础上改进而来的双座超音速战斗轰炸机，兼具对地攻击和空中优势能力。该机在外形上与 F-15D 基本相同，重新设计了发动机舱以及部分结构，使航程增加了 33%，武器挂架增加了 1 倍，除原挂架外，在每个保形油箱边还有 6 个挂架，采用了具有自动地形跟踪能力的数字式电传操纵系统和先进的电子座舱显示系统。

“狮”式战斗机

制造商：以色列航空工业公司

首飞时间：1986 年

空重：7031 千克

“狮”式是以色列航空工业公司研制的单座战斗机，采用了三角翼布局，与可操纵的前端鸭翼。该机最显著的优点是它的新功能设备，特别是座舱完全使用主动式电脑飞行仪表。借其运作让飞行员处理战术方面的战斗，而不必担心监测和控制的各飞行子系统。航空电子设备方面，“狮”式被认为具有创新性和突破性，其中包括自我分析设备，使维护更加容易。

雅克 -141 战斗机

制造商：雅克列夫设计局

首飞时间：1987 年

空重：11650 千克

雅克 -141 是俄罗斯研发的一款单座单发超音速垂直起降战斗机，也是世界上第一种超音速垂直起降战斗机。机身采用常规半硬壳轻合金结构，截面为椭圆形，一体化的发动机进气道。该机缺乏实用垂直 / 短距起落战斗机所需要的操纵及任务灵活性，如它必须在装有防热甲板的位置起降，以免高速热喷气损坏跑道或舰面。

苏-30 战斗机

制造商：苏霍伊设计局

首飞时间：1989 年

空重：17700 千克

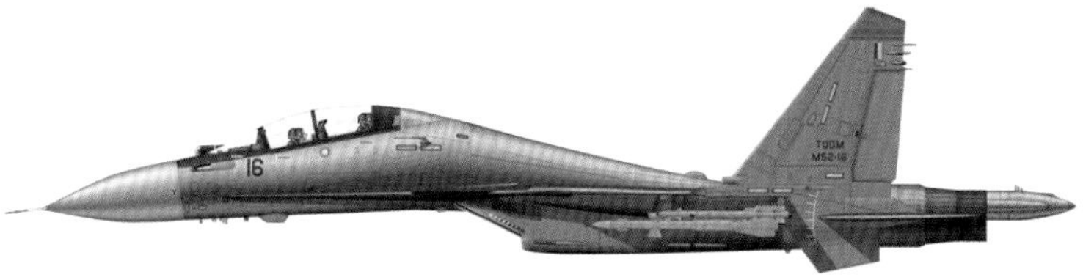

苏-30 是由苏霍伊设计局基于苏-27 设计的第四代重型双发动机双座多用途战斗机，作用类似于 F-15E，突出了对空对地双重用途的能力，具有超低空持续飞行能力、良好的机动性和一定的隐身性能，在缺乏地面指挥系统信息时仍可独立完成歼击与攻击任务，包括在敌领域纵深执行战斗任务。

YF-23 战斗机

制造商：诺斯洛普公司、麦道公司

首飞时间：1990 年

空重：13154 千克

YF-23 战斗机是 20 世纪 90 年代由美国诺斯洛普公司和麦道公司共同设计的，竞标先进战术战斗机合约的型号。机翼巨大的菱形机翼是 YF-23 最突出的外形特征之一。不过该机一共只生产了两架原型机，且都已经不再飞行。

传奇武器鉴赏：F-15“鹰”式战斗机

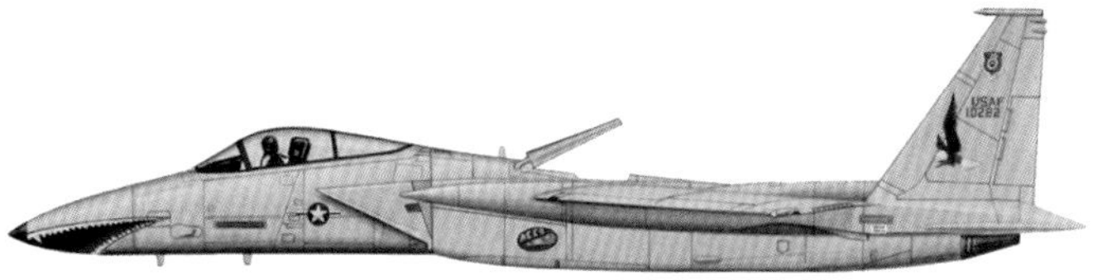

基本参数	
机长	19.43 米
机高	5.68 米
翼展	13.03 米
航程	5741 千米
速度	3000 千米 / 时

F-15“鹰”式战斗机是由美国麦克唐纳 • 道格拉斯公司研制的全天候双发战斗机，1976 年 1 月开始服役。

研发历程

F-15“鹰式”战斗机是由 1962 年展开的 F-X 计划发展出来的。在战斗机时代上，按照原先的欧美标准被归类为第三代战斗机，现在已和俄罗斯标准统一归类为第四代战斗机。该机的设计思想是替换在越南战场上问题层出的 F-4 战斗机，要求对 1975 年之后出现的任何敌方战斗机保持绝对的空中优势，设计时要求其“没有一磅重量用于对地”。该机主要有 A 型、B 型、C 型、D 型四种型号，其中 A 型和 C 型为单座型，B 型和 D 型为双座型。美国空军是 F-15 战斗机最早也是最大的使用者，其计划将 F-15 服役至 2025 年。

整体构造

F-15“鹰式”战斗机的机身为全金属半硬壳式结构，机身由前、中、后三段组成。前段包括机头雷达罩、座舱和电子设备舱，主要结构材料为铝合金。中段与机翼相连，部分采用钛合金件承受大载荷。后段为钛合金结构发动机舱。锯齿形前缘的平尾为全动式，面积大，可满足高速飞行和机动需要。机翼前梁为铝合金，后三梁为钛合金。

作战性能

F-15“鹰式”战斗机使用的多功能脉冲多普勒雷达具备较好的下视搜索能力，利用多普勒效应可避免目标的信号被地面噪声所掩盖，能追踪树梢高度的小型高速目标。F-15 战斗机装有 1 门 20 毫米 M61A1 机炮，另有 11 个外挂点（机翼 6 个，机身 5 个），总挂载量达 7300 千克，可使用 AIM-7、AIM-9 和 AIM-120 等空对空导弹，以及包括 Mk 80 系列无导引炸弹在内的多种对地武器。

F-15“鹰式”战斗机是世界上较早成熟的第四代战斗机，第四代战斗机的主要设计特点在它身上开始集中显现。该机是一款极为优秀的多用途战斗机，拥有极其出色的空战性能。不过由于诞生较早，F-15 战斗机的前期型号仍存在一定争议。F-15 战斗机的生产数量较高，改进型号也较多，并且拥有极为丰富的实战经验，它在战场上击落了上百架敌机，却没有一架在战场上被击落的纪录。

高空飞行的 F-15“鹰式”战斗机

F-15“鹰式”战斗机编队飞行

F-15“鹰式”战斗机投射导弹

知名兵工厂探秘：麦克唐纳·道格拉斯公司

麦克唐纳·道格拉斯公司是由道格拉斯飞机公司和麦克唐纳飞行器公司于 1967 年 4 月 28 日合并而成的。合并前两家公司都曾是美国著名的飞机制造商，在二战期间为美军研制了多款军用飞机。1997 年，麦克唐纳·道格拉斯公司被波音公司合并。

麦克唐纳·道格拉斯公司的创始人詹姆斯·史密斯·麦克唐纳和唐纳德·威尔士·道格拉斯都毕业于美国麻省理工学院，也都曾在马丁飞机公司（现洛克希德·马丁公司）工作。1920 年，道格拉斯在洛杉矶建立道格拉斯公司，一年后他将合作人的股份买下来，然后将公司的名称改为道格拉斯飞机公司。

1928 年，麦克唐纳在威斯康星州密尔沃基建立了麦克唐纳与合作者公司，试图建造供家庭使用的个人飞机，但这个计划因为 1929 年的经济危机而破产。公司倒闭后，麦克唐纳到马丁飞机公司工作。1938 年，他离开马丁公司，在密苏里州的圣路易斯附近建立麦克唐纳飞行器公司。

二战爆发后，道格拉斯飞机公司迎来了大好的发展机会。从 1942 年到 1945 年，该公司为美国国防部制造了近三万架飞机，其职员增加到 16 万。该公司建造了一系列飞机，包括 C-47 运输机、A-20 和 A-26 攻击机等。

二战结束后，道格拉斯飞机公司和麦克唐纳飞行器公司都因政府订货的停止和飞机过多而受挫。两家公司都大裁员，道格拉斯飞机公司几乎解雇了 10 万人。不过，道格拉斯飞机公司仍然在发展新飞机，包括非常成功的四发飞机 DC-6（1946 年）和其最后一款螺旋桨民用飞机 DC-7（1953 年）。此后，道格拉斯飞机公司转向喷射式推动研发，其第一款喷射式飞机是军用的：F3D“空中骑士”（1948 年）和 F-4D“空中射线”（1951 年）。道格拉斯飞机公司此后也开始制造民用喷气式飞机，1958 年推出 DC-8 来与波音 707 竞争。

与此同时，麦克唐纳飞行器公司也在发展喷气式飞机。FH-1 式飞机获得美国海军的重大订单，包含此后的 F-2H、F-3H 和 F-101。战后的局部战争使麦克唐纳飞行器公司成为美国重要的军用飞机提供者，尤其 F-4“鬼怪 II”更是美国当时的主要空中优势战斗机（1958 年）。

之后，两家公司都想进入新的火箭市场。道格拉斯飞机公司从生产空对空导弹开始，后来成为雷神弹道导弹计划的主要合作者。麦克唐纳飞行器公司也生产火箭，还试验超音速飞行。20 世纪 60 年代，两家公司开始考虑合并，并于 1963 年开始谈判。1967 年 4 月 28 日，两家公司正式合并成立麦克唐纳·道格拉斯公司。

麦克唐纳·道格拉斯公司生产了不少成功的军用飞机，包括 F-15“鹰”式战斗机（1974 年）和 F/A-18“大黄蜂”战斗攻击机（1975 年），另外还生产了“战斧”巡航导弹。1970 年的石油危机对民用航空来说是一个巨大打击，麦克唐纳·道格拉斯公司也不得不缩小规模，并开始使其产品多样化来减轻石油危机带来的影响。1984 年，麦克唐纳·道格拉斯公司收购了休斯直升机公司并将它改名为麦道直升机公司。1997 年，麦克唐纳·道格拉斯公司与波音公司通过一个 130 亿美元的股票交换合并为新波音公司。

詹姆斯·史密斯·麦克唐纳

麦克唐纳 • 道格拉斯公司生产的 F-15E“攻击鹰”战斗轰炸机

麦克唐纳 • 道格拉斯公司生产的 DC-10 民航客机

3.2 势头强劲的攻击机

20 世纪 50 年代以来，在局部区域战争中，攻击机发挥了非常重要的作用。使用飞机攻击地面目标是战争的一种重要手段，有人甚至提出“空地一体战”的作战理论。

攻击机的用途为射击地面与水面目标，故常在低空飞行，容易遭到来自下方的攻击，因此多会强化机腹防御，保护重要的驾驶员、油箱和控制系统。有的还会设计内嵌式弹仓将危险性较高的武器如炸弹、鱼雷和导弹等藏入机身内，一方面是保护它们并降低被击中自爆的概率，另一方面也能强化空气力学改善飞行性能，这种设计也因符合现代低可侦测性技术所需而被广泛采用。

不过双重任务战斗机的出现，战斗机机载武器的远程化、精导化、集束化、智能化，都给专门的攻击机的设计、开发产生难以预料的影响，这也许是攻击机近年来开发缓慢的原因。

现代攻击机有亚音速的，也有超音速的，正常载弹量可达 3 吨，机上装有红外观察仪或微光电视等光电搜索瞄准设备和激光测距、火控系统等；有的新型强击机已具有垂直和短距离起落能力，如苏联的雅克 -38 和英国的“鹞”式强击机。所谓 “强击”，即是能够不畏敌人的地面炮火强行实施攻击。

SAAB 32“矛”式攻击机

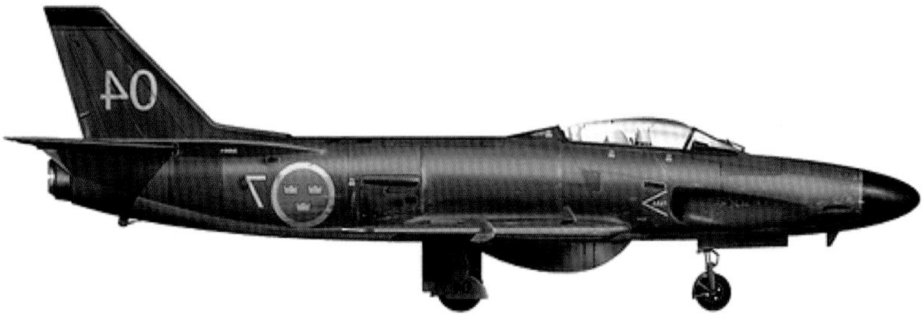

制造商：萨博公司

首飞时间：1951 年

空重：7500 千克

SAAB 32“矛”式是由瑞典飞机公司制造的双座全天候攻击机，动力装置为 1 台“埃汶”RA7A 加力涡轮喷气发动机，机载武器有 4 门 20 毫米机炮，另可外挂 2 枚 Rb-04C 空对地导弹，或 4 枚 250 千克（或 2 枚 500 千克，或 12 枚 100 千克）炸弹，或 24 枚 135 毫米（或 150 毫米）火箭弹，最大载弹量 1200 千克。

A-3“空中战士”攻击机

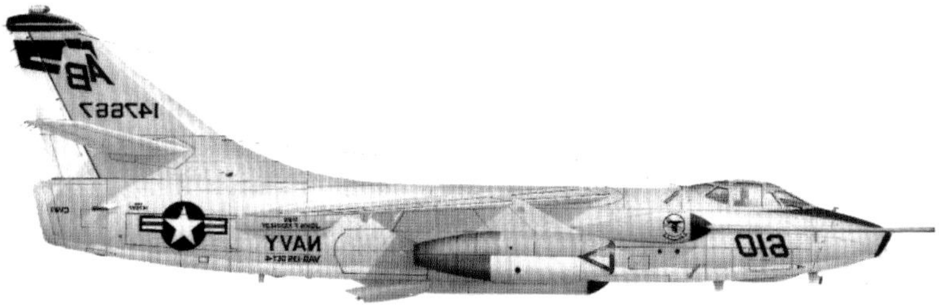

制造商：道格拉斯飞机公司

首飞时间：1952 年

空重：17876 千克

A-3“空中战士”是美国海军装备的第一代喷气式舰载攻击机，它的出现使混合动力的 A-2“野蛮人”黯然失色。在“北极星”导弹核潜艇服役以前，A-3“空中战士”一直充当着美国海军核打击能力的主力角色。受益于重型机身的设计，后来又发展出电子战、侦察、空中加油等多项改进型号。A-3“空中战士”系列的服役时间长达 40 年，直到今天仍有部分特殊型号在某些场合发挥余热。

IL-40 攻击机

制造商：伊留申设计局

首飞时间：1953 年

空重：8500 千克

IL-40 是苏联设计用来取代 IL-10M 的对地攻击机，其原型机在试飞时十分成功，除了在开火时，因为机枪发射后产生气体，形成不稳的气流进入发动机，导致发动机熄火。为了纠正这一问题花了一年多的时间，移动了发动机的进气口、重新安装机枪位置，将机枪位置从机鼻移动到机身底部，甚至是前轮后方。

A-4“天鹰”攻击机

制造商：道格拉斯飞机公司

首飞时间：1954 年

空重：4750 千克

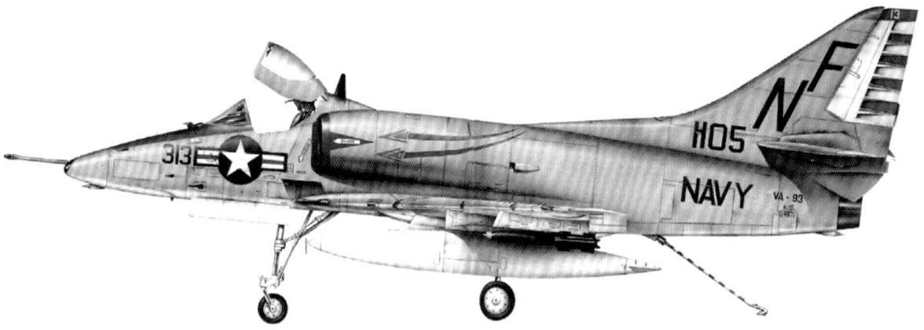

A-4“天鹰”是由道格拉斯飞机公司设计的单座舰载攻击机，机翼根部下侧装有 2 门 20 毫米 MK-12 火炮，每门备弹 200 发。机上有 5 个外挂点，机身下和两翼下各有 1 个武器挂架，可挂载普通炸弹、空地导弹和空空导弹，最大载弹量 4150 千克。由于载弹量大、维护简单、出勤率高，A-4“天鹰”在几次局部战争中都有上佳的表现。

A-5“民团团员”攻击机

制造商：北美航空公司

首飞时间：1958 年

空重：14870 千克

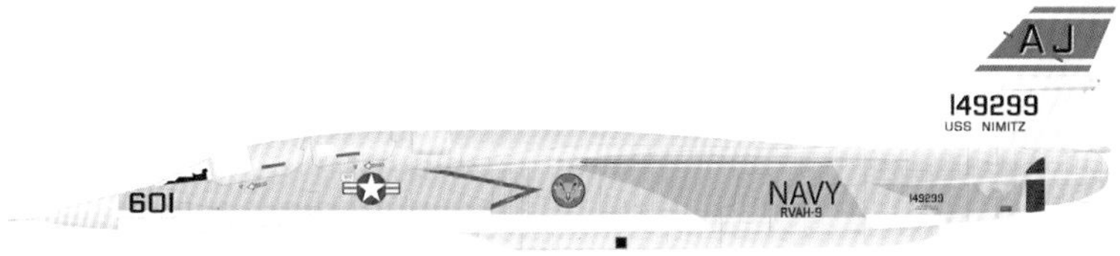

A-5“民团团员”是为美国海军设计的超音速攻击机，根据设计要求，A-5“民团团员”实际上是一种超音速核轰炸机，也是美国最大最重的舰载飞机，其最大载弹量高达 5.2 吨，其最大起飞重量近 32 吨。尽管采用了下垂前缘和吹气襟翼等增升措施，A-5“民团团员”仍然只能在“中途岛”级大型航空母舰上起降。

“掠夺者”攻击机

制造商：布莱克本公司

首飞时间：1958 年

空重：14000 千克

“掠夺者”是由布莱克本公司于 20 世纪 50 年代中期研制的舰载攻击机。机身为全金属半硬壳式结构，分为机头、座舱、中机身、后机身和减速尾锥。动力装置为 2 台罗尔斯 • 罗伊斯 RB.168-1A“斯贝”101 涡轮风扇发动机，该机在可翻转式弹舱门内侧装有 4 枚 454 千克的 MK.10 炸弹，翼下还有 4 个挂架，可挂载各类炸弹、导弹和火箭弹等武器。

“军旗 IV”攻击机

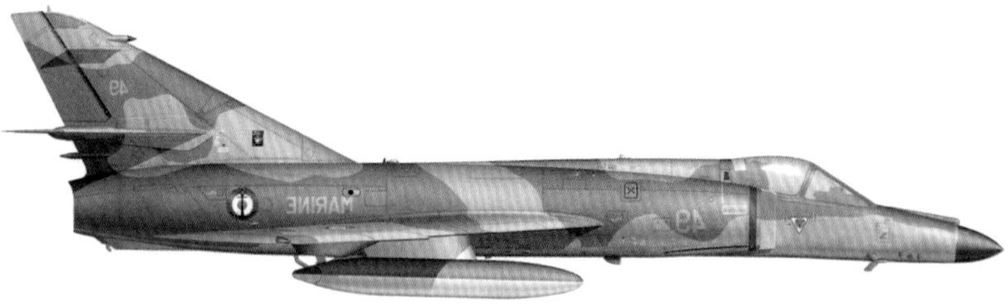

制造商：达索公司

首飞时间：1958 年

空重：5800 千克

“军旗Ⅳ”是由达索公司研制的轻型舰载攻击机，主要在“福煦”号和“克莱蒙梭”号航空母舰上服役，主要任务是对舰、对地攻击，也可执行照相侦察任务。该机为适应舰载采用了高三点起落架，装备了法国制马丁 • 贝克 MK N4A 弹射座椅。“军旗Ⅳ”装备的机载武器为两门 30 毫米“德发”机炮。外部共有 5 个挂架，最大载弹量为 1350 千克。

A-6“入侵者”攻击机

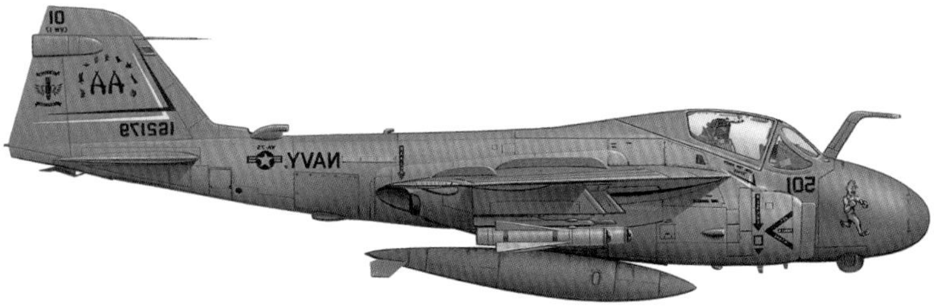

制造商：格鲁曼公司

首飞时间：1960 年

空重：12525 千克

A-6“入侵者”是由格鲁曼公司生产的全天候重型舰载攻击机，除传统攻击能力外，A-6“入侵者”在设计上也具有携带并发射核炸弹的能力，但该功能从未被使用过。A-6“入侵者”能够在任何恶劣的天气中以超低空飞行，穿过敌方的搜索雷达网，正确地摧毁敌军阵地、目标。虽然A-6“入侵者”已退出美军现役的作战序列，但由A-6“入侵者”所改装的电子作战斗机——CB 在 2013 年时仍旧活跃于美军航母之上。

A-37“蜻蜓”攻击机

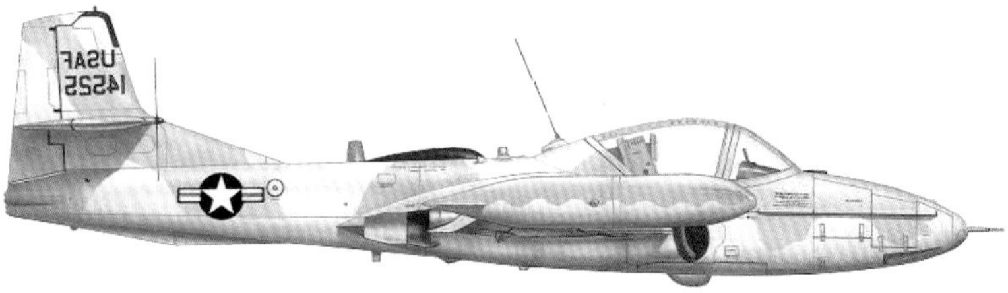

制造商：赛斯纳公司

首飞时间：1963 年

空重：2817 千克

A-37“蜻蜓”是以 T-37“鸣鸟”教练机为基础开发的攻击机，该机的机载武器为 1 挺 7.62 毫米 GAC-2B/A 六管机枪，射速 3000—6000 千发 / 分，备弹 1500 发。机翼下 8 个挂架可挂载各种炸弹、火箭巢，最大载弹量 2100 千克。凭借优异的低空机动性和高出击率，A-37 在 20 世纪 60 年代的局部战争发挥了极大威力。

AC-47“幽灵”攻击机

制造商：道格拉斯飞机公司

首飞时间：1964 年

空重：8200 千克

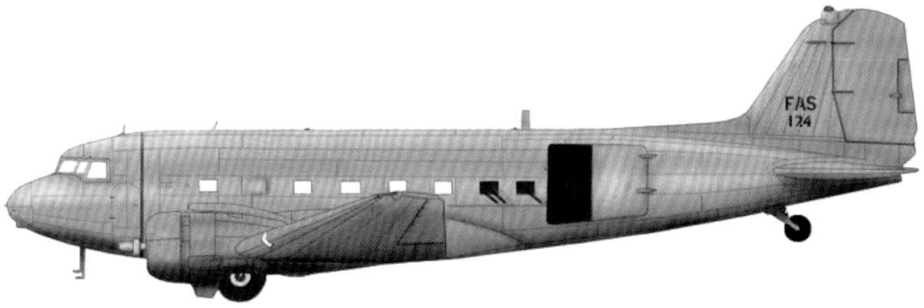

AC-47“幽灵”是以 C-47 运输机为基础改进的中型攻击机，其主要功能是为地面部队实行近距空中支援，可以提供绵密的火网支援。AC-47“幽灵”没有运用任何尖端科技，无论是平台还是武器都来自成熟甚至陈旧的技术，但用全新的概念将其整合起来，使其在战争中广受欢迎。

OV-10“野马”侦察攻击机

制造商：北美航空公司

首飞时间：1965 年

空重：3127 千克

OV-10“野马”是由北美航空公司研制的双发双座轻型多用途战术侦察攻击机，固定武器为 4 挺 7.62 毫米机枪。全机共有 7 个外挂点，左右主翼下各有一个挂点，机身下中央一个挂点，机身下两侧短翼各有两个挂点，可挂载各种火箭发射巢、炸弹、机枪、机炮吊舱或副油箱。

A-7“海盗 II”攻击机

制造商：沃特公司

首飞时间：1965 年

空重：8972 千克

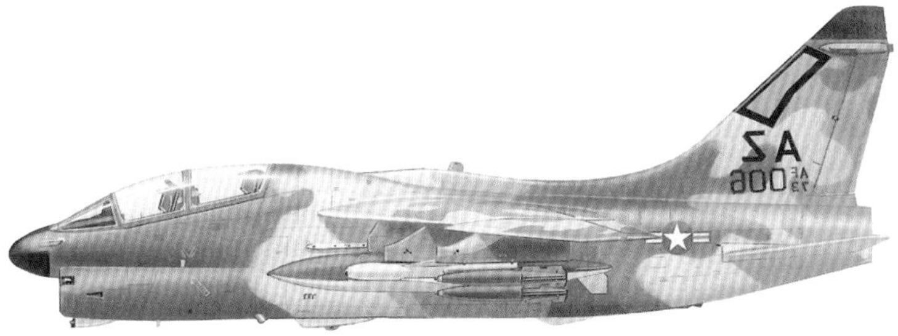

A-7“海盗 II”是由美国沃特公司研制的一款单座亚音速攻击机，机体设计源自于 F-8“十字军”超音速战斗机，它是第一款配备有现代抬头显示器、惯性导航系统与涡扇发动机的作战斗机种。虽然 A-7“海盗 II”理论上的最大载弹量为 6804 千克，但受最大起飞重量的限制，一旦采用最大载弹量则必须严格限制内装油量。

AC-130 攻击机

制造商：洛克希德・马丁公司、波音公司

首飞时间：1966 年

空重：55520 千克

AC-130 是以洛克希德 C-130“大力神”运输机为基础改装而成的攻击机，主要用于密接空中支援与武装侦察等。AC-130 装备有各型口径不同的机炮，乃至于后期机型所搭载的博福斯炮或榴弹炮等重型火炮，对于零星分布于地面、缺乏空中火力保护的部队有致命性的打击能力。

苏 -17“装配匠”攻击机

制造商：苏霍伊设计局

首飞时间：1966 年

空重：12160 千克

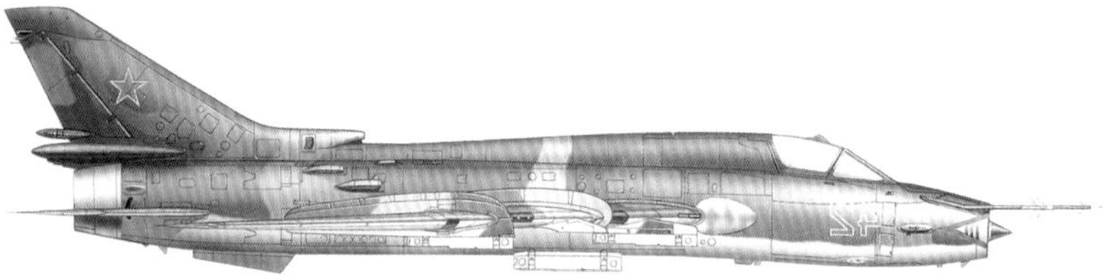

苏 -17“装配匠”是由苏霍伊设计局从苏 -7 战斗轰炸机发展而来的攻击机，是在苏 -7 战斗轰炸机的基础上发展而成的，采用可变后掠翼设计，在进行起降时会把机翼向前张开以减少所需跑道的长度，但在升空后则改为后掠，以维持与苏 -7 相当的空中机动性。苏 -17“装配匠”装备有两门 30 毫米 NR-30 机炮，另可挂载 3770 千克炸弹或导弹。

SAAB 37“雷”式攻击机

制造商：萨博公司

首飞时间：1967 年

空重：9500 千克

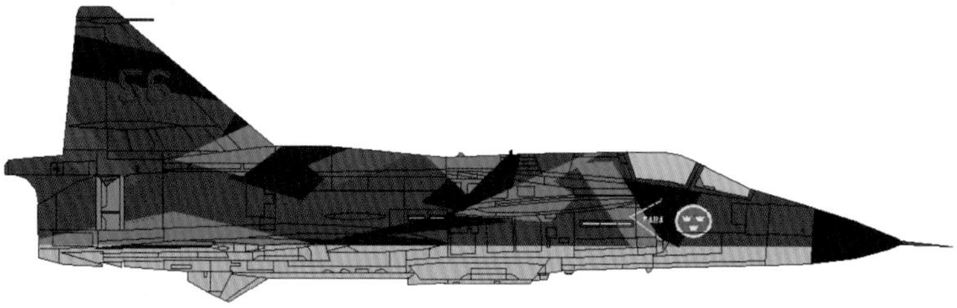

SAAB 37“雷”式是由萨博公司研制的多用途战斗机，采用三角形下单翼鸭式布局方式，发动机从机身两侧进气。该机的 10 多个舱门大部分都分布在机身下方，所有的维护点在地面上均可接近，机务维护人员不需在机身上爬上爬下。更换发动机时，只需将后机身拆下。

AC-119 攻击机

制造商：费尔柴德公司

首飞时间：1968 年

空重：18200 千克

AC-119 是美国空军为替代 AC-47 而在 C-119 运输机基础上改装的攻击机。该机在机身左侧安装了两门 M61A1 20 毫米六管机炮和 4 挺 SUU-11/A 7.62 毫米机枪，但经过实战检验后，飞行员似乎对 7.62 毫米机枪更为青睐，因为相比 20 毫米机关炮，飞机可以携带更多的小口径机枪弹药。

“美洲豹”攻击机

制造商：欧洲战斗教练和战术支援飞机制造公司

首飞时间：1968 年

空重：7000 千克

“美洲豹”是由英国和法国联合研制的双发多用途战斗机，英国负责翼面、机身后段、进气道等，法国负责机身前段、起落架等，发动机则各自根据要求分工制造。虽然“美洲豹”是由英、法合作研发，但两国在许多规格与装备采用上却不尽相同。两种版本都装有 30 毫米机炮，并可挂载 4536 千克导弹和炸弹等武器。

IA-58“普卡拉”攻击机

制造商：法布里卡飞机公司

首飞时间：1969 年

空重：4020 千克

IA-58“普卡拉”是阿根廷研制的轻型攻击机，是少数使用涡轮螺旋桨动力的现代攻击机。两台透博梅卡 • 阿斯塔左发动机安装在机翼上小巧的发动机舱内，各驱动一个三叶螺旋桨。IA-58“普卡拉”狭窄的半硬壳机身的前端前伸，2 名飞行员能得到装甲座舱的保护，并有良好的武器射击视野。

A-10“雷电 II”攻击机

制造商：费尔柴德公司

首飞时间：1972 年

空重：11321 千克

A-10“雷电 II”是美国空军现役唯一负责提供对地面部队的密接支援任务的机种，包括攻击敌方坦克、武装车辆、重要地面目标等。该机采用的是无后掠角的平直下单翼，机身的装甲防护极强，座舱为 38 毫米防弹钢板制作而成，在机腹上也有 50 毫米厚的装甲，全机重达 550 千克的装甲防护使其能够抵抗 23 毫米机炮的打击。

“超军旗”攻击机

制造商：达索公司

首飞时间：1974 年

空重：6460 千克

“超军旗”是由法国达索公司研制的舰载攻击机，采用 45 度后掠角中单翼设计，翼尖可以折起，机身呈蜂腰状，立尾面积较大，后掠式平尾装在立尾中部。该机装有两门 30 毫米的“德发”机炮，机身挂架可挂 250 千克炸弹，机翼下 4 个挂架每个可携 400 千克炸弹，右侧机翼可挂 1 枚 AM-39“飞鱼”空对舰导弹，还可挂 R.550“魔术”空对空导弹或火箭弹等武器。

IAR-93“秃鹰”攻击机

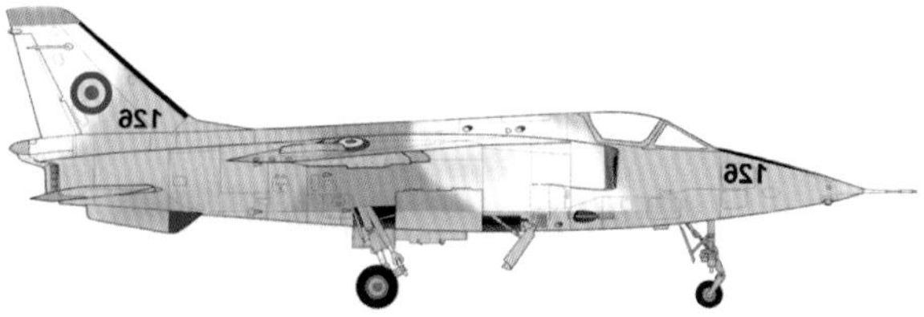

制造商：猎鹰飞机制造厂、罗马尼亚航空工业公司

首飞时间：1974 年

空重：5750 千克

IAR-93“秃鹰”是罗马尼亚和南斯拉夫联合研制的一款双发超音速攻击机，主要有 IAR-93、IAR-93A、IAR-93B、IAR-93A DC 和 IAR-93B DC 等型号。该机的武器有两门 23 毫米 GSh-23L 机炮，另可挂载 2800 千克载荷，其中可包括：AGM-65 电视制导导弹、Grom-1 无线电制导导弹、BL755 集束炸弹、AA-2“环礁”空对空导弹和 AA-8“蚜虫”空对空导弹等。

苏 -25“蛙足”攻击机

制造商：苏霍伊设计局

首飞时间：1975 年

空重：9800 千克

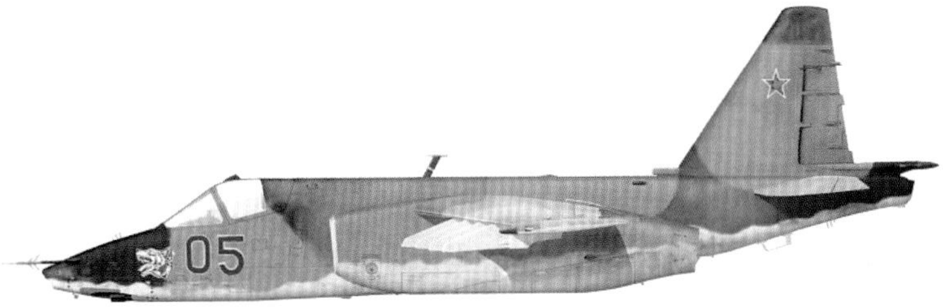

苏 -25“蛙足”是由苏霍伊设计局研制的亚音速攻击机，能在靠近前线的简易机场上起降，执行近距战斗支援任务。该机反坦克能力强，机翼下可挂载“旋风”反坦克导弹，射程达 10 千米，可击穿 1000 毫米厚的装甲。苏 -25“蛙足”低空机动性能较好，可在载弹的情况下，在低空中与米 -24 武装直升机协同，配合地面部队 3 作战。该机防护力也较强，座舱底部及周围有 24 毫米厚的钛合金防弹板。

AV-8B“海鹞 II”攻击机

制造商：麦道公司

首飞时间：1981 年

空重：6745 千克

AV-8B“海鹞 II”是由麦道公司生产的短距 / 垂直起降攻击机，在减重上下了很大的功夫，其中采用复合材料主翼是主要改善项目之一。AV-8B“海鹞 II”的机身前段也使用了大量的复合材料，其他采用复合材料的部分包括升力提升装置、水平尾翼、尾舵，只有垂直尾翼、主翼与水平尾翼的前缘及翼端、机身中段及后段等处使用金属质材。

AMX 攻击机

制造商：AMX 公司

首飞时间：1984 年

空重：6700 千克

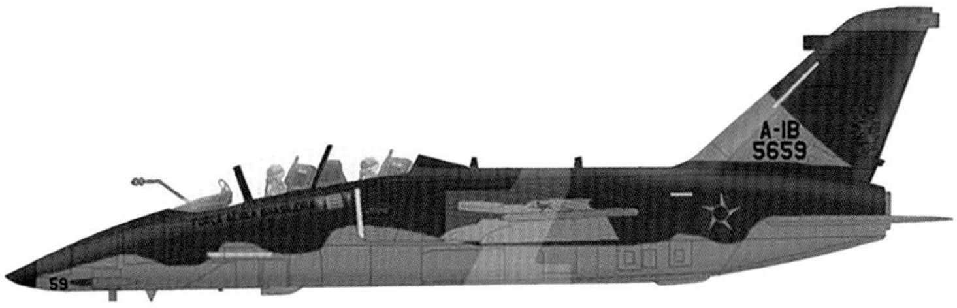

AMX 是由意大利和巴西两国合作研制的单座单发轻型攻击机，主要用于近距空中支援、对地攻击、对海攻击及侦察任务，并有一定的空战能力。该机具备高亚音速飞行和在高海拔地区执行任务的能力，设计时还考虑添加了隐身性，可携带空对空导弹。意大利型装配 1 门 20 毫米 M61A1 多管机炮，巴西型装配 1 门 30 毫米“德发”554 机炮。

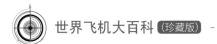

传奇武器鉴赏：F-117“夜鹰”攻击机

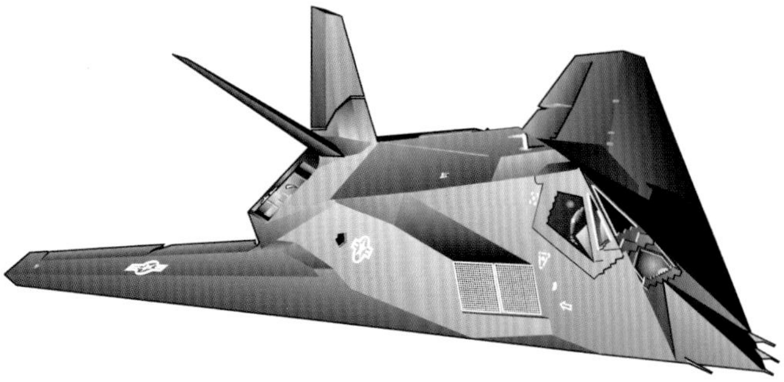

基本参数	
机长	20.09 米
机高	3.78 米
翼展	13.2 米
航程	1720 千米
速度	993 千米 / 时

F-117“夜鹰”攻击机是由美国洛克希德公司研制的双发单座隐身攻击机，1983 年开始服役，2008 年退出现役。

研发历程

F-117“夜鹰”攻击机的研制工作始于 20 世纪 70 年代中期，一共制造了 5 架原型机，1981 年 6 月 15 日试飞定型，次年 8 月 23 日开始向美国空军交付，一共交付了 59 架生产型。F-117 攻击机服役后一直处于保密状态，直到 1988 年 11 月 10 日，美国空军才首次公布了它的照片。1989 年 4 月，F-117 攻击机在内华达州的内利斯空军基地公开面世。值得一提的是，一名资深的 F-117 攻击机研发团队成员曾在电视节目里表示，以“F”命名的军用航空器比较容易吸引顶尖一流的美国空军飞行员，以“A”或“B”来命名反而不具吸引力。这或许是“夜鹰”身为攻击机却以“F”命名的重要原因之一。

整体构造

F-117“夜鹰”攻击机的外形与众不同，整架飞机几乎全由直线构成，连机翼和 V 形尾翼也都采用了没有曲线的菱形翼型。整个机身干净利索，没有任何明显的凸出物，除了机头的 4 个多功能大气数据探头外，就连天线也设计成可上下伸缩。为了降低电磁波的发散和雷达截面积，F-117 攻击机没有配备雷达。诸如此类的设计大幅提高了隐身性能，但也导致 F-117 攻击机气动性能不佳、机动能力差、飞行速度慢等。

作战性能

F-117“夜鹰”攻击机可进行空中加油，加油口位于机身背部。该机的两个武器舱拥有 2300 千克的装载能力，理论上可以携带美国空军军械库内的任何武器，包括 B61 核弹。

少数炸弹因为体积太大，或与 F-117 攻击机的系统不相容而无法携带。

F-117“夜鹰”攻击机是世界上第一款完全以隐形技术设计的飞机，领导世界军事进入了隐形时代。该机在世界航空史上具有重要的里程碑意义，其总设计师还因此获得了美国国家航空航天协会的最高奖励——罗伯特·科利尔奖。不过，虽然 F-117 攻击机的隐身性能出色，但其他方面的性能却有所牺牲，这也导致 F-117 攻击机的服役时间不长。

高空飞行的 F-117“夜鹰”攻击机

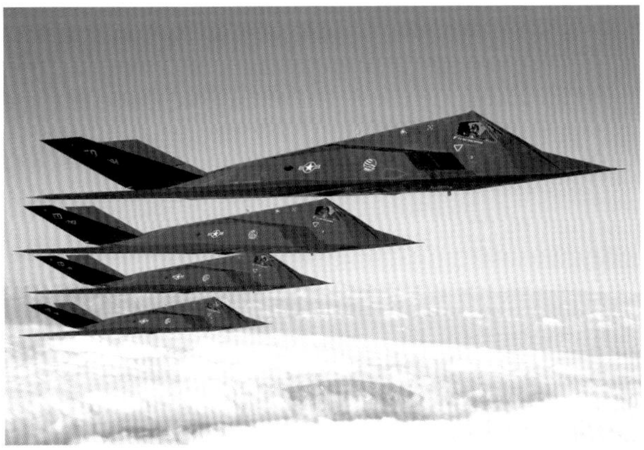

F-117“夜鹰”攻击机进行编队飞行

F-117“夜鹰”攻击机正在起飞

知名兵工厂探秘：洛克希德·马丁公司

洛克希德·马丁公司（Lockheed Martin）的前身洛克希德公司创建于 1912 年，是一家美国航空航天设备制造商。公司在 1995 年与马丁·玛丽埃塔合并，统称为洛克希德·马丁公司。二战期间，该公司为美军研制了多种重要的军用飞机。目前，洛克希德·马丁公司在营业额上是全世界最大的国防工业承包商。

1912 年，阿伦·洛克希德和马尔科姆·洛克希德兄弟在加利福尼亚州圣塔巴巴拉市创建了 Alco 水上飞机公司，后该公司更名为洛克希德飞行器制造公司。1926 年，原洛克希德公司倒闭，阿伦·洛克希德在加利福尼亚州好莱坞市重新开办了洛克希德飞行器公司。1929 年，洛克希德公司被卖给了底特律飞行器公司。

大萧条期间（1929—1933 年），底特律飞行器公司倒闭。罗伯特•格罗斯和科特兰•格罗斯兄弟以四万美元的价格收购了原洛克希德公司部分。阿伦•洛克希德当时筹得了五万美元，但是认为资金太少尔没有参加拍卖。

1934 年，罗伯特•格罗斯成为新公司的主席，并把公司改名为洛克希德公司。20 世纪 30 年代，洛克希德公司投资 139400 美元开发了 L-10“伊莱克特拉”双发动机运动机，生产第一年就销售了 40 架。这款飞机还是在二战期间英国皇家空军和美国军队使用的“哈得逊”轰炸机的原型。

二战爆发之初，洛克希德公司成功设计了 P-38“闪电”战斗机，这是一款双发高速拦截机，在战场上的用途包括对地攻击、轰炸机护航以及夺取空优等。1943 年，洛克希德公司还设计了美国空军第一种服役的喷射战斗机 P-80（后编号为 F-80）。这种飞机由其被戏称为“臭鼬工厂”的高级开发部开发。

战争期间，洛克希德公司共生产了 19278 架军用飞机，占美国飞机制造总量的 6%。包括 2600 架 PV-1“文图拉”反潜巡逻机、2700 架 B-17“空中堡垒”轰炸机（波音授权制造）、2900 架“哈得逊”轰炸机和 9000 架 P-38 “闪电”战斗机。另外，洛克希德公司还和跨世界航空公司共同开发了 L049 星座型客机。这种飞机可运载 43 名乘客以每小时 300 英里的速度用 13 个小时从纽约飞到伦敦。但是在战争期间公司所有的产品都被军方购买，战争结束后民航才得到其订货。

1953 年，洛克希德公司开发了 C-130“大力神”运输机，这款飞机至今仍在大规模使用。1956 年，洛克希德开发了“北极星”潜射弹道导弹，后来又开发了“海神”和“三叉戟”导弹。1976 年，“臭鼬工厂”开始展开第一代低可侦测性飞机的研究计划：拥蓝（Have Blue）。其他洛克希德产品还包括两倍音速战斗机 F-104、L-1011 三星宽体喷射客机、C-5“银河”喷射运输机。

1995 年，洛克希德公司与马丁•玛丽埃塔公司合并，统称为洛克希德•马丁公司。

马丁•玛丽埃塔公司创建于 1961 年，由马丁公司和美国玛丽埃塔公司合并而成。其中，马丁公司的创办人为格林•路德•马丁，其 1886 年 1 月 17 日生于美国依阿华州的马克斯堡。1909 年，马丁制造出第一架飞机。不久，马丁飞机公司正式创办，这是美国最早的飞机公司之一。1933 年，马丁公司研制出美国航空史上有名的 B-10 轰炸机，是二战前美国的主力轰炸机。二战期间，马丁公司研制出著名的 B-26“掠夺者”中型轰炸机。B-26 在二战中发挥了很大作用，总产量达到 5000 多架。此间，马丁公司还致力于研制水上飞机，如 M-130、M-156 大型水上飞机，PBM 系列反潜水上飞机等。

二战结束后，马丁公司曾转向民航飞机的生产，如马丁 -202、马丁 -204，但由于竞争激烈没有取得很大成绩。军机方面，1951 年研制出 XB-48 大型喷气式轰炸机，但无法与波音公司的 B-52 相比。由于在军用机和民用机研制方面，马丁公司都占不了优势地位，因而 20 世纪 40 年代末就开始转向导弹和航天领域。在涉足航天领域时，马丁公司与玛丽埃塔公司合并，组成马丁 • 玛丽埃塔公司，在美国航天界有相当重要的地位。

马丁•玛丽埃塔公司与洛克希德公司合并后，新公司的实力大幅增强。目前，洛克希德•马丁公司的核心业务是航空、电子、信息技术、航天系统和导弹，主要产品包括美国海军所有潜射弹道导弹、战区高空区域防空系统、通信卫星系统以及 F-16、F-22 和 F-35 等战斗机，U-2 间谍侦察机、SR-71“黑鸟”战略侦察机，C-5“银河”大型军用运输机及岸基反潜机 P-3 系列、C-130“大力神”军用运输机、军用电子系统、飞行训练辅助设备、火控系统和空中交通管制设备等，占据美国防部每年采购预算 1/3 的订货，控制了 40% 的世界防务市场，几乎包揽了美国所有军用卫星的生产和发射业务，成为世界级军火“巨头”。

美国加州棕榈谷的“臭鼬工厂”

洛克希德 • 马丁公司生产的 C-130 运输机

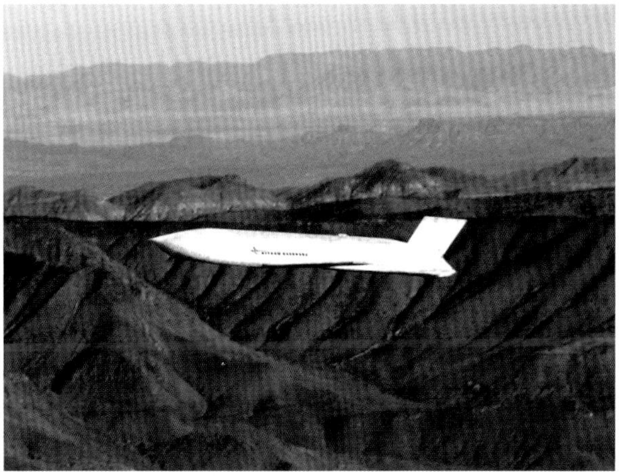

洛克希德 • 马丁公司生产的 AGM-158 JASSM 导弹

3.3 轰炸机的绝地反击

20 世纪 60 年代以后，各种制导武器日益完善，地面目标的空防能力大为提高，所以战术轰炸的任务更多由战斗轰炸机来完成。自卫能力差的战术轰炸机已不再发展。随着战斗轰炸机航程和载弹能力的提高，甚至战役轰炸机的任务也可由它来完成。自从出现中、远程导弹后，战略打击力量的重点已转移到导弹上来，战略轰炸机的地位明显下降。

20 世纪 70 年代以后，只有苏、美两国尚在继续研制远程超音速轰炸机，如美国的 B-1 和苏联的图 -22M，都是变后掠翼飞机，装有先进的自动导航系统、地形跟踪系统和电子对抗设备，攻击武器以空对地导弹和巡航导弹为主，能在复杂气象和地形条件下隐蔽地进行超低空突防，对目标进行远距离攻击。远程超音速轰炸机易于分散隐蔽，不易受敌方核导弹摧毁，同时使用灵活，便于打击机动目标，已成为弹道导弹的重要补充打击力量。

80 年代出现的超音速战略轰炸机由于采用了变后掠翼设计，解决了速度与航程的矛盾，这一阶段的代表是苏联图 -160（北约将其称为“海盗旗式”轰炸机）、图 -22M 和美国 B-1B（“枪骑兵”）等。超音速战略轰炸机的出现使得战略轰炸机的突防能力大大增强，打击能力也相应提高，但成本高昂，加之当前国际形势，这类轰炸机未能得到充分发展。

IL-28“兔猎犬”轰炸机

制造商：伊留申设计局

首飞时间：1948 年

空重：12890 千克

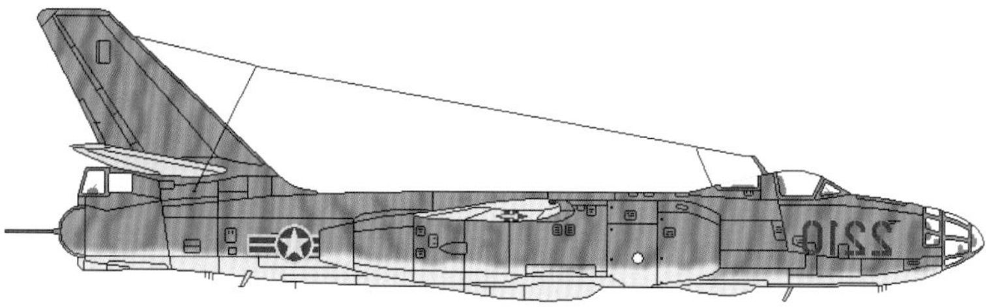

IL-28“兔猎犬”是由伊留申设计局研发的中型轰炸机，是苏联第一种投入大量生产的喷气式中型战术轰炸机。该机有 3 名乘员，驾驶员和领航员舱在机头，机尾有密封的通信射击员舱。IL-28“兔猎犬”可在炸弹舱内携带 4 枚 500 千克或 12 枚 250 千克炸弹，也能运载小型战术核武器，机翼下还有 8 个挂架，可挂火箭弹或炸弹。机头机尾各装两门 HP-23 机炮，备弹 650 发。该机的动力装置是 BK-1A 发动机，单台推力为 26.47 千牛。

图 -14“水手长”轰炸机

制造商：图波列夫设计局

首飞时间：1949 年

空重：14930 千克

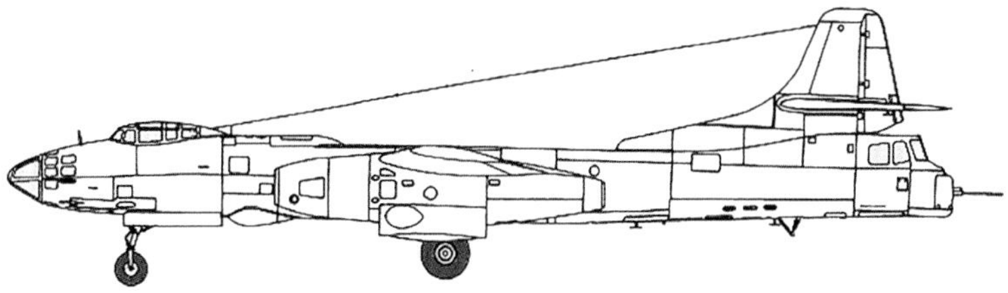

图 -14“水手长”是由图波列夫设计局研发的轻型喷气式轰炸机。二战后，图波列夫设计局就开始了喷气式飞机的研制，分别研制了图 -73、图 -77、图 -82 的验证机，积累了技术。1947 年开始设计图 -14“水手长”喷气式轰炸机。图 -14“水手长”的动力装置为两台 VK-1 涡轮喷气式发动机，单台推力 26.5 千牛。其机载武器为四门 23 毫米机炮，外部挂架的载弹量为 3000 千克，可挂载炸弹、鱼雷和火箭弹等。

“堪培拉”轰炸机

制造商：电气公司

首飞时间：1949 年

空重：9820 千克

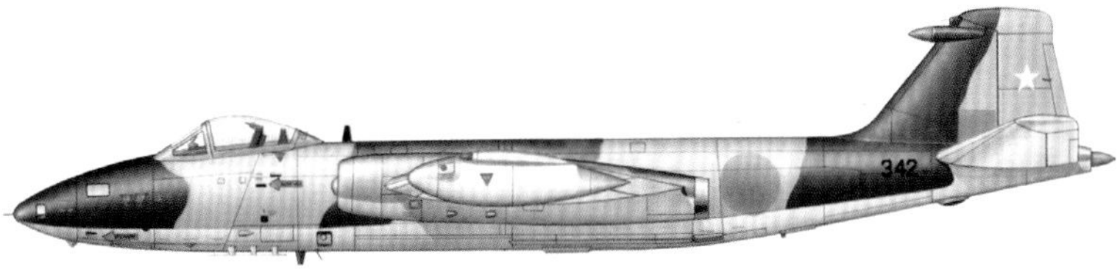

“堪培拉”是英国空军装备第一款轻型喷气式轰炸机，执行轰炸任务时，弹舱内可载 6 枚 454 千克炸弹，另外在两侧机翼下挂架上还可挂 907 千克炸弹；执行遮断任务时，可在弹舱后部装四门 20 毫米机炮，前部空余部分可装 16 个 114 毫米的照明弹或 3 枚 454 千克炸弹。1963 年设计人员对飞机进行了改进，使其能携带“北方”AS.30 空对地导弹，也可携带核武器。

“勇士”轰炸机

制造商：维克斯•阿姆斯特朗公司

首飞时间：1951 年

空重：34491 千克

“勇士”是由英国维克斯•阿姆斯特朗公司研制的战略轰炸机，采用悬臂式上单翼设计，在两侧翼根处各安装有两台“埃汶”发动机。该机的机翼尺寸巨大，所以翼根的相对厚度被控制在 12%，以利于空气动力学。该机的发动机保养和维修比较麻烦，且一旦某台发动机发生故障，很可能会影响到另一台。

B-52“同温层堡垒”轰炸机

制造商：波音公司

首飞时间：1952 年

空重：83250 千克

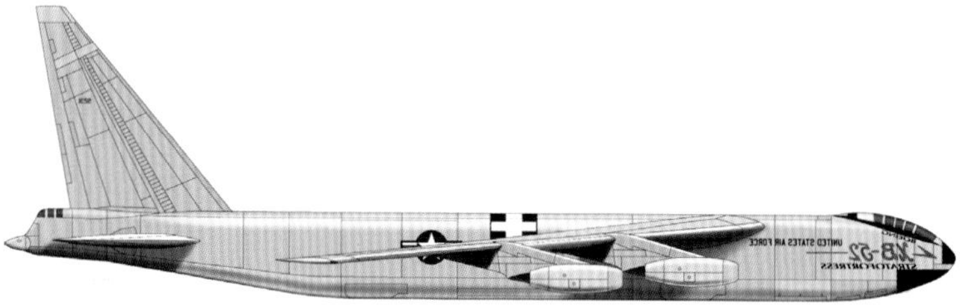

B-52“同温层堡垒”是由波音公司研制的战略轰炸机，机身结构为细长的全金属半硬壳式，侧面平滑，截面呈圆角矩形。该机的动力装置为八台普惠 TF33-P-3/103 涡扇发动机，分 4 组分别吊装于两侧机翼之下。B-52“同温层堡垒”不同型号的尾部装有不同的机枪，如 G 型装有 4 挺 12.7 毫米机枪。B-52 载弹量非常大，能携带 31500 千克各型常规弹药和核弹。

图 -16“獾”式轰炸机

制造商：图波列夫设计局

首飞时间：1952 年

空重：37200 千克

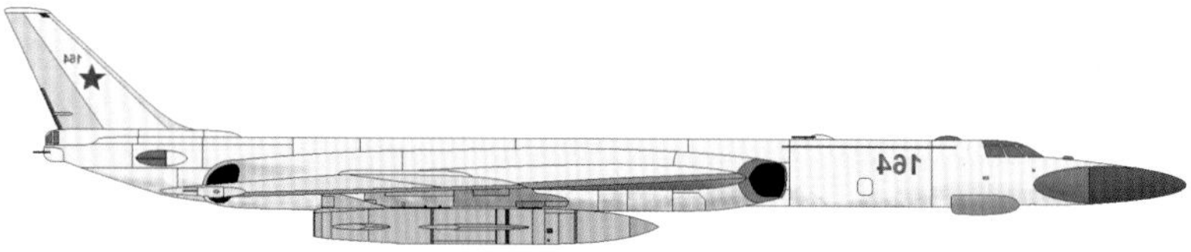

图 -16“獾”式是由图波列夫设计局为苏联空军设计的双发高亚音速中程轰炸机，性能和尺寸大致和美国的 B-47，英国的“勇士”、“胜利者”和“火神”轰炸机相当。该机装有 7 门 23 毫米航炮，备弹 2300 发。机腹下有长 6.5 米的弹舱，正常载弹量为 3000 千克，最大载弹量 9000 千克。

“火神”轰炸机

制造商：霍克 • 西德利公司

首飞时间：1952 年

空重：37144 千克

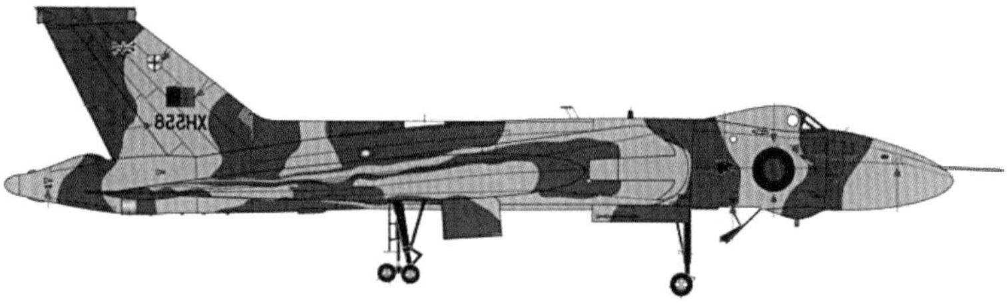

“火神”是由英国霍克 • 西德利公司研制的中程战略轰炸机，采用无尾三角翼气动布局，是世界上最早的一款三角翼轰炸机。机身断面为圆形，机头有一大的雷达罩，上方是凸出的座舱顶盖。座舱可坐有正副驾驶员、电子设备操作员、雷达操作员和领航员，机头下有投弹瞄准镜。机身腹部有 1 个长 8.5 米的炸弹舱，可挂 21 枚 454 千克级炸弹或核弹，也可以挂载 1 枚“蓝剑”空对地导弹。

图 -95“熊”轰炸机

制造商：图波列夫设计局

首飞时间：1952 年

空重：90000 千克

图 -95“熊”是由图波列夫设计局研制的远程战略轰炸机，在武装方面，图 -95“熊”除安装有单座或双座 23 毫米 Am-23 机尾机炮外，还能携挂 25 吨的炸弹和导弹，其中包括可使用 20 万吨当量核弹头的 Kh-55 亚音速远程巡航导弹。该机改型直到 2013 年仍是俄罗斯战略威慑力量的核心组成部分之一，现仍在继续服役。

“胜利者”轰炸机

制造商：汉德利 • 佩季公司

首飞时间：1952 年

空重：40468 千克

“胜利者”是由英国汉德利 • 佩季公司研制的战略轰炸机，采用月牙形机翼和高平尾布局，四台“康维”201 发动机装于翼根，采用两侧翼根进气。由于机鼻雷达占据了机鼻下部的非密封隔舱，座舱一直延伸到机鼻，提供了更大的空间和更佳的视野。该机没有固定武装，机腹下半埋式挂载 1 枚“蓝剑”导弹或弹舱内装载常规炸弹，也可在翼下挂载美国“天弩”对地导弹。

B-57“堪培拉”轰炸机

制造商：马丁公司

首飞时间：1953 年

空重：13600 千克

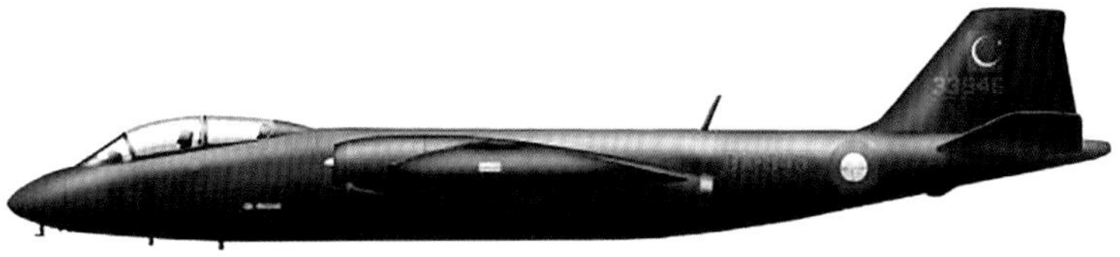

B-57“堪培拉”是由马丁公司制造的双座轻型轰炸机，是在英国“坎培拉”轰炸机基础上发展而来，为满足美国空军要求，结构有所改进。该机的武器为 8 挺 12.7 毫米机枪，

各备弹 300 发，或改装四门 20 毫米机炮。机身中部的弹舱内和翼下挂架可挂载各种对地攻击武器，总挂载量为 2700 千克。

HA-1112“鹈鹕”战斗轰炸机

制造商：希斯潘诺公司

首飞时间：1954 年

空重：2475 千克

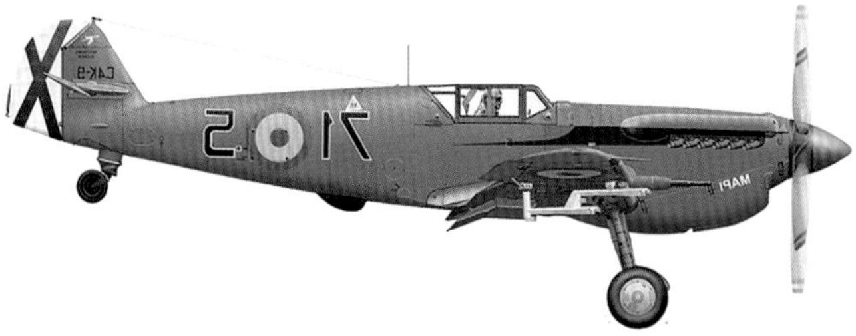

HA-1112“鹈鹕”是由西班牙希斯潘诺公司研制的战斗轰炸机，虽然在尚未服役之前就已经落后于问世不久的喷气式战斗机，但西班牙人仍然认为这款飞机是一种优秀的战斗轰炸机。HA-1112“鹈鹕”的机翼上装有两门 20 毫米机炮，机身和翼下可挂载多种炸弹或火箭弹。

B-66“毁灭者”轰炸机

制造商：道格拉斯飞机公司

首飞时间：1954 年

空重：19300 千克

B-66“毁灭者”是由道格拉斯飞机公司研制的战术轰炸机，也可以算是略微修改了 A-3“空中战士”攻击机，主要用于满足美国空军对战术轰炸机的需求。B-66“毁灭者”采用后掠式上单翼，可回收前三点式起落架，翼下有两个喷气式发动机吊舱。机尾装有 1 个 20 毫米遥控炮塔，弹舱中最大可挂 5443 千克炸弹。

B-58“盗贼”轰炸机

制造商：康维尔公司

首飞时间：1956 年

空重：25200 千克

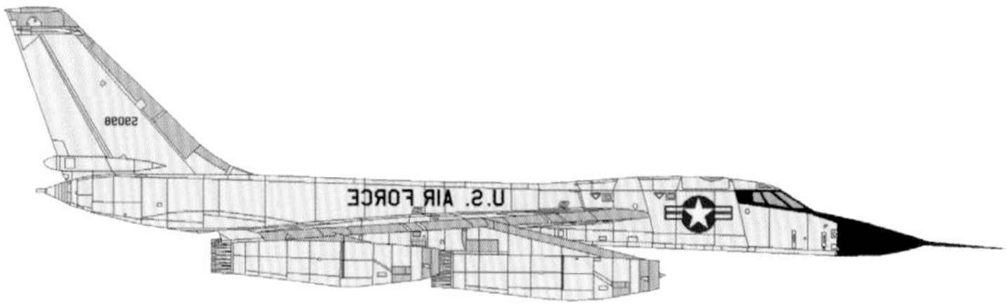

B-58“盗贼”是由康维尔公司研制的超音速轰炸机，采用了悬臂式中单翼，无尾三角式布局，后掠式梯形垂尾，机翼为蜂窝结构，蜂窝结构采用铝合金、玻璃纤维以及黏胶剂制成。该机有着以前任何一款轰炸机不曾拥有的性能和复杂的航空电子设备，代表了当时航空工业的最高水准。不过，该机为追求超音速飞行而使用了许多不太成熟的新技术，造成故障率奇高。

“幻影Ⅳ”轰炸机

制造商：达索公司

首飞时间：1959 年

空重：14500 千克

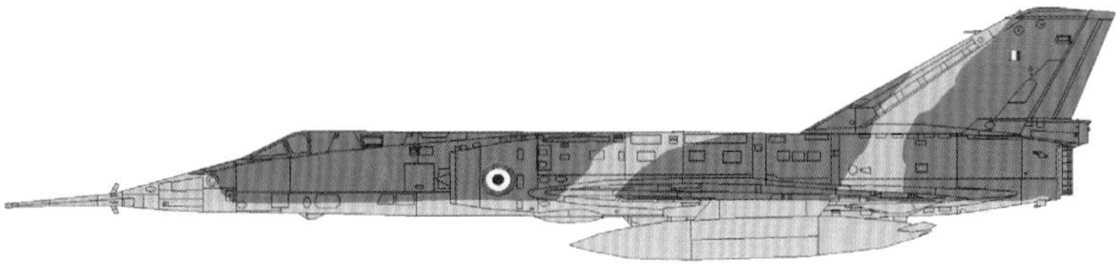

“幻影Ⅳ”是由达索公司研制的超音速战略轰炸机，总体布局沿用了“幻影”系列传统的无尾大三角翼的布局。基本型的主要武器为半埋在机腹下的 1 枚核弹，或 16 枚 454 千克炸弹，或 4 枚 AS.37 空对地导弹。正常载弹量 6400 千克。“幻影Ⅳ”尽管很有特色，但与美、苏先进战略轰炸机相比，体型明显偏小，难以形成更为强大的威慑力。

图 -22“眼罩”轰炸机

制造商：图波列夫设计局

首飞时间：1959 年

空重：92000 千克

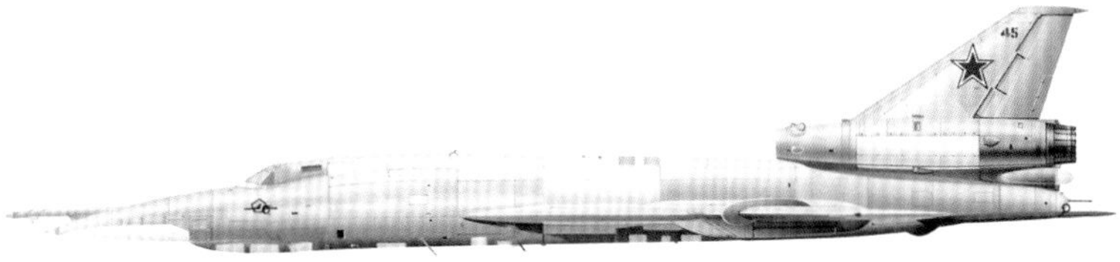

图 -22“眼罩”是苏联第一款可以水平超音速飞行的轰炸机，为了取得较大的作战半径，在最后阶段才会以 1.5 马赫的空速冲刺，其他时间则是以亚音速飞行以节省燃料。该机的最大载弹量为 9000 千克，自卫武器很少，仅在尾部有 1 门 30 毫米机炮。其自卫手段主要靠速度，夜间可使用电子干扰机自卫。

B-1“枪骑兵”轰炸机

制造商：北美航空公司

首飞时间：1974 年

空重：87100 千克

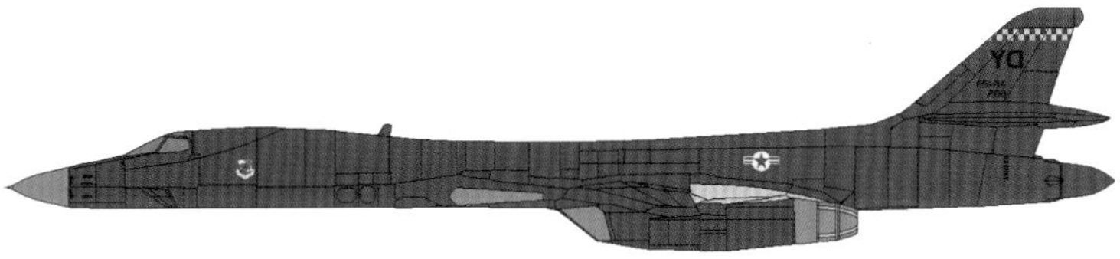

B-1“枪骑兵”是由北美航空公司研制的超音速轰炸机，主要有 A 型和 B 型两种型别。曾是世界上有效载荷量最大的轰炸机，也是美国空军战略威慑主要力量之一。该机有 6 个外挂点，可携挂 27000 千克炸弹。3 个内置弹舱，可携挂 34000 千克炸弹。A 型的机身十分修长，前机身布置 4 座座舱，尾部安装有巨大的后掠垂尾，垂尾根部的背鳍一直向前延伸至机身中部。B 型的机身在外观上与 A 型相似，但明显加强了结构。

图 -160“海盗旗”轰炸机

制造商：图波列夫设计局

首飞时间：1981 年

空重：118000 千克

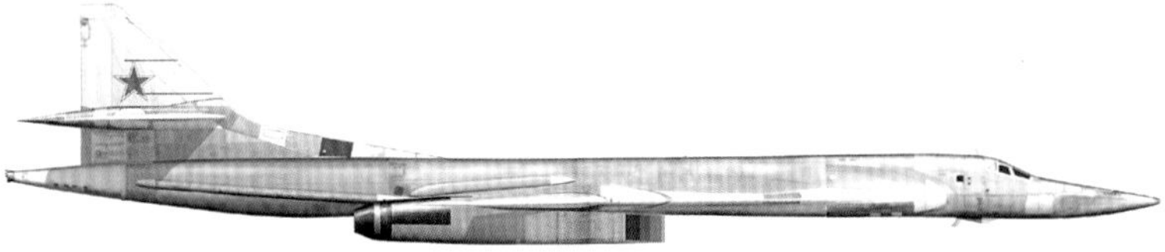

图 -160“海盗旗”是由图波列夫设计局研发的远程战略轰炸机，作战方式以高空亚音速巡航、低空高亚音速或高空超音速突防为主。在高空可发射具有火力圈外攻击能力的巡航导弹。进行防空压制时，可发射短距攻击导弹。另外，该机还可低空突防，用核炸弹或导弹攻击重要目标。该机没有安装机炮，弹舱内可挂多达 16330 千克的自由落体炸弹、短距攻击导弹或巡航导弹。

传奇武器鉴赏：图 -22M“逆火”轰炸机

基本参数	
机长	42.4 米
机高	11.05 米
翼展	34.28 米
航程	7000 千米
速度	2327 千米 / 时

图 -22M“逆火”轰炸机是俄罗斯图波列夫设计局研制的超音速战略轰炸机，1972 年开始服役。

研发历程

图 -22M“逆火”轰炸机的前型图 -22“眼罩”轰炸机是俄罗斯第一款超音速轰炸机，其性能和航程不是非常令人满意，飞机加满油和挂载导弹后，根本无法进行超音速飞行，就算到达目标附近时其速度达到 1.5 马赫，也无法有效规避当时北约的战斗机和防空导弹的拦截。因此，苏军对此款轰炸机并不满意，只是少量装备，并责成各设计局开发下一代超音速轰炸机来取代图 -16 和图 -22。1967 年 11 月，图波列夫设计局的方案被选中，其最终成果就是图 -22M 轰炸机。该机于 1969 年 8 月首次试飞，1972 年正式服役。

整体构造

图 -22M“逆火”轰炸机的机身为普通半硬壳结构，机翼前的机身截面为圆形。该机最大的特色在于变后掠翼设计，低单翼外段的后掠角可在 20 度—55 度调整，垂尾前方有长长的脊面。在轰炸机尾部设有 1 个雷达控制的自卫炮塔。起落架为可收放前三点式，主起落架为多轮小车式，可向内收入机腹。

作战性能

图 -22M“逆火”轰炸机的机载设备较新，包括具有陆上和海上下视能力的远距探测雷达。该机装有 1 门 23 毫米双管机炮，机翼和机腹下可挂载 3 枚 Kh-22 空对地导弹，机身武器舱内有旋转发射架，可挂载 6 枚 RKV-500B 短距攻击导弹，也可挂载各型精确制导炸弹，如 69 枚 FAB-250 炸弹或 8 枚 FAB-1500 炸弹。图 -22M 轰炸机的动力装置为两台并排安装的大推力发动机，其中图 -22M2 型使用的是 HK-22 涡扇发动机，图 -22M3 型则使用 HK-25 涡扇发动机。

图 -22M“逆火”轰炸机具有核打击、常规攻击以及反舰能力，良好的低空突防性能，使其生存能力大大高于苏联以往的各款轰炸机。该机是目前世界上列入装备的轰炸机中飞行速度最快的一种，有着无可比拟的巨大威慑力，至今仍是俄罗斯轰炸机部队的主力机型之一。

苏联以大量反舰导弹攻击美军航空母舰战斗群的战术让美国忌惮不已，在美国小说与电影中，多次出现苏联使用图 -22M“逆火”轰炸机执行上述战术，例如《恐惧的总和》。事实上，美军的 AIM-54“不死鸟”导弹、F-14“雄猫”战斗机、“宙斯盾”战斗系统都是为应对这种战术而生的。

飞行中的图 -22M“逆火”轰炸机

图 -22M“逆火”轰炸机正在起飞

图-22M“逆火”轰炸机前侧方特写

3.4 游刃有余的侦察机

按遂行任务范围，侦察机可分为战略侦察机和战术侦察机。战略侦察机一般具有航程远和高空、高速飞行性能，用以获取战略情报，多是专门设计；战术侦察机具有低空、高速飞行性能，用以获取战役战术情报，通常由战斗机改装而成。

侦察机一般不携带武器，主要依靠其高速和加装电子对抗装备来提高其生存能力。侦察机通常装有航空照相机、前视或侧视雷达和电视、红外线侦察设备，有的还装有实时情报处理设备、传递装置和最先进的合成孔径雷达。侦察设备装在机舱内或外挂的吊舱内。侦察机可进行目视侦察、成相侦察和电子侦察。成相侦察是侦察机实施侦察的重要方法，它包括可见光照相、红外照相与成相、雷达成相、微波成相、电视成相等。

U-2“蛟龙夫人”侦察机

制造商：洛克希德公司

首飞时间：1955 年

空重：6800 千克

U-2“蛟龙夫人”是由洛克希德公司研制的单发高空侦察机，装有 8 台侦察用的全自动照相机，能全天候工作且分辨率高。另外，还有实施电子侦察的雷达信号接收机、无线电通信侦收机、辐射源方位测向机和电磁辐射源磁带纪录机等机载设备。U-2“蛟龙夫人”能在 4 小时内、在 15000 米高空，拍下宽 200 千米、长 4300 千米范围内地面景物的清晰图像，并冲印出 4000 张照片以用于情报分析。

RF-4C“鬼怪 II”侦察机

制造商：麦克唐纳公司

首飞时间：1963 年

空重：13757 千克

RF-4C“鬼怪 II”侦察机是美国麦克唐纳公司以 F-4“鬼怪 II”战斗机为基础改装而成的无武装照相侦察机。RF-4C“鬼怪 II”侦察机使用专业的照相、侦察器材替换了 F-4“鬼怪 II”战斗机的武器和雷达设备，两者在外形上的最大区别是 RF-4C“鬼怪 II”侦察机具有更长更尖的机鼻，里面安装了照相机、地形测绘雷达、红外影像设备等。

SR-71“黑鸟”侦察机

制造商：洛克希德公司

首飞时间：1964 年

空重：30617 千克

SR-71“黑鸟”是美国洛克希德公司研制的喷气式三倍音速远程高空高速战略侦察机。由于 SR-71 侦察机在高速飞行时，机体长度会因为热胀伸长 30 多厘米，因此其机身以低重量、高强度的钛合金作为结构材料，机翼等重要部位均采用了能适应受热膨胀的设计。

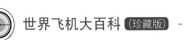

RC-135“铆接”侦察机

制造商：波音公司

首飞时间：1965 年

空重：44663 千克

RC-135“铆接”是由波音 707 机体改装而成的战略侦察机，其飞行性能出色，加上装有高频、甚高频和极高频无线电通信、雷达和先进的导航系统，所以 RC-135“铆接”在执行侦察任务时最大的好处就是无须进入目标国领空或者过于贴近目标国领空活动，可在公共空域进行侦察活动。也因为如此，RC-135“铆接”并没有配备武器系统。

米格 -25R“狐蝠”侦察机

制造商：米高扬设计局

首飞时间：1969 年

空重：20000 千克

米格 -25R“狐蝠”侦察机是苏联米格 -25“狐蝠”截击机的侦察改型，是苏联式多用途战斗机思想的最高体现，其子型号多达十余个，包括米格 -25R 基本型、米格 -25RB 侦察 / 轰炸型、米格 -25RBV 侦察 / 轰炸型、米格 -25RR 辐射侦察型、米格 -25RBT 通信侦察型、米格 -25RBK 电子侦察型、米格 -25RBF 电子侦察型、米格 -25RBS 战场态势侦察型、米格 -25RBSH 战场态势侦察型、米格 -25RU 侦察教练型等。

3.5 逐渐规模化的军用运输机

从二战开始，军用运输机在主要参战国中渐渐得到推广使用，并很快显露出它快速移动和部署兵力的巨大优越性。大战期间，军用运输机参加过无数次空运、空降行动，对支援地面作战乃至扭转整个战场局势起到了不可估量的重要作用，

1940 年 4 月，德军对挪威发起空中突击行动，这也是军事史上第一次成功的空降入侵与空运补给战例。500 多架运输机为德军闪电攻占挪威提供了“空中桥梁”，大大加快了战

争进程。同年 5 月，德军又利用夜幕进行了一次超低空突防行动，对荷兰大规模空降作战，这是军用运输机又一次大量投入使用的战例。

1944 年 6 月 6 日，为配合诺曼底登陆作战，盟军方面发动了一次先发制人的空降行动，1200 架军用运输机将 13300 名突击队员空投到阵地，并在不久之后又派出 176 架滑翔运输机机降 1174 名士兵和装备，另有 256 架滑翔运输机及时运来各种补给品，为整个战役提供了有力的支援。

美国在冷战时期奉行“全球战略”的同时，从未忽视对运输航空兵的建设与发展，它专门设立了与战略空军并肩作战的空运司令部，并在历次局部战争中很好地利用了空运这一作战手段。1991 年海湾战争中，美军曾动用 350 架军用运输机并租借了 180 架民航客机和货机，投入 12700 架次空运飞行，累计运输 44 万人和 44 万吨军事物资到战争前线。苏联在这一方面也不甘落后，独立研制并大量配备了型号繁杂的轻、中、大型军用运输机，在各种大型演习及涉及国外的军事冲突中动用了空运部队，同样也取得了令人瞩目的效果。

C-1“商人”运输机

制造商：格鲁曼公司

首飞时间：1955 年

空重：7544 千克

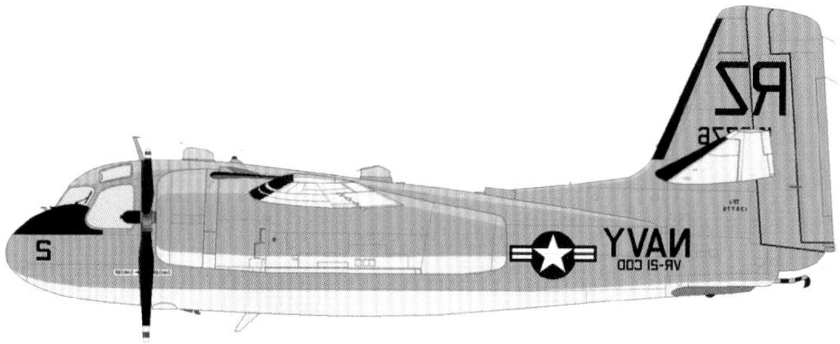

C-1“商人”是格鲁曼 S-2 反潜机的舰载运输衍生型。该机可搭载 9 名乘客或 1600 千克货物。20 世纪 60 年代和 70 年代，C-1“商人”为美军驻太平洋航母提供邮件与物资运输服务，还充当全天候航母行动教练机。2010 年 8 月，巴西海军宣布其将采购并现代化 8 架 C-1“商人”，部署在其“圣保罗”号航母之上，执行舰上运输和空中加油任务。

C-141“运输星”运输机

制造商：洛克希德公司

首飞时间：1963 年

空重：65542 千克

C-141“运输星”是美国空军主力战略运输机之一，也是世界上第一款完全为货运设计的喷气式飞机，也是第一种使用涡扇发动机的大型运输机。C-141“运输星”的货舱虽然不如后来出现的C-5和C-17的大，但是也能轻松的装载长达31米的大型货物。其货舱也可一次运载208名全副武装的地面部队士兵或168名携带全套装备的伞兵。该机还可以运送“民兵”战略弹道导弹。

DHC-5“水牛”运输机

制造商：德•哈维兰公司

首飞时间：1964年

空重：11412千克

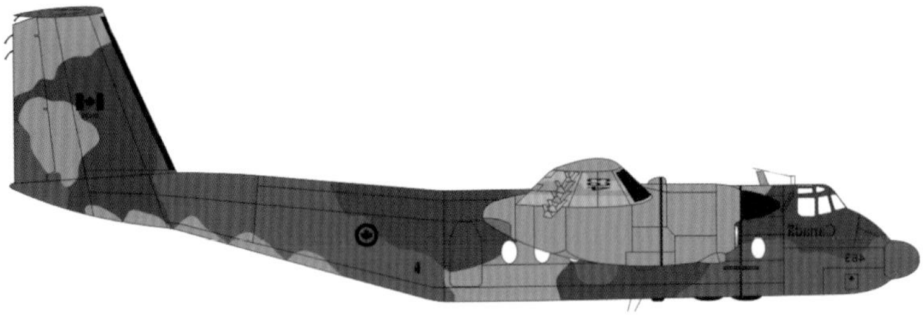

DHC-5“水牛”是一款短距起落多用途运输机，共有5种型别，除了首批生产型DHC-5A和主要生产型DHC-5D以外，还有DHC-5B和DHC-5C，分别安装CT64-P4C和罗尔斯•罗伊斯“达特”RDa.12发动机，但未正式投产。DHC-5E民用运输型，至今只生产了2架。通常情况下，DHC-5“水牛”系列有3名机组成员，另可搭载41名士兵、35名伞兵或8164千克货物。

C-2“灰狗”运输机

制造商：格鲁曼公司

首飞时间：1964年

空重：15310千克

C-2“灰狗”运输机是E-2“鹰眼”空中预警机的衍生版本。该机保留着E-2原有的机翼及动力装置，但拥有一个经过扩大的机身及在机尾设有装卸坡道。C-2“灰狗”的机舱随时可以容纳货物、乘客或两者兼载，并配置了能够运载伤者，充任医疗护送任务的设备。

C-5“银河”运输机

制造商：洛克希德公司

首飞时间：1968年

空重：172370千克

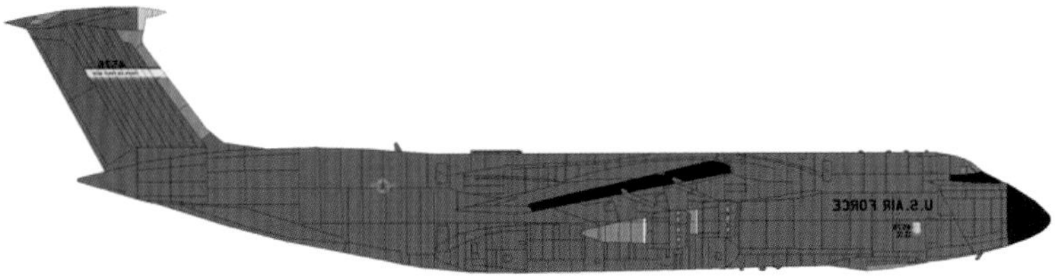

C-5“银河”是由洛克希德公司生产的大型战略军用运输机，能够在全球范围内运载超大规格的货物并在相对较短的距离内起飞和降落。地面工作人员可以同时在 C-5“银河”的前后舱门进行装载和卸载。前鼻和后舱门都可以完全打开，以便快速装卸物资。C-5“银河”的机翼内有 12 个内置油箱，能够携带 194370 升燃油。

安 -22“雄鸡”运输机

制造商：安东诺夫设计局

首飞时间：1965 年

空重：114000 千克

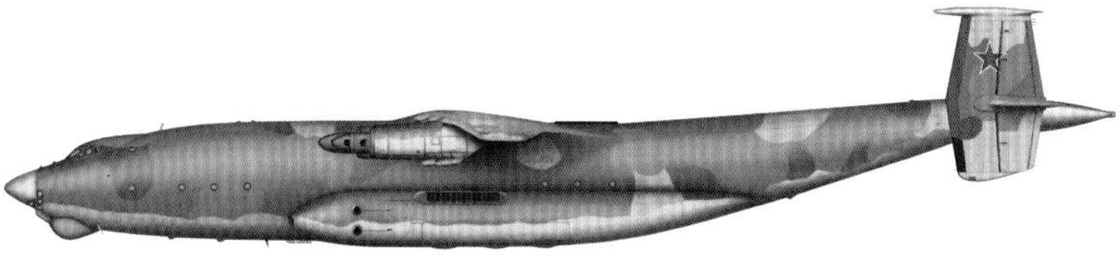

安 -22“雄鸡”是由安东诺夫设计局研制的远程重型运输机，该机具备在野战斗机场起降的能力，起落架轮胎气压可在飞行或停放时进行调节，以适应不同的跑道条件。安 -22“雄鸡”货舱容积 640 立方米，可运载地空导弹、火箭发射车、导弹运输车、坦克等。驾驶舱内机组成员 5—6 人，驾驶舱后面有一个与主货舱隔开的可容纳 28—29 名乘客的机舱。

C-9“夜莺”运输机

制造商：麦道公司

首飞时间：1968 年

空重：2079 千克

C-9“夜莺”运输机是麦道 DC-9 的改型，是军用版的麦道 DC-9。C-9“夜莺”不仅极其可靠，而且效率极高，飞完一个任务后紧接着就可以执行下一个任务。在它降落之后仅需 20—30 分钟就可再次起飞执行新的任务，而其他飞机通常需要一个小时甚至更多时间。

CN-235 运输机

制造商：西班牙航空制造公司、印度尼西亚飞机工业公司

首飞时间：1983 年

空重：9800 千克

CN-235 是由西班牙航空制造公司和印度尼西亚飞机工业公司联合研制的双发涡轮螺旋桨支线运输机，是西班牙航空制造公司 20 世纪 70 年代初研制的 C-212 小型运输机的发展型。其主要军事作用包括海上巡逻、监视和空运。

安 -12“幼狐”运输机

制造商：安东诺夫设计局

首飞时间：1957 年

空重：28000 千克

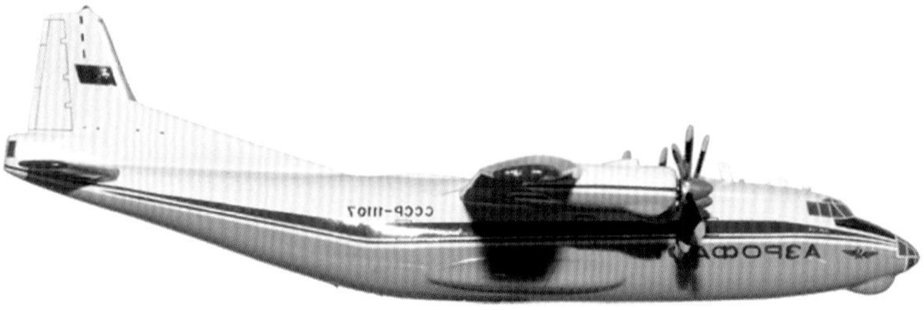

安 -12“幼狐”是由安东诺夫设计局研制的四发运输机，有多种型别，其中安 -12BP 是标准军用型；安 -12 客货混合型，主要用于民航运输；安 -12 电子情报搜集机，机身下两侧增加 4 个泡形雷达整流罩；安 -12 电子对抗型，机头和垂尾内增加了电子设备舱；安 -12 北极运输型，主要适用于北极雪地和高寒地带，机身下装有雪上滑橇，载重性能与标准型一样。

IL-76“耿直”运输机

制造商：伊留申设计局

首飞时间：1971 年

空重：92500 千克

IL-76“耿直”是由伊留申设计局研制的四发中远程运输机，设计目标是能够运载超过 40 吨的货物于 6 小时内飞行超过 5000 千米，也可以在苏联境内多数机场设备不全或设施简单的机场起飞，同时要适应苏联不同气候，主要是要克服近极地的严寒气候和高加索地区气温多变的环境。据统计，IL-76“耿直”的每吨千米使用成本比安 -12“幼狐”低 40% 以上。

C-212 运输机

制造商：西班牙航空制造公司

首飞时间：1971 年

空重：3780 千克

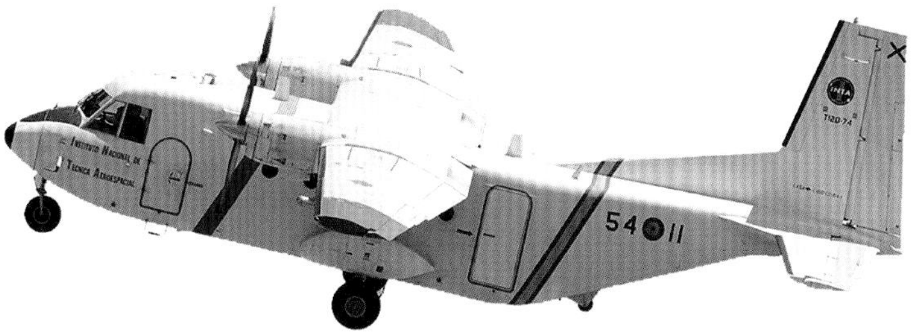

C-212 是一款短距起降性能较好的双发涡桨式多用途运输机。其机身采用半硬壳式破损安全结构，带有翼梢小翼的悬臂式上单翼，嵌入安装有发动机短舱。每侧机翼后缘有副翼和双缝襟翼，左侧副翼带有配平调整片。军用型可在机身两侧布置挂点，每个挂点可承载 250 千克。

安 -32“斜坡”运输机

制造商：安东诺夫设计局

首飞时间：1976 年

空重：16800 千克

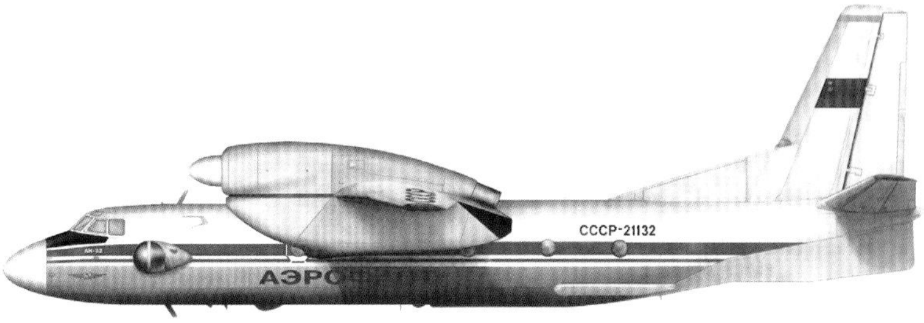

安 -32“斜坡”是由安东诺夫设计局研制的双发中短程运输机，主要机载设备包括两台甚高频无线电收发机、一台高频收发机和机内通话设备、两台自动测向器、无线电高度表、下滑航迹接收机、下滑坡度接收机、信标接收机、气象导航雷达、航向陀螺和飞行纪录仪等。舱内可载 39 名伞兵，或 24 名担架伤员和 1 名医护人员。

安 -72“运煤车”运输机

制造商：安东诺夫设计局

首飞时间：1977 年

空重：19050 千克

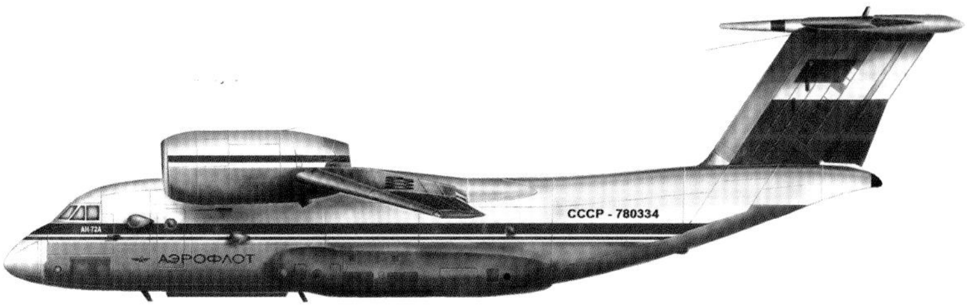

安 -72“运煤车”是由安东诺夫设计局研制的双发短距起落运输机，起飞滑跑距离为 930 米，着陆滑跑距离为 465 米。该机的主要机载设备包括机头舱内装有导航和气象雷达、多普勒自动导航系统以及地图显示装置，座舱内有正、副驾驶员和飞行工程师，主货舱可运送 32 名乘客或 24 名伤员和 1 名护士。

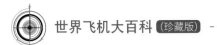

安 -124“秃鹰”运输机

制造商：安东诺夫设计局

首飞时间：1982 年

空重：175000 千克

安 -124“秃鹰”是由安东诺夫设计局研制的四发远程运输机，粗大的机身呈梨形截面，主翼为后掠下反式上单翼。翼下 4 个短舱内，装有 D-18T 涡扇发动机。该发动机由扎波罗什“进步”机器制造设计局研制，带有反推力装置。安 -124“秃鹰”的机腹贴近地面，机头机尾均设有全尺寸货舱门，分别向上和向左右打开，货物能从贯穿货舱中自由出入。

安 -225“哥萨克”运输机

制造商：安东诺夫设计局

首飞时间：1988 年

空重：285000 千克

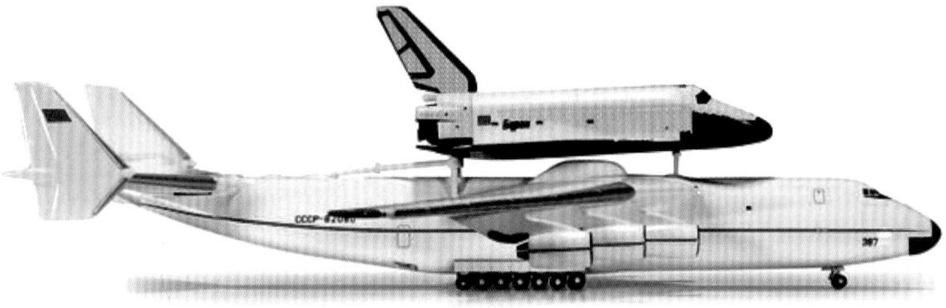

安 -225“哥萨克”是由安东诺夫设计局研制的六发重型运输机，目前仍是全世界最大的运输机与飞机。其货舱内可装载 16 个集装箱，大型航空航天器部件和其他成套设备，或天然气、石油、采矿、能源等行业的大型成套设备和部件。机身顶部可背负超长尺寸的货物，如直径 7—10 米的精馏塔、俄罗斯的“能源”号航天器运载火箭或“暴风雪”号航天飞机等。这样将大型器件从生产装配厂整体运送至使用场所既保证了产品质量，又缩短了运输周期。

传奇武器鉴赏：C-130“大力神”运输机

基本参数	
机长	29.79 米
机高	11.66 米
翼展	40.41 米
航程	4000 千米
速度	620 千米 / 时

C-130“大力神”运输机是由美国洛克希德 • 马丁公司研制的四发中型战术运输机，也是世界上最著名的运输机之一。

研发历程

C-130“大力神”运输机于1951年开始研制，1954年首次试飞，1956年进入美国空军服役。该机能够高空高速飞行，航程较大，而且能够在前线野战跑道上起降。C-130系列运输机仍在继续生产，并有多种改进型号，截至2016年12月总产量已经超过2500架。除装备美国空军外，C-130运输机还被其他50多个国家和地区采用。目前，美国空军装备的C-130运输机为E型、H型和J型。

整体构造

C-130“大力神”运输机采用上单翼、四发动机、尾部大型货舱门的机身布局，这一布局奠定了二战后美国中型运输机的设计标准。C-130运输机的货舱门采用了上、下两片开启的设计，能在空中开闭。在空中舱门放下时是一个很好的货物空投平台，尤其是掠地平拉空投的时候，在地面又是一个很好的装卸坡道。该机的动力装置为4台T56-A-15发动机，单台功率3660千瓦。

作战性能

C-130“大力神”运输机的型号众多，以C-130H型为例，其载重量可达19870千克。该机起飞仅需1090千米的跑道，着陆为518米，可在前线简易机场跑道上起落，向战场运送或空投军事人员和装备，返航时可用于撤退伤员。C-130运输机还有许多衍生型，可执行多种任务，包括电子监视、空中指挥、搜索救援、空中加油、气象探测、海上巡逻及空中预警等。

C-130“大力神”运输机是美国设计最成功、使用时间最长和生产数量最多的现役运输机，在美国战术空运力量中占有核心地位，同时也是美国战略空运中重要的辅助力量。除美国外，C-130运输机还出口到数十个国家和地区。

城市上空飞行的C-130“大力神”运输机

C-130“大力神”运输机在海上飞行

C-130“大力神”运输机侧方特写

3.6 最强辅助——空中加油机

随着空中加油技术的不断完善，人们越来越重视空中加油机的作用。许多航空专家把它称作是航空史上的里程碑。越南战争是实践中首次大规模实施空中加油的开端，从战争爆发到停战的 9 年多时间内，美军的 172 架 KC-135 加油机共飞行 194687 架次，进行空中加油 813878 次，共加燃油 410 万吨。1982 年马岛战争中，英军编制内的 15 架加油机和临时由轰炸机改装的加油机共实施了 600 多次空中加油，对马岛战争的结局产生了决定性的影响。

1995 年 6 月 2 日，美国空军的 3 架 B-1B 战略轰炸机从德克萨斯州的戴耶斯空军基地起飞，在赤道与北纬 35° 之间进行曲线飞行，穿过大西洋、地中海、印度洋、西太平洋、北太平洋，途中在 3 个靶场进行了轰炸训练，飞行 30 多小时，总航程约 4 万千米，于 3 日夜间返回起飞基地。这是美国空军进行的“环球力量”外场不着陆演习飞行，它创造了航空史上迄今为止不着陆飞行的最远纪录。创造这一奇迹的幕后英雄是美国空军的空中加油机。美军先后出动 29 架次加油机实施了 6 次空中加油，共加注油料 1094 吨，每架 B-1B 全程受油约 365 吨。

加油机的支援，使各类飞机得以实施远距离不着陆飞行，减少了对中途机场的依赖，避免了转场起降带来的延误和不便，大大提高了航空兵的远程机动和快速反应能力。目前，美空军装备约 700 架加油机，可保证其 600 多架战略轰炸机和 1000 多架战斗机同时出海作战。

KB-29 空中加油机

制造商：波音公司

首飞时间：1948 年

空重：31303 千克

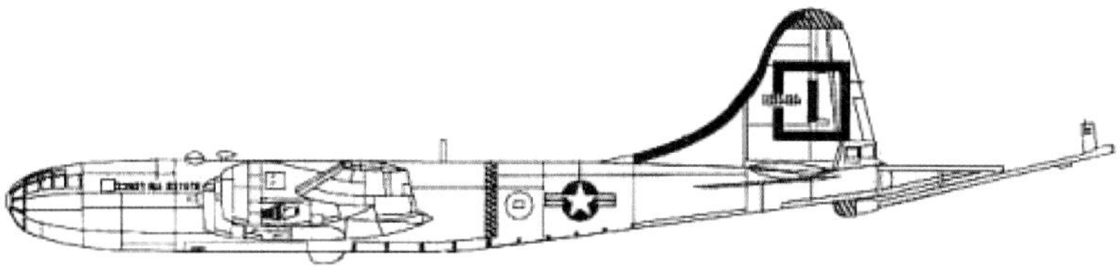

KB-29 是以波音 B-29 轰炸机为基础改进而来的空中加油机，该机在 20 世纪 40 年代末加、受油效率改进过程中发挥了重要作用。1949 年 3 月 2 日，美国 B-50 轰炸机经 KB-29M 加油机的 4 次空中加油，实现了环球一周的不着陆飞行，标志着空中加油技术达到了一个新的水平。

KC-97 空中加油机

制造商：波音公司

首飞时间：1951 年

空重：37410 千克

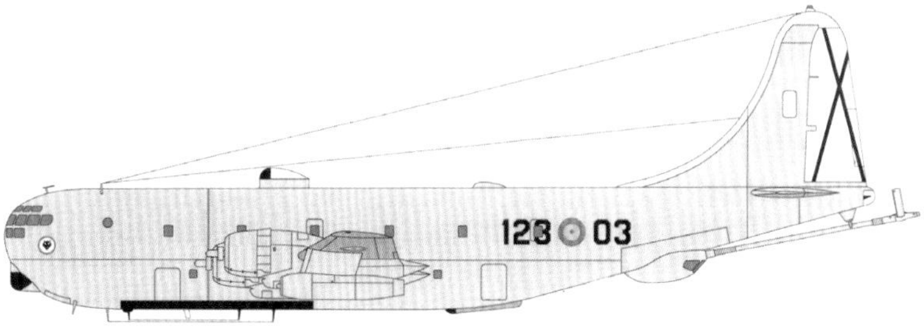

KC-97 是由波音公司研制的空中加油机，能够携带 24040 千克燃油，可有效为两架 B-47 轰炸机加油。而 B-52 需要的燃油数量更大，燃油的消耗率也更高，这就意味着一架 B-52 需要更多的 KC-97 来支援。由于 KC-97 使用的是活塞式发动机，飞行速度和高度都要落后于使用涡轮发动机的 B-52。在加油时，B-52 不得不先降低到 KC-97 的飞行高度，加油完成后再爬升到正常的巡航高度。

KB-50 空中加油机

制造商：海斯工业公司

首飞时间：1955 年

空重：38246 千克

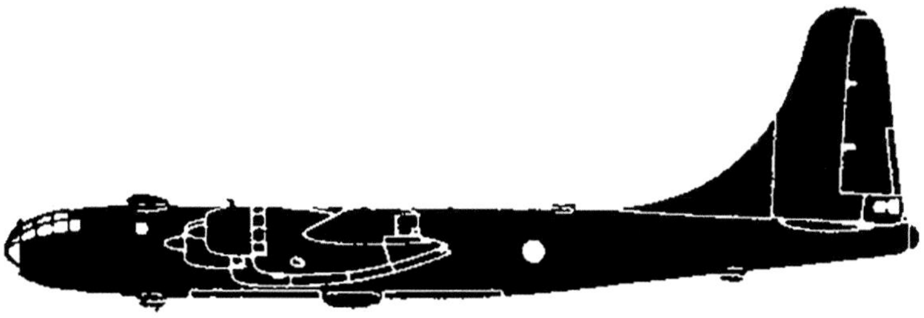

KB-50 是在波音 B-50 轰炸机的基础上改进而来的空中加油机，截止到 1957 年 11 月，美国战术空军配备的 KB-29 已经完全被 KB-50 取代。KB-50 是在 B-50 外翼下安装了两台通用电气 J47 发动机，并安装必要加油设备改装而来的。J47 发动机使 KB-50 可以在更高的高度、携带更多的燃料、以更快的航速为飞机加油，并且有效减小了起飞距离，增大了爬升率。

KC-135 空中加油机

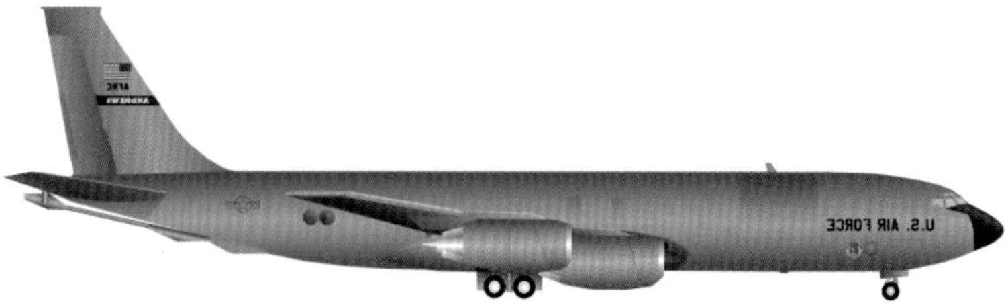

制造商：波音公司

首飞时间：1956 年

空重：90700 千克

KC-135 是美国空军服役的第一款喷气式加油机，可以给各种性能不同的飞机加油。在加油时排除了让受油者降低高度及速度的麻烦，既提高了加油安全性，也提高了受油机的任务效率。KC-135 具备同时为多架飞机加油的能力，其伸缩套管式加油方式的输油率也很高。

KC-10“延伸者”空中加油机

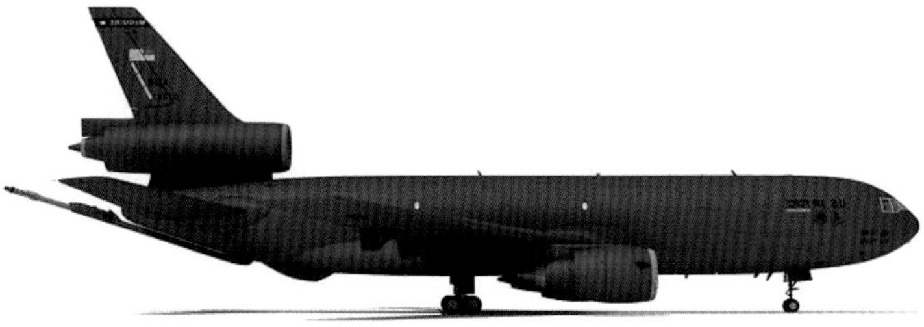

制造商：麦道公司

首飞时间：1980 年

空重：108891 千克

KC-10“延伸者”是由麦道公司研制的三发空中加油机，是在 DC-10 客机的基础上发展起来的，所以 KC-10“延伸者”的系统 88% 和民用型 DC-10 是通用的。与 DC-10 不同，KC-10“延伸者”配备了军用航空电子设备和卫星通信设备，以及麦道公司生产的先进空中加油飞桁、锥套软管加油系统，并增加了一个加油系统操作员和自用的空中加油受油管。

IL-78“大富翁”空中加油机

制造商：伊留申设计局

首飞时间：1983 年

空重：72000 千克

IL-78“大富翁”是伊留申设计局在 IL-76 运输机基础上改良的空中加油机，主要用于给远程飞机、前线飞机和军用运输机进行空中加油，同时还可用作运输机，并可向机动机场紧急运送燃油。IL-78“大富翁”在两翼和机尾各装有 1 台 UPAZ-1 加油夹舱，每台吊舱的正常输油量约为 1000 升 / 分，并可同时为 3 架飞机加油。

3.7 多功能化的预警机

预警机是指拥有整套远程警戒雷达系统，用于搜索、监视空中或海上目标，指挥并可引导己方飞机执行作战任务的飞机。预警机具有监视范围大、指挥自动化程度高、目标处理容量大、抗干扰能力强、工作效率高等优点，执行任务时通常远离战线、纵深部署，并有战斗机伴飞掩护。

预警机实际上是把预警雷达及相应的数据处理设备搬到高空，以克服地面预警雷达的盲区，从而有效地扩大整个空间的预警范围。机上设备一般包括：雷达探测系统、敌我识别系统、电子侦察和通信侦察系统、导航系统、数据处理系统、通信系统、显示和控制系统等。

20 世纪 70 年代以后，美国、英国和苏联研制的新一代预警机都采用了能够抑制地面杂波干扰的脉冲多普勒雷达技术，具备了探测陆地上低空或超低空飞行目标的能力。同时，机上还装备有用于敌我识别、情报处理、指挥控制、通信导航和电子对抗的飞机电子系统，使预警机不仅能及早截获和监视低空入侵的目标，而且能引导和指挥己方歼击机进行拦截和攻击，成为空中预警指挥中心。

脉冲多普勒雷达技术和机载动目标显示技术的进步，使预警机在陆地和海洋上空具备了良好的下视能力；三坐标雷达（可同时测定目标的方位 、距离和高度）和电子计算机的应用，使预警机的功能由警戒发展到可同时对多批目标实施指挥、引导。于是便诞生了新一代预警机，其代表是美海军的 E-2C“鹰眼”和美空军的 E-3A “望楼”。现代预警机实际上是空中雷达站兼指挥中心，所以它又被称为 “空中警戒与控制系统”飞机。E-2C 鹰眼可探测和判明 480 千米远的敌机威胁，它至少能同时自动和连续跟踪 250 个目标，还能同时指挥、引导己方飞机对其中 30 个威胁最大的目标进行截击。E-3A“望楼”对低空目标的探测距离达 370 千米，可同时跟踪约 600 批目标，引导、截击约 100 批目标。预警机可提高己方战斗机效能 60% 以上，所以它在现代战争中具有极其重要的地位。

E-1“追踪者”预警机

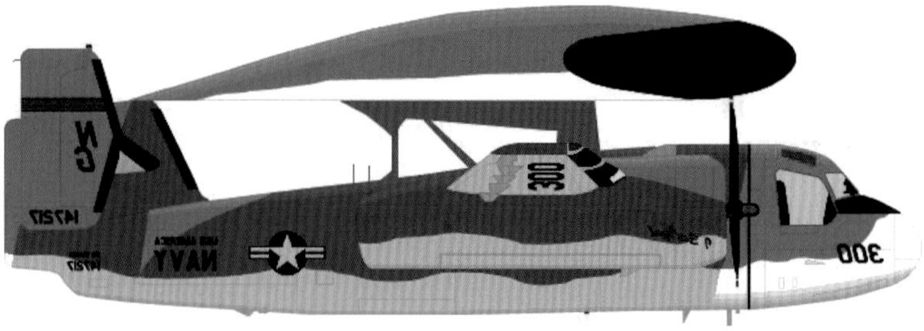

制造商：格鲁曼公司

首飞时间：1956 年

空重：9361 千克

E-1“追踪者”是由格鲁曼公司研制的双发空中预警机，主要用于舰队防空预警，装有两台涡轮螺桨发动机，背负一个巨大的椭圆形雷达天线罩。该机的主要机载设备有搜索雷达、通信系统、敌我识别器、定向仪表无线电指挥系统等。E-1“追踪者”可以同时对半径 322 千米内的空中和地面的目标进行监视，并可在夜间和各种气象条件下进行敌我识别。

OV-1“莫霍克”战场监视机

制造商：格鲁曼公司

首飞时间：1959 年

空重：5468 千克

OV-1“莫霍克”是由格鲁曼公司研制的战场监视机，座舱盖凸起，机鼻下沉，提供了良好的视野。OV-1A 在出厂时装有复式操纵系统，两名机组成员都可以驾驶飞机，且两名机组成员都配备了带装甲板的马丁 - 贝克 Mk5 弹射座椅，冲破座舱顶部的玻璃进行弹射。OV-1A 的座舱地板采用 6.4 毫米厚的杜拉铝板制造，可有效抵御轻武器的射击。

E-2“鹰眼”预警机

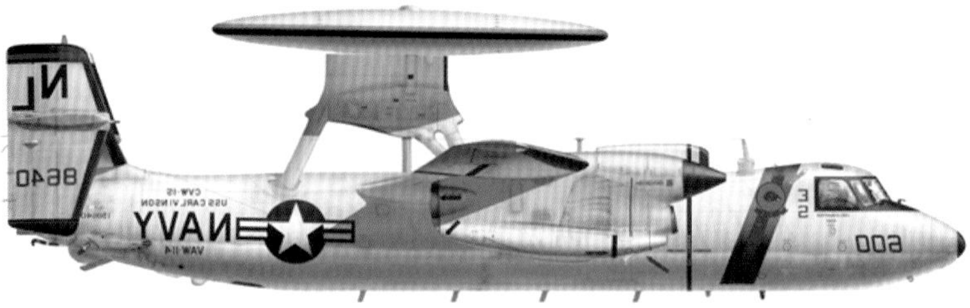

制造商：格鲁曼公司

首飞时间：1960 年

空重：18090 千克

E-2“鹰眼”是由格鲁曼公司研制的舰载预警机，在外观上最大的特征就是其位于机背的雷达罩。这个雷达罩的直径有 7.3 米，在使用的时候会旋转，以涵盖 360 度各方向上的空域。支撑雷达罩的结构可以在地面让雷达罩的高度降低，以便进出航舰上的机库。

图 -126“苔藓”预警机

制造商：图波列夫设计局

首飞时间：1962 年

空重：103000 千克

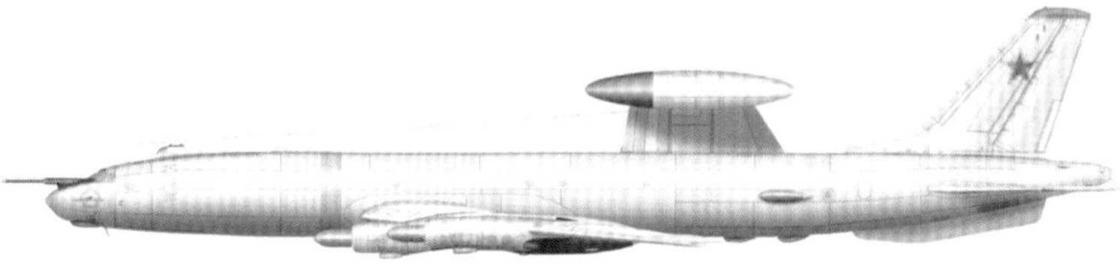

图 -126“苔藓”是以图 -114 客机为基础改装而成的预警机。其机体与图 -114 基本相同，但在机头加装了空中受油管，尾部有腹鳍，机身上部装有直径为 11 米的旋转雷达天线罩。动力装置为 4 台 NK-12MV 涡桨发动机，各驱动两具直径 5.6 米共轴反转螺旋桨，机内载油量 60000 千克。机载电子设备除雷达外还有 SRO-2M 敌我识别器、SIRENA-3 护尾雷达、近距导航仪和远距惯性导航系统等。

E-4“守夜者”空中指挥机

制造商：波音公司

首飞时间：1973 年

空重：190000 千克

E-4“守夜者”是由波音 747-200 客机改装而成的空中指挥机，主要用于美国本土受到核 / 常规攻击时最高指挥当局在机上与战略核力量指挥部的通信。该机共有 3 层甲板 6 个工作区，机组最多可达 114 人。机上有 13 套通信设备，其中包括卫星通信和超低频通信装置。机上共有 46 组通信天线，卫星通信天线装在背部的整流罩内，超低频通信天线可用绞盘收放，长 8 千米，能与在水下的潜艇通信。

E-3“望楼”预警机

制造商：波音公司

首飞时间：1976 年

空重：73480 千克

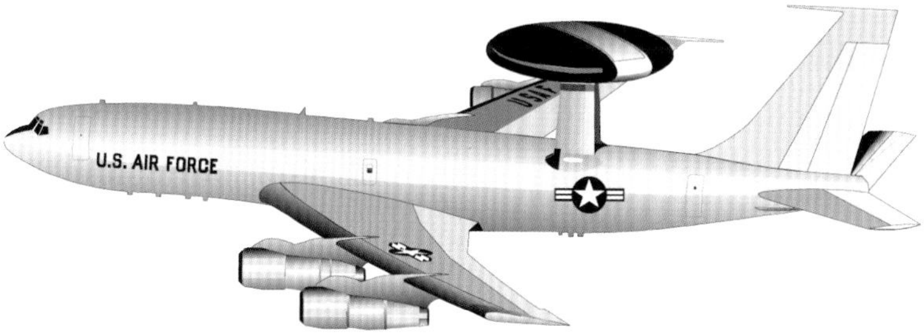

E-3“望楼”是由波音公司生产的全天候空中预警机，具有下视能力及在各种地形上空监视有人驾驶和无人驾驶飞机的能力。该机是直接在波音 707 商用机的机身上，加上旋转雷达模组及陆空加油模组而成。雷达直径 9.1 米，中央厚度 1.8 米，用两根长度为 4.2 米的支撑架撑在机体上方。AN/APY-1/2 水平旋转雷达可以监控地面到同温层之间的空间。

A-50“支柱”预警机

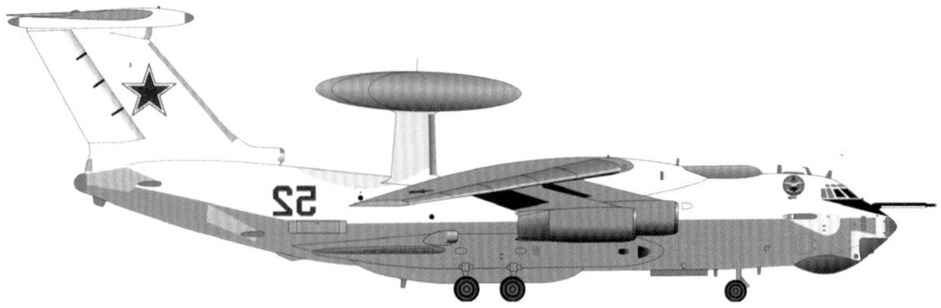

制造商：别里耶夫设计局

首飞时间：1978 年

空重：75000 千克

A-50“支柱”是以 IL-76 运输机为基础改进而来的预警机，初期型装备的“野蜂”雷达为高重复频率脉冲多普勒雷达，采用了 S 波段的发射机。后期的 A-50U 型装备了新型雷达系统“熊蜂 -M”，可对敌方电子反制武器进行确定与跟踪，原来存在的强烈噪音和高频行踪问题也有所克服。

E-6“水星”通信中继机

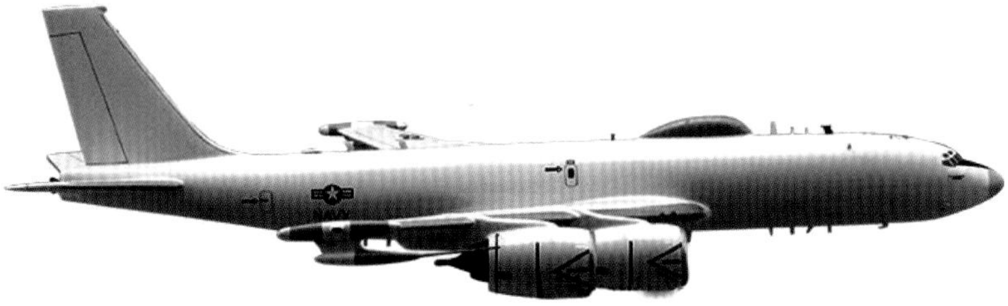

制造商：波音公司

首飞时间：1987 年

空重：78378 千克

E-6“水星”是由波音公司研制的通信中继机，机体有 75% 与 E-3“望楼”预警机相同，主要区别是去掉旋转雷达天线罩，在翼尖有电子对抗吊舱。机舱分 3 个区，翼前区包括四人机组驾驶舱、食品储存间、厨房、就餐间、洗手间，以及有 8 个折叠床的休息间，以便搭乘轮班机组成员。该机的超低频天线长达 7925 米，在通信时，飞机绕小圆圈轨道飞行，天线近似垂直下垂，能保证潜艇在水下用拖曳式天线接收信号。

E-8“联合星”战场监视机

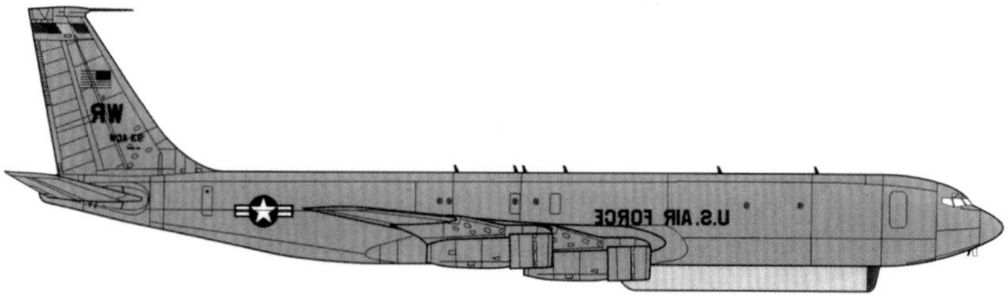

制造商：诺斯洛普 • 格鲁曼公司

首飞时间：1988 年

空重：77564 千克

E-8“联合星”是由诺斯洛普 • 格鲁曼公司研制的战场监视机，主要由载机、机载设备和地面站系统组成。载机是波音 707 客机。机载设备主要有雷达设备、天线、高速处理器以及各种相关软件等。地面站系统为移动式的，是一个可进行多种信息处理的中心。

3.8 全副武装的反潜机

反潜机是指用于搜索、标定与攻击潜艇的军用飞机，有固定翼飞机和直升机两种型态，有的从陆地机场起降，也有的从水面舰船起降。反潜机主要的搜潜设备是声纳和磁力探视仪。反潜机具有快速机动的特点，能在短时间内居高临下地进行大面积搜索，并可以十分方便地向潜艇发起攻击。

二战时期，反潜机经常会遇到潜艇在海面或者非常接近海面的深度的情况，因此常见的武装包括各种机枪、机炮、炸弹、深水炸弹等，也可以携带水雷对潜艇可能活动的海域进行封锁。如今反潜机主要面对的是核潜艇或者装有呼吸管的潜艇，除了深水炸弹以外，常备的武装是制导鱼雷，另外也可携带反舰导弹攻击浮出水面的潜艇。

由于潜艇成为海上作战的重要角色，许多国家开始使用飞机担任搜索与攻击潜艇的任务。二战时期的潜艇需要在夜间于海面上为电瓶充电，或者利用柴油机的动力追赶目标，因此可利用飞机在远距离发现潜艇，警告附近的舰队或者是船团，并且加以攻击。初期的反潜机多半利用其他担任海面巡逻或者是轰炸任务的机种兼任。到了大战中期前后，利用各型轰炸机或者是水上飞机改装后担任反潜任务的国家愈来愈多，这类飞机不仅能够长时间滞空，巡逻面积广，同时机上有导航员协助，不至于在茫茫大海上迷失方向。

利用雷达侦测在海面上航行的潜艇是反潜机与潜艇的对抗当中的一项重大变革。利用夜色掩护的潜艇从此失去原先的保护手段，反潜机搜索潜艇的能力大幅提升，这也是促致盟军在大西洋与德国潜艇作战获胜的重要因素之一。

二战之后反潜机的发展有更多、更重要的变化。直升机加入作战行列。其机可以从陆上机场或者是水面舰艇上操作，任务弹性高过大型反潜机。在搜索与标定潜艇的工作上，直升机能够悬置在同一地点一段时间，有效提升对潜艇的追踪能力。直升机也可以从中型吨位以上的水面舰艇上起降，扩大对水面舰艇的保护与对潜艇的压力。

别 -6“马奇”反潜机

制造商：别里耶夫设计局

首飞时间：1949 年

空重：18827 千克

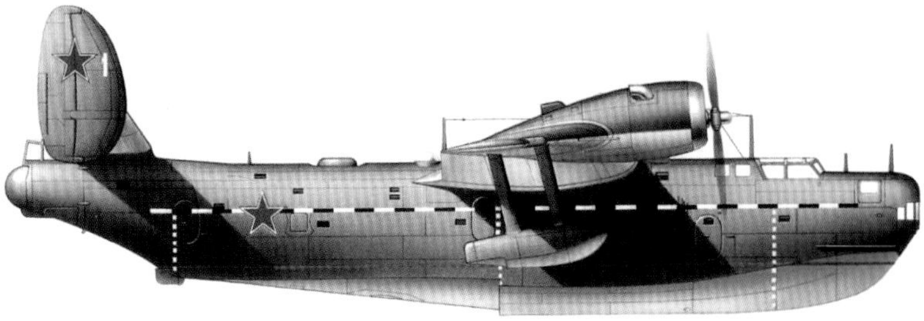

别 -6“马奇”是由别里耶夫设计局研制的反潜机，机身如同船身，内部有水密隔舱以防机身进水，机尾有船舵令它可在水上转弯，机翼采用海鸥翼方便将发动机抬高，避免海水影响其工作。防御武器为机鼻上的 1 门和背部炮塔的 2 门 20 毫米机炮，机翼下 4 个挂架也可挂鱼雷、水雷、深水炸弹和炸弹。该机的探测设备比较简单，主要探测设备是机身下部的一部对海搜索雷达。

“塘鹅”反潜机

制造商：费尔雷公司

首飞时间：1949 年

空重：6835 千克

“塘鹅”是由英国费尔雷公司研制的单发舰载反潜机，该机机体尺寸较小，却装备了大型发动机，导致机体肥胖臃肿，看起来颇像一只笨拙的大鹅，因此被定名为“塘鹅”，还有人说它堪称“世界上最丑陋的军用飞机”。

S-2“搜索者”反潜机

制造商：格鲁曼公司

首飞时间：1952 年

空重：8310 千克

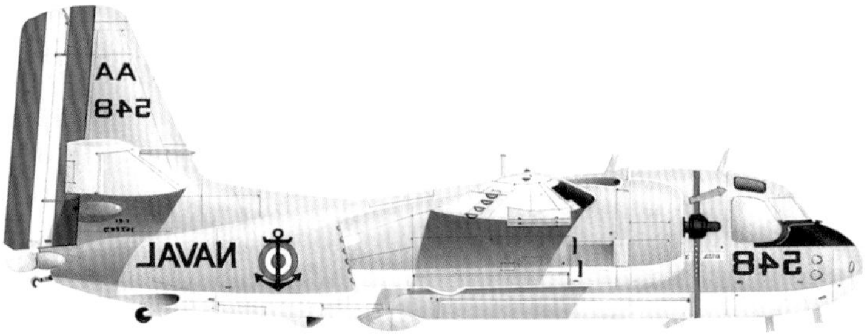

S-2“搜索者”是由格鲁曼公司研制的舰载双发反潜机，装有两台 R-1820-82WA 发动机，反潜设备为 AN/APS-38 对海雷达与 AQS-10 磁力探视仪，雷达可侦测到 16—32 千米距离范围内的潜舰呼吸管，磁力探视仪则装在机尾一根可伸缩 4.8 米的长杆上，可以侦测 300 米深的异常磁场信号。电子战设备为 AN/APA-69 干扰器，安装在驾驶舱上方。

P-3“猎户座”反潜巡逻机

制造商：洛克希德公司

首飞时间：1959 年

空重：27890 千克

P-3“猎户座”是由洛克希德公司研制的海上巡逻和反潜飞机，采用悬臂式下单翼，传统铝合金结构机身，增压机舱。P-3“猎户座”翼前有 1 个 3.91 米长的弹舱，机翼下有 10 个挂架，可以携带鱼雷、深水炸弹、沉底水雷、火箭发射巢、反舰导弹、空对空导弹等，还可以携带各种声纳浮标、水上浮标和照明弹等。

别 -12“海鸥”反潜巡逻机

制造商：别里耶夫设计局

首飞时间：1960 年

空重：24000 千克

别 -12“海鸥”是别 -6“马奇”的后继机型，沿用别 -6 的海鸥翼，翼端有浮舟，机身也是船形，内有 10 个水密隔舱，机内备有救生艇，机头有小丑鼻形雷达罩，驾驶舱在其后方，正副驾驶皆坐在弹射椅之上，驾驶舱下有观测窗的观测舱，机尾有磁异探测器，起落架为可伸缩式。该机装有 2 门 23 毫米防卫机炮，另可挂载 1500 千克鱼雷和炸弹。

IL-38“山楂花”反潜侦察机

制造商：伊留申设计局

首飞时间：1961 年

空重：33700 千克

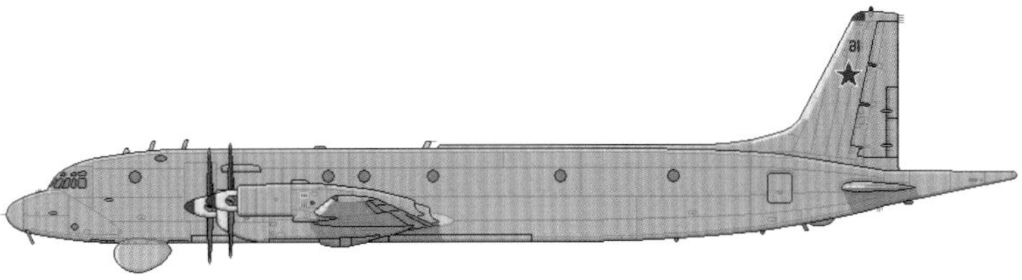

IL-38“山楂花”是在 IL-18 客机基础上改进而来的反潜 / 巡逻机，机头下部有大型雷达罩，尾部装有磁异探测器。机舱前部为三人驾驶舱，机身中部为作战舱，机组成员 10—12 人。机翼前后的机身下部为前、后两个武器舱，可携带声纳浮标和反潜武器。该机巡逻范围包括北极和冰岛等区域。IL-38“山楂花”升限为 11000 米，在同类巡逻飞机中飞行高度最高。

“猎迷”反潜巡逻机

制造商：霍克·西德利公司

首飞时间：1967 年

空重：80514 千克

“猎迷”是由英国霍克·西德利公司（现已被英国宇航系统公司并购）研制的反潜巡逻机，该机在尾翼后部的长尾梁上安装了磁异探测器，机鼻加装了搜索雷达，垂直尾翼上加装了电子支援系统的天线，右翼下加装了搜索探照灯。垂直尾翼面积略有增大。驾驶舱风挡、窗口加大。此外，还新设计了非增压的机腹武器舱和系统舱，这使得机身呈现明显的双泡型截面。

图 -142“熊 F”反潜机

制造商：图波列夫设计局

首飞时间：1968 年

空重：90000 千克

图 -142“熊 F”是在图 -95 轰炸机基础上研制的反潜机，机上有“金雕 -95”搜索瞄准系统。改进型图 -142M 主要对电子设备进行了升级，换装了性能更好的“鸾”式搜索瞄准系统。性能最好的图 -142M3 则增加了新型“海龙”对海搜索雷达、新型反潜声纳系统和反潜武器，加强了电子对抗设备及卫星通信导航系统，强化了对水面舰艇和潜艇的探测和打击能力。

VVA-14 水上反潜机

制造商：别列夫设计局

首飞时间：1972 年

空重：23236 千克

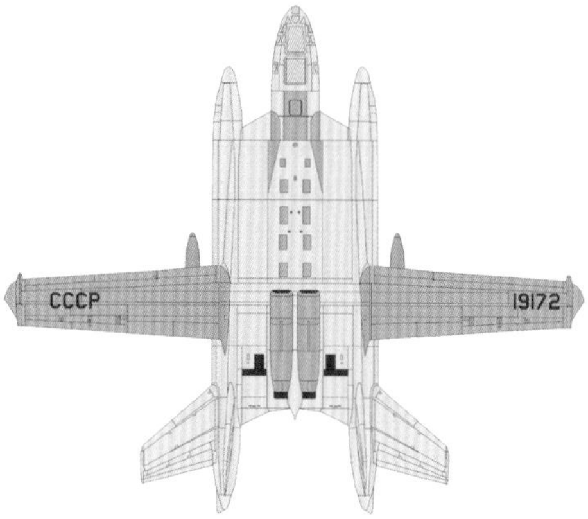

VVA-14 是由苏联设计师巴尔蒂尼研制的一款水上反潜机，该机采用组合式机翼，宽大的机舱可以安放升力发动机、充气式浮筒滑板和机载设备。VVA-14 的机身如同汽车的车身一样，短而狭小，仅留出一个安置机组人员的短舱。该飞机既可在陆地上使用，又可在水上和雪地上使用，甚至可在海上航行。它能在任何气象条件下从海上作战水域起降。

S-3“维京”反潜机

制造商：洛克希德公司

首飞时间：1972 年

空重：12057 千克

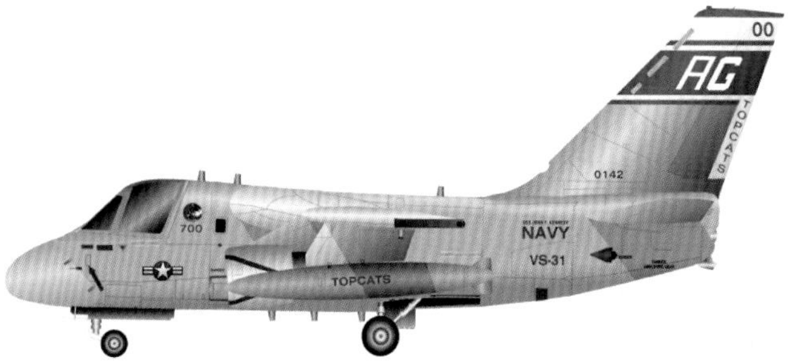

S-3“维京”是由洛克希德公司生产的双发喷气式反潜机，是全世界首款喷气式反潜机，其作战任务主要是对潜艇进行持续的搜索、监视和攻击，对己方的重要海军兵力进行反潜保护。为了长时间在海上搜索潜艇，S-3“维京”采用 2 台低耗油量的通用动力 TF34-GE-24 涡轮风扇发动机，机尾有磁异探测器。该机的武器仓和翼下挂架可挂带常规炸弹、深水炸弹、空投水雷、鱼雷及火箭巢等武器。

3.9 各有千秋的电子战飞机

电子战飞机是一种专门对敌方雷达、电子制导系统和无线电通信设备进行电子侦察、干扰和攻击的飞机，其主要任务是使敌方空防体系失效，掩护己方飞机顺利执行攻击任务。

电子战飞机主要有电子干扰、电子欺骗和电子摧毁三种作战手段。电子干扰是利用多频段杂波对电磁信号进行遮蔽，使敌方电子通信系统瘫痪；电子欺骗是先解析敌方电子信号频率，然后利用相同频率的电子信号对敌方电子系统进行欺骗；电子摧毁是利用大功率微波和电磁脉冲或反辐射导弹对敌方的电子系统进行软硬打击，特别是大功率微波和电磁脉冲可使电路产生瞬时高压，从而烧坏电路板，使电子系统彻底瘫痪。

EP-3“白羊座”电子战飞机

制造商：洛克希德公司

首飞时间：1962 年

空重：35000 千克

EP-3“白羊座”是 P-3“猎户座”海上巡逻机的电子战改型。机载电子设备多由德克萨斯州 L-3 通信综合系统公司提供。借助机载电子战装备，EP-3“白羊座”能完成多种侦察监视任务，尤其在监听敌方无线电通信方面作用很大。EP-3“白羊座”的机组为 24 人，包括

7 名军官、3 名飞行员、1 名导航员、3 名战术程序员、1 名飞行工程师。其余人员为设备操作员、技术员、机械员等。

EA-6“徘徊者”电子战飞机

制造商：格鲁曼公司

首飞时间：1968 年

空重：15450 千克

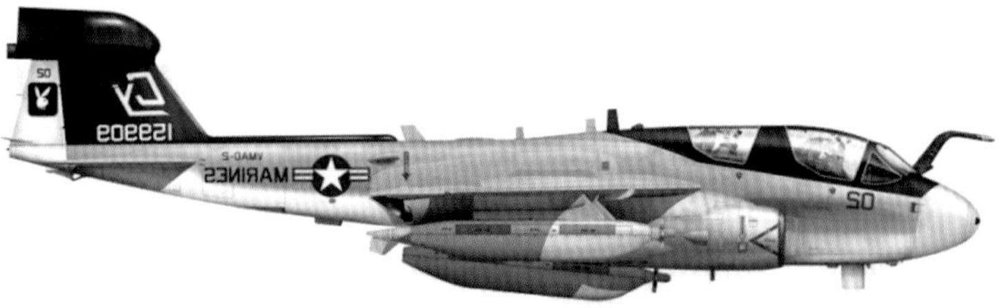

EA-6“徘徊者”是由格鲁曼公司研制的舰载电子对抗飞机，前 6 架由双座 A-6A 攻击机改良而成，后 15 架为全新生产。EA-6B 大幅改进了之前的设计，加长了机身，机组成员由 2 名增加到 4 名。其垂尾翼尖上有一个较大的天线，里面有灵敏侦察接收机，能够探测远距离的雷达信号。该机还可以携带 AGM-88“哈姆”反辐射导弹，可用于攻击敌方地面雷达站。

EF-111A“渡鸦”电子战飞机

制造商：格鲁曼公司

首飞时间：1977 年

空重：25072 千克

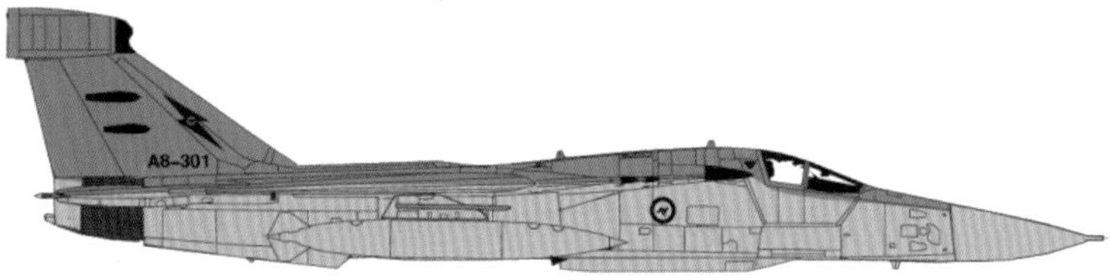

EF-111A“渡鸦”是以 F-111A“土豚”战斗轰炸机为基础研制的电子战飞机，主要执行远距干扰、突防护航和近距支援任务。该机的主要机械设备包括：战术干扰系统、终端威胁警告系统、敌我识别器、火控雷达、地形跟踪雷达、惯性导航系统、仪表着陆系统、高频通信电台等。

IL-20“黑鸦”电子侦察机

制造商：伊留申设计局

首飞时间：1957 年

空重：35000 千克

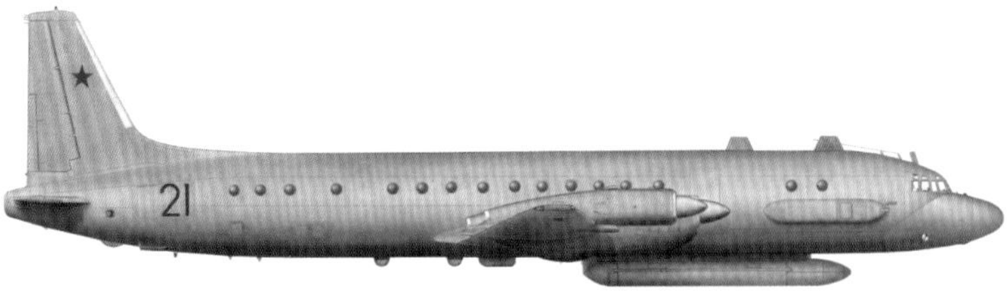

IL-20“黑鸦”是以 IL-18 民航客机为基础改进的电子战飞机，外形与 IL-18 相同，但加装了大量天线罩与天线，其中有：在腹部装有长 10.25 米、高 1.15 米的雷达罩，内装侧视雷达天线；在前机身两侧各有一个长 4.4 米，厚 0.88 米的整流罩，内装各种传感器及照相机。

机上装备侧视雷达、照明设备、RP5N-3N 航空雷达、NAS-1 多普勒导航系统、电子侦察与干扰设备等。

EC-130H“罗盘呼叫”电子战飞机

制造商：洛克希德公司

首飞时间：1982 年

空重：45813 千克

EC-130H“罗盘呼叫”是美国空军装备的专用于干扰敌方通信的电子战飞机，由 C-130“大力神”运输机改装而来。与 C-130 运输机相比，EC-130H“罗盘呼叫”电子战飞机在外形上的主要变化是机身外部增加了多个大型刀形天线和下垂天线。

3.10 亦师亦友的教练机

20 世纪 50、60 年代时，战斗机普遍达到超音速。为此，一些高级教练机开始达到超音速，同时，战斗机开始装备同型的双座战斗教练机。现代高性能战斗机在操控上各有特色，常规教练机已经不足以训练飞行员掌握安全操纵技巧了，需要专用于换型训练的同型战斗教练机。

西方战斗机广泛开始在装备新型单座战斗机的同时，装备双座的战斗教练机。除了航程可能略有损失外，战斗教练机通常保留战斗机的绝大部分飞行性能和武器发射能力，在战争期间可以作为战斗机使用，甚至利用其双座可以减轻飞行员负担的特点，承担难度更高的对地攻击或者空战指挥任务。即使对于一般空战，后座飞行员可以专心操纵雷达和观察后半球的敌情，也可以减轻前座的负担，增加空战格斗的胜算。

20 世纪 70 年代后，苏联也开始依此办理，为新研制的战斗机发展同型双座战斗教练机。战斗教练机从上往下挤压高教的空间，尤其是接近服役寿命尾声已退出一线因而价格低廉的前高性能战斗教练机，也为高教机设计增加了困难。全程教练机在技术上没有问题，但是在使用上出现训练成本过高的问题，连减少机型、缩小教练机队总规模都不能弥补。

另一方面，早期超音速飞行时的稳定性问题在飞控问题解决后不再成为问题，超音速飞行和高亚音速飞行在飞行技能上不再有本质的差别，超音速教练机的必要性消失了，同型战斗教练机可以承担高级武器、战术和超音速适应性训练。教练机的发展再次陷入困境。

20 世纪 90 年代后，全程教练机不再用于全程训练，而是恢复两级训练，用初教作基本飞行训练后，直接上高教。

教练机作为战术飞机，一般有两种：攻击机和战斗机。攻击机用于攻击地面目标，教练机具有良好的低空低速操控性能，后座可以用来帮助观察战场和操作武器系统，用作兼职攻击机好像是天然的选择。作为战斗机，飞行性能和武器能力上的要求只会更高。战斗机要求相当高的速度和高度，一般教练机达不到这样的要求，即使为了满足中等性能战斗机的基本要求，也需要将最大速度增加到至少 1.5 倍音速，升限也相应增高。为此，教练机常用的中低流量比非加力涡扇发动机不能用了，要用战斗机的低流量比加力涡扇发动机。

T-34“导师”教练机

制造商：比奇公司

首飞时间：1948 年

空重：1343 千克

T-34“导师”是由比奇公司研制的单发螺旋桨军用教练机，改进型 T-34C 则使用 1 台普惠加拿大 PT6A-25 涡轮螺旋桨发动机，推力 533 千瓦。T-34 系列教练机有四个外挂点，可以携带 272 千克的各类武器，包括 SUU-11 机炮吊舱、AGM-22A 空对地导弹以及炸弹和火箭弹等。

T-29 教练机

制造商：康维尔公司

首飞时间：1949 年

空重：13294 千克

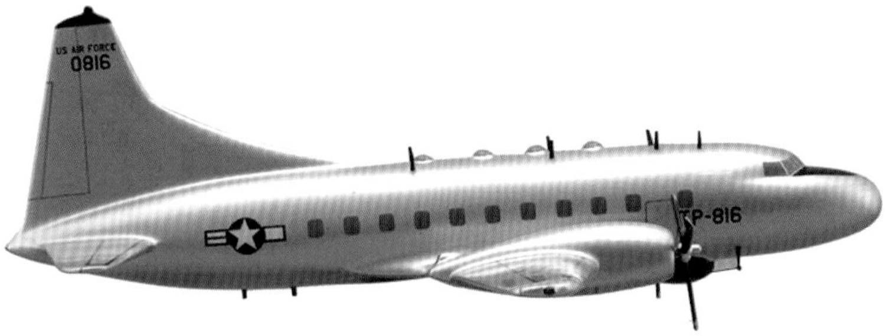

T-29 是由康维尔公司在其 240/340/440 系列客机发展而来的教练机，用于培训导航员、投弹瞄准手和无线电操作员。T-29 采用平直形机翼、高大的垂直尾翼、方形机身舷窗。安装了轰炸瞄准仪和用于统计训练情况的照相机。机组成员通常是正副驾驶员、飞机机械师、导航员各一人。

MB-326 教练 / 攻击机

制造商：马基公司

首飞时间：1957 年

空重：2558 千克

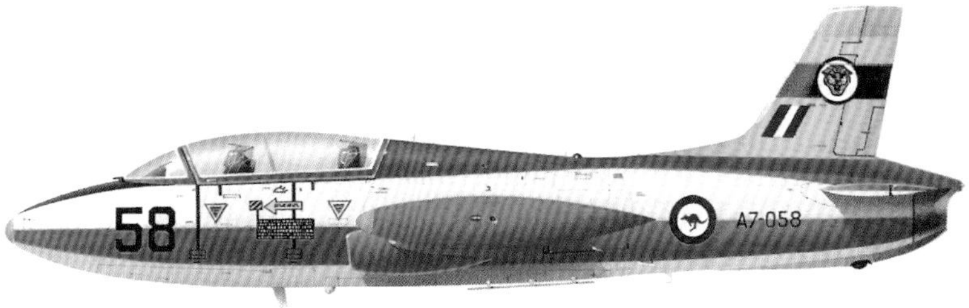

MB-326是由马基公司于20世纪50年代研制的教练/攻击机，采用罗尔斯·罗伊斯“蝰蛇”发动机，可用于喷气式飞行员训练的全部阶段，其问世刚好处于各国空军一线飞机从二战时的活塞式飞机向性能已经赶上了前者的喷气式飞机的转型期，市场前景广阔。MB-326 衍生出的单座和双座对地攻击型号都具备在翼下 6 个挂架携带武器的能力。

T-2“橡树”教练机

制造商：北美航空公司

首飞时间：1958 年

空重：59830 千克

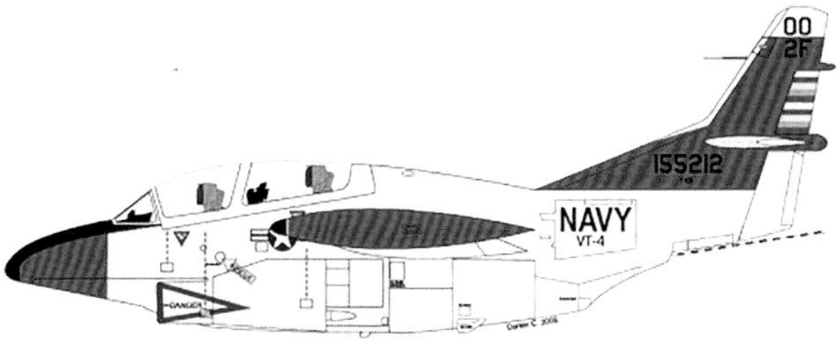

T-2“橡树”是应美国海军的要求而设计的喷气式教练机，该机的使用国家除美国外，还有希腊和委内瑞拉等。该机机载武器的典型配置为 7 个火箭发射巢（每个可装 2 枚 75 毫米火箭），M-5 或 MK-76 教练集束炸弹，机翼内侧挂架可挂 580 千克载荷，外侧挂架可挂 1588 千克载荷。

L-29“海豚”教练机

制造商：沃多霍迪公司

首飞时间：1959 年

空重：2280 千克

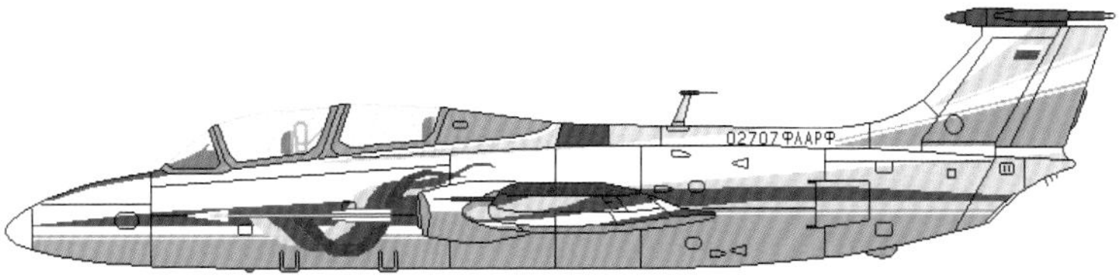

L-29“海豚”是捷克斯洛伐克研制的军用喷气式教练机，基本设计概念是简约、易于生产和易于操控。其简单和耐用的特性体现于全手动飞行操控、大的襟翼和机身两侧使飞机平滑、稳定地航行的穿孔气闸，这些特性使它获得了良好的安全飞行纪录。

T-38“禽爪”教练机

制造商：诺斯罗普公司

首飞时间：1959 年

空重：3270 千克

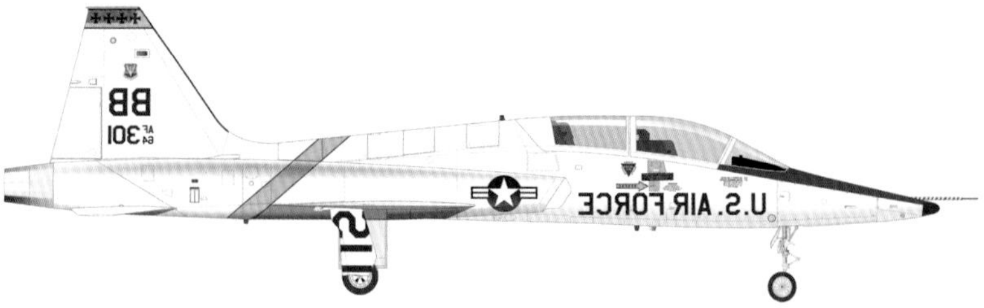

T-38“禽爪”是由诺斯罗普公司研制的双发超音速中级教练机，设计性能十分良好，并且飞行安全可靠，至今仍然保持着美国空军超音速飞机的最好安全纪录。截至 1971 年，T-38“禽爪”的事故率为 1.2/100000 飞行小时。美国国家航空宇航局也用 T-38“禽爪”来训练宇航员。

G-2“海鸥”教练 / 攻击机

制造商：索科公司

首飞时间：1961 年

空重：2620 千克

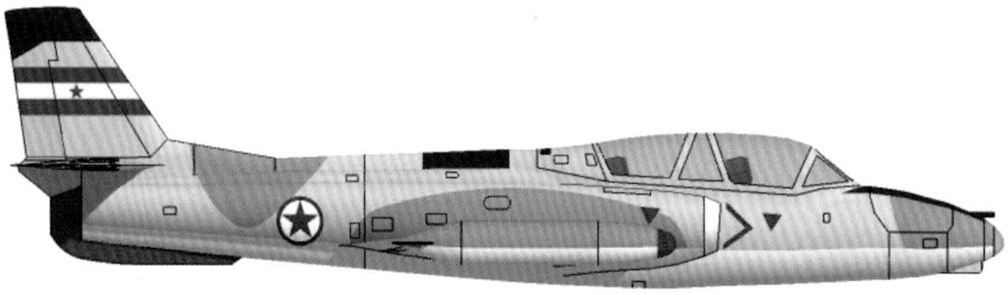

G-2“海鸥”是南斯拉夫自主研制的第一款喷气式飞机。虽然 G-2“海鸥”采用了英国罗尔斯 • 罗伊斯公司提供的“蝮蛇”2/22-6 型发动机，比当时东欧国家普遍使用的苏联发动机都要先进，但 G-2“海鸥”的最高速度仅有 812 千米 / 时。该机机头部位装有两挺 12.7 毫米机枪，机翼下面可以携带两枚 50—100 千克炸弹或火箭弹。

HJT-16“光线”教练机

制造商：斯坦航空公司

首飞时间：1964 年

空重：2560 千克

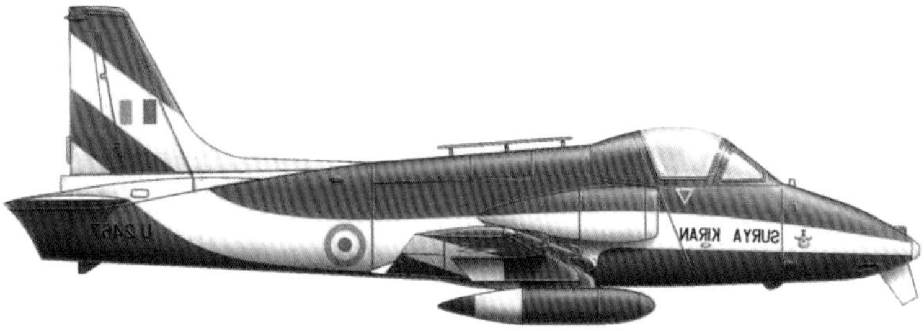

HJT-16“光线”是由印度斯坦航空公司研制的亚音速教练机，采用并列式座舱，教员席在左边，所以有些供教员使用的控制仪表在左边。数十年来，HJT-16“光线”是印度空军飞行训练部队的主力，累计飞行达 75 万小时。由于服役时间较长，HJT-16“光线”教练机已日渐老化，印度空军正在寻求替代机型。

L-39“信天翁”教练 / 攻击机

制造商：沃多霍迪公司

首飞时间：1968 年

空重：3440 千克

L-39“信天翁”是由沃多霍迪公司研制的高级教练机，也可作为轻型攻击机使用。该机具有可靠性高、易于维护、便于保养，有较长的服役寿命等特点。该机采用了耗油率低的 AL-25TL 涡轮风扇发动机，进气口位置较高，有防护装置，增强了抗外来物撞击的能力。L-39“信天翁”易于操纵，在轻型螺旋桨飞机上受过基础训练的飞行学员可直接驾驶 L-39“信天翁”。

“阿尔法喷气”教练 / 攻击机

制造商：达索公司道尼尔公司

首飞时间：1973 年

空重：3515 千克

“阿尔法喷气”是由法国达索公司和德国道尼尔公司联合研制的教练 / 攻击机，可携带 1 门吊舱式 30 毫米“德发”或 27 毫米“毛瑟”机炮，备弹 150 发。该机有 3 个外挂点，可携带空对空导弹、空对地导弹、火箭弹、炸弹等。该机有 E（教练型）和 A（攻击型）两种型别。

MB-339 教练 / 攻击机

制造商：马基公司

首飞时间：1976 年

空重：3075 千克

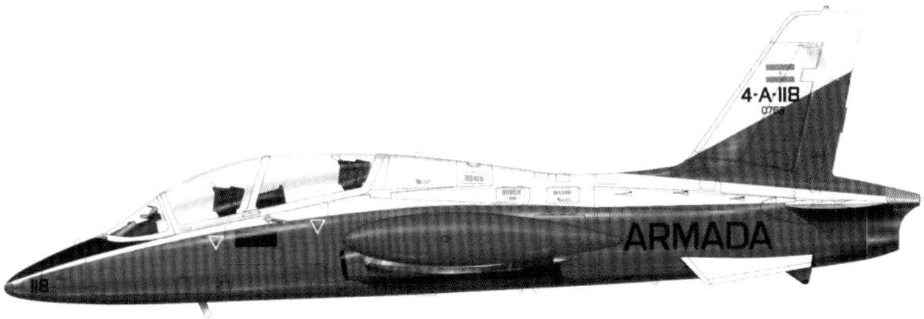

MB-339 是专为意大利空军研制的教练 / 攻击机。该机采用常规气动外形布局，机身为全金属半硬壳结构。驾驶舱为增压座舱，串列双座，后座比前座高 32.5 厘米，这样前后座均有良好的视界。该机 6 个翼下挂点可载 1815 千克外挂武器，可挂小型机枪吊舱、集束炸弹、火箭弹、空对空导弹和反舰导弹等。

EMB-312“巨嘴鸟”教练 / 攻击机

制造商：巴西航空工业公司

首飞时间：1980 年

空重：1810 千克

EMB-312“巨嘴鸟”是由巴西航空工业公司研制的初级教练机，也可作为攻击机使用，该机机动性较好，具有较高的安定性，能在简易跑道上短距起落。在制造上该机采用数控整体机械加工、化学铣切和金属胶接等先进工艺技术。

IA-63“彭巴”教练 / 攻击机

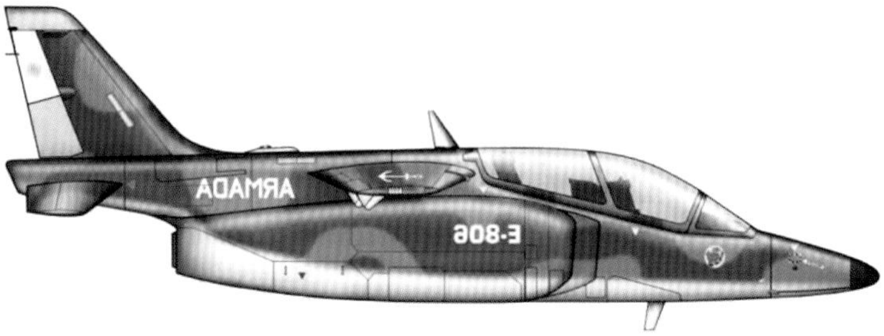

制造商：道尼尔公司

首飞时间：1984 年

空重：2821 千克

IA 63“彭巴”是阿根廷委托德国道尼尔公司研发的喷气式教练 / 攻击机，机身为全金属半硬壳式结构，驾驶舱为典型的纵向双座位设计。机身后方左、右各有一块油压推动的减速板，机翼为梯形高翼，并有一定下反角，左、右翼下各有两个挂架可分别挂上 400 千克武器或副油箱。

IAR-99“隼”式教练 / 攻击机

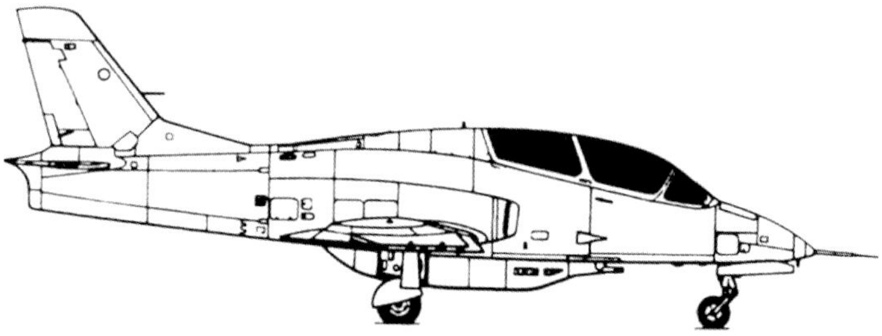

制造商：罗马尼亚航空研究院

首飞时间：1985 年

空重：3200 千克

IAR-99“隼”式是由罗马尼亚航空研究院设计的教练 / 攻击机。该机采用典型喷气式教练机设计，其机身为全金属半硬壳式结构，控制系统为两套油压式系统以控制副翼和襟翼等控制翼面以及起落架收放。机翼内可载 1100 升燃料，左、右机翼下各有两个挂架可挂副油箱和各种空用武器。

T-45“苍鹰”教练机

制造商：麦道公司

首飞时间：1988 年

空重：4460 千克

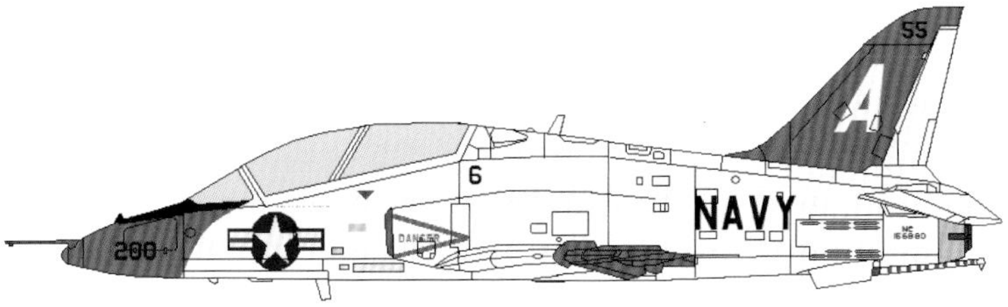

T-45“苍鹰”是麦道公司在英国“鹰”式教练 / 攻击机基础上研制的高级教练机，以“鹰”式教练 / 攻击机为基础设计，外表也相差无几，但为顾及美国海军的要求，机翼前缘加上了电动油压驱动的襟翼，以便在降落时伸出去产生更多升力，内部结构重新设计和强化。起落架重新设计以承受更大的冲击力，前起落架是双轮并加上拖杆。后机身两侧加上减速板，后机身下方加上尾钩并强化了结构。

3.11 军用直升机

军用直升机指用于执行军事任务的直升机，在对地攻击、反坦克作战、支援地面部队作战和支援舰艇部队作战，以及提高部队机动性和后勤支援等方面具有重要作用。

军用直升机分为武装直升机（包括强击直升机、歼击直升机、反潜直升机等）、运输直升机（包括起重直升机）、作战勤务直升机（包括侦察直升机、电子战直升机、指挥直升机、通信直升机、布雷直升机、扫雷直升机、技术支援直升机、救护直升机等专用直升机和教练直升机）三类。

军用直升机主要由机体、动力装置、起落装置、旋翼系统、传动系统、操纵系统、机载设备、机载武器系统等组成。

机体

一般主要由驾驶舱、机身、尾梁、尾斜梁、水平安定面等组成，也有不带尾梁、尾斜梁的双旋翼纵列式直升机。

动力装置

多为 1 台或 2 台涡轮轴发动机，安装在主减速器的前部或后部；有的直升机还装有辅助动力装置，用以起动发动机或给直升机提供能源。

起落装置

按起飞重量和着陆场地的不同，分为滑橇式、轮式、浮筒式和气囊式等，便于直升机起降；起落装置大多安装在机身两侧，轮式起落架分为前三点式和后三点式，并装有转弯机构，便于在地面做小半径转弯。

旋翼系统

由桨毂和若干片窄而长的桨叶组成，主旋翼安装在机体上方的旋翼轴上，由发动机通过传动系统驱动其旋转。单旋翼直升机在尾部还装有一副由发动机驱动的尾桨，用以平衡旋翼转动时产生的反作用扭矩。

传动系统

一般由主减速器、中间减速器、尾减速器、传动轴和旋翼刹车装置等组成。

操纵系统

手操纵系统用于操纵旋翼桨叶的安装角和周期变距，纵向和横向操纵虽然都通过驾驶杆进行操纵，但二者是各自独立的。旋翼的总桨距及周期变距操纵都是通过自动倾斜器实现的。脚操纵系统用于操纵尾桨叶的安装角，改变尾桨推力（或拉力）大小，以实现航向操纵。

机载设备

机载设备是安装在军用直升机上为完成飞行和作战任务所需要的各种设备的总称。主要用于通信、导航、目标探测、电子对抗、信息综合与处理、座舱显示与控制及直升机、发动机和武器系统的控制等。包括雷达、自动驾驶仪、红外线探测设备、计算机、激光测距器、搜索营救设备、通信设备、微光电视、信息综合处理系统等。随着高新技术和新型材料在直升机设计制造中的广泛应用，机载设备的自动化、智能化和综合化程度不断得到提高。

机载武器系统

机载武器系统指由军用直升机上的武器和弹药、直升机武器装挂和发射装置、直升机火力控制系统构成的综合系统。其效能发挥与载机本身及其机载设备的性能有关。

米 -1“野兔”通用直升机

制造商：米里设计局

首飞时间：1948 年

空重：1700 千克

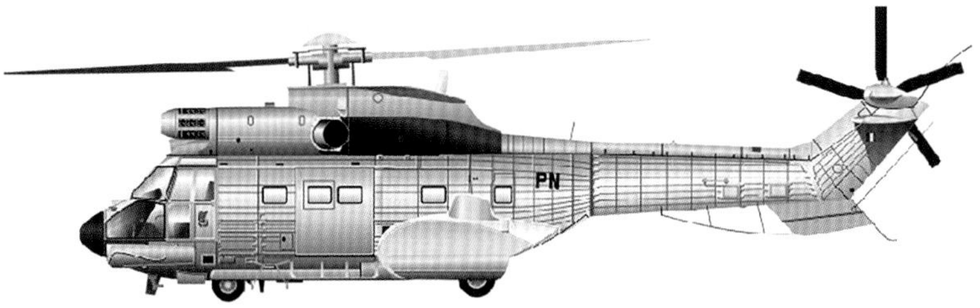

米 -1“野兔”是由苏联米里直升机实验设计局研制的单旋翼通用直升饥，绰号为“野兔”。在该机的生产过程中，它被不断地改进，特别是在可靠性方面。与大多数苏联装备一样，为了能够在严寒、恶劣的环境下操作，该机为两副旋翼及驾驶舱的挡风玻璃都安装了除冰系统。米 -1 “野兔”可用于观测、联络、救援、防火、邮政、运输、农业、农用作业、地质勘探、捕鲸等。

H-19“契卡索人”通用直升机

制造商：西科斯基公司

首飞时间：1949 年

空重：2177 千克

H-19“契卡索人”直升机是美国海军和美国空军使用的通用直升机，用于取代 H-5 型直升机。得益于宽大的机舱和较远的航程，以及在山地的优良机动性和在恶劣气象条件下的起降能力，H-19“契卡索人”非常适合搜救和人员后撤任务。但由于其在低海拔飞行时机身颤动非常厉害，该机型并不适合用于战术控制任务。

H-21“肖尼”通用直升机

制造商：皮亚塞基公司

首飞时间：1952 年

空重：4058 千克

H-21“肖尼”是专为美国陆军研制的通用直升机，H-21“肖尼”采用两具全铰接三叶反转旋翼，动力装置为一台柯蒂斯怀特 R1820-103 发动机。根据不同任务可装备机轮、滑撬或浮桶。其出色的低温性能使其能够胜任极地营救工作。

卡 -15 共轴反转直升机

制造商：卡莫夫设计局

首飞时间：1952 年

空重：990 千克

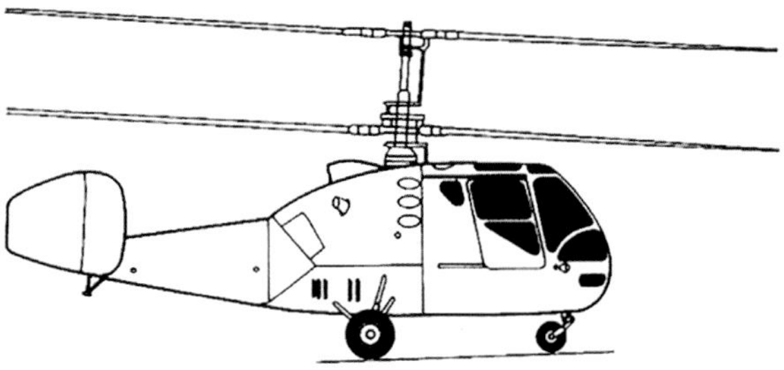

卡 -15 直升机是由卡莫夫设计局研制的一型共轴反桨 / 双旋翼舰载直升机，是世界首款量产型共轴反转直升机。该机延续了卡 -10 直升机的共轴双旋翼和双立尾布局，采用了封闭式座舱和 4 轮起落架，大大增强了适应性。1961 年，卡 -15 直升机成功地自空中引导苏联“列宁”号破冰船和其探险船队，开辟北冰洋航线，这也开启了直升机飞越北极极点的时代。

米 -4“猎犬”运输直升机

制造商：米里设计局

首飞时间：1952 年

空重：5100 千克

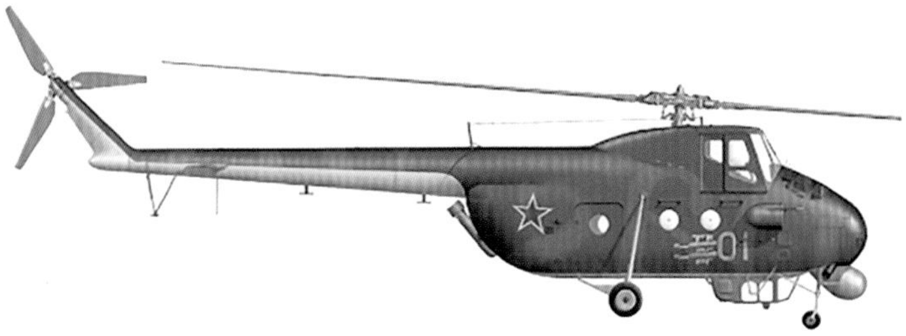

米 -4“猎犬”是由米里设计局研发的一种运输直升机，其设计在当时领先世界，在载重量和速度方面打破了当时 7 项直升机世界纪录，并在国际航展上获得金奖。机尾门为蚌壳式设计，此设计后来也成为苏联运输直升机的特色。军用武装型的米 -4“猎犬”还在机头加上一挺机枪，在机身两侧各有 2 个火箭弹发射器。

HSL-1 反潜直升机

制造商：贝尔直升机公司

首飞时间：1953 年

空重：5930 千克

HSL-1 反潜直升机是 20 世纪 50 年代美国生产的反潜战（ASW）直升机，也是贝尔直升机公司唯一一次采用了串列式旋翼布局。前后旋翼是连通的，在舰载使用时可折叠。HSL-1 配备了自动驾驶仪和用于探测潜艇的声纳系统。

HH-43“哈斯基”搜救直升机

制造商：卡曼公司

首飞时间：1953 年

空重：2096 千克

HH-43“哈斯基”是美国卡曼公司应美国空军要求研制的坠毁搜救直升机，拥有圆形玻璃机鼻、交叉对转螺旋桨、双尾撑和轮式起落架，发动机部分外露。HH-43B“哈斯基”由于采用更紧凑的发动机并且是布置在机身上部而不是内部，因此座舱空间更大、更舒适。另外，HH-43B“哈斯基”的机身后部还安装了蚌壳式货门。

CH-34“乔克托人”运输直升机

制造商：西科斯基公司

首飞时间：1954 年

空重：3583 千克

CH-34“乔克托人”是由美国西科斯基公司研发的运输直升机，保持了和 H-19 类似的布局，装有 4 叶旋翼和 4 叶金属尾翼，主要承担通用运输直升机的任务，可搭载两人机组和 16—18 名士兵，执行搜救任务时可容纳 8 副担架和 1 名医生。CH-34“乔克托人”可以加装外部吊索增大运输能力，而且还有自动稳定装置。

UH-1“伊洛魁”通用直升机

制造商：贝尔直升机公司

首飞时间：1956 年

空重：2365 千克

UH-1 是美国贝尔直升机公司为满足美国陆军招标要求而研制的通用直升机，U 为多用途设计，从攻击任务到运输补给皆能胜任。UH-1“伊洛魁”可采用多种武器，常见为 2 挺 7.62 毫米 M 60 机枪或 2 挺 7.62 毫米 GAU-17 机枪，加上两具 7 发或 19 发 91.67 毫米火箭吊舱。UH-1“伊洛魁”几乎参加过二战以后的所有局部战争，是 20 世纪 60—90 年代西方国家最常用的通用直升机。

米 -6“吊钩”运输直升机

制造商：米里设计局

首飞时间：1957 年

空重：27240 千克

米 -6“吊钩”是由苏联米里设计局设计的一种重型运输直升机。该机在起飞重量、载重能力、吊载能力、机体尺寸等方面，曾一直牢牢占据着世界上最大旋翼飞行器的王者之位。美国的报刊形容它：“苏联直升机界的这个庞然大物，能把西方任何一架满载的直升机带上天空。”

CH-46“海骑士”运输直升机

制造商：波音公司

首飞时间：1958 年

空重：5255 千克

CH-46 “海骑士”是由波音公司研制的双发运输直升机，其外形有点像公共汽车，该机的任务是将作战部队、支援设备和补给品迅速由两栖攻击登陆舰和已建成的机场运送到简易的前方基地。该机虽然并非是特种作战飞机却经常执行一些特种行动，是美国海军陆战队最主要的战斗攻击直升机之一。

“威塞克斯”运输直升机

制造商：西科斯基公司

首飞时间：1958 年

空重：3783 千克

“威塞克斯”是由美国西科斯基公司授权制造的 S-58 直升机，英国韦斯特兰公司曾获得许可进行 S-58 生产，生产型被叫作“威塞克斯”运输直升机，主要用于英国海军、空军执行反潜和运输任务。“威塞克斯”是中型运输直升机，甚至担任包括女王在内的英国政要的专用座机，但目前这款直升机皆已淡出在英军服役的行列。

S-61R 通用直升机

制造商：西科斯基公司

首飞时间：1959 年

空重：6051 千克

S-61R 是以早期的 S-61“海王”直升机为基础改进而来的。相比于 S-61“海王”，S-61R 的机身经过了大幅改动——改进的斜坡式后装载台、用常规构型但是水密性能良好的机身底座替换了 S-61 的船壳底座以及改装了可收缩的三轮式起落架。S-61R 在美军服役期间，主要用于装备输运以及搜寻救援任务。

SA 316/319“云雀”III通用直升机

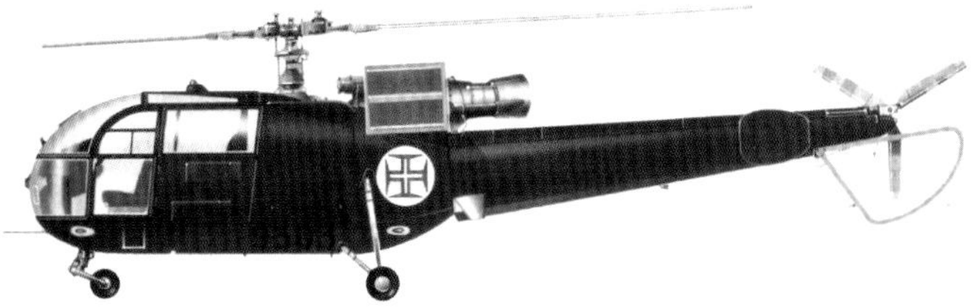

制造商：法国宇航公司

首飞时间：1959 年

空重：1134 千克

SA 316/319“云雀”III是由法国宇航公司（现欧洲直升机公司法国分公司）在“云雀”II 直升机基础上研制的轻型多用途直升机。与“云雀”II 相比，“云雀”III尺寸加大，拥有 7 个座位。早期型“云雀”III直升机一直生产到 1969 年，后来被增加最大起飞重量的 SA 316B 取代。

SH-3“海王”通用直升机

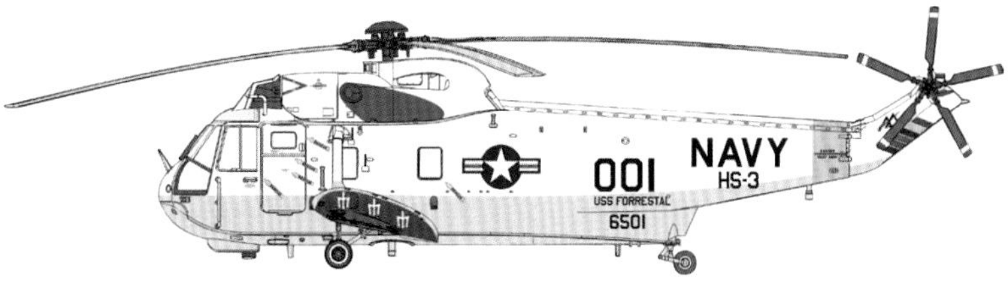

制造商：西科斯基公司

首飞时间：1959 年

空重：5382 千克

SH-3“海王”直升机是由西科斯基公司研制的双发通用直升机，任务装备非常广泛，典型的有 4 枚鱼雷、4 枚水雷或 2 枚“海鹰”反舰导弹，用于保护航母战斗群。在担任救援任务时，可以搭载 22 名人员，或 9 具担架和 2 名医护人员，运兵时可以搭载 22 名全副武装的士兵。

SH-2“海妖”通用直升机

制造商：卡曼公司

首飞时间：1959 年

空重：4170 千克

SH-2“海妖”是由卡曼公司为美国海军研制的全天候多用途舰载直升机，采用全金属半硬壳式结构，具备防水功能，能漂浮的机腹内有主油箱。其旋翼桨叶有 4 片，可人工折叠。旋翼桨毂由钛合金制成，旋翼桨叶为全复合材料，桨叶与桨毂固定连接。这种旋翼系统振动小，可靠性高，维护简单。

米 -8“河马”运输直升机

制造商：米里设计局

首飞时间：1961 年

空重：7260 千克

米 -8“河马”是由苏联米里设计局研制的一款运输直升机，采用了第二代直升机的一些新技术，使其寿命大大延长。其机身结构为传统的全金属截面半硬壳短舱加尾梁式结构，分前机身、中机身、尾梁和带固定平尾的尾斜梁，主要材料为铝合金，尾部采用钛合金和高强度钢。除了担任运输任务以外，该机还能够加装武器进行火力支援。

CH-47“支奴干”运输直升机

制造商：波音公司

首飞时间：1961 年

空重：10185 千克

CH-47“支奴干”是由波音公司研制的双发中型运输直升机，具有全天候飞行能力，可在恶劣的高温、高原气候条件下执行任务。该机可进行空中加油，具有远程支援能力。部分型号机身上半部分为水密隔舱式，可在水上起降。该机运输能力强，可运载 33—35 名武装士兵，或运载 1 个炮兵排，还可吊运火炮等大型装备。

米 -2“甲兵”通用直升机

制造商：米里设计局

首飞时间：1961 年

空重：2372 千克

米 -2“甲兵”是由苏联米里设计局设计的轻型通用直升机，是由米 -1“野兔”发展而来，基本上保留了基本型米 -2 直升机的布局，采用了相同的旋翼系统，但改装两台涡轮轴发动机。米 -2“甲兵”直升机可载 8 名乘客或 700 千克货物，为便于装载货物，该机所有座倚均可拆卸。驾驶舱滑动窗在紧急情况下可投弃。救护型座舱内可放置 4 副担架和一副医务人员用座椅或两副担架和两副病伤员用的座椅。

CH-54“塔赫”起重直升机

制造商：西科斯基公司

首飞时间：1962 年

空重：8981 千克

CH-54“塔赫”是由西科斯基公司研制的双发起重直升机，主要用来运输战斗人员、装甲车辆、大型设备和用于回收那些因为过于沉重而使得 CH-47“支奴干”不能运载的飞机。它也用于从船上向岸上卸货。CH-54“塔赫”还被用于投掷重达 4536 千克的巨型炸弹，以在浓密的丛林中开辟直升机着陆场。

SA 321“超黄蜂”通用直升机

制造商：法国宇航公司

首飞时间：1962 年

空重：6702 千克

SA 321“超黄蜂”是由法国宇航公司研制的三发中型多用途直升机，由较小的 SA 320“黄蜂”直升机发展而来。SA 321“超黄蜂”采用普通全金属半硬壳式机身，船形机腹由水密隔舱构成。该机可单次运送 27—30 名士兵，内载或外挂 5000 千克货物，或者携带

15 副担架和两名医护人员。

OH-6A“卡尤塞”轻型观察直升机

制造商：休斯直升机公司

首飞时间：1963 年

空重：557 千克

OH-6 是由美国休斯直升机公司研制的轻型观察直升机，陆军编号为 OH-6A，绰号为“卡尤塞”。该机机身小巧、坚固而且紧凑，四片旋翼靠合成轻金属纤维制造的翼弦固定在旋翼毂上。机身左侧可装 XM-27 式 7.62 毫米机枪或 MX-75 榴弹发射器。OH-6A“卡尤塞”不仅小巧、轻盈、坚固、容易操作，而且在飞行过程中阻力也非常低。

卡 -25“激素”反潜直升机

制造商：卡莫夫设计局

首飞时间：1963 年

空重：4765 千克

卡 -25“激素”是由卡莫夫设计局研制的反潜直升机，在执行反潜任务时，机舱可乘载 2—3 名系统操作员，载客时可容纳 12 个折叠座椅。动力装置（后期型）为两台 TTA-3BM 涡轴发动机，并排装在舱顶旋翼主轴前方。该机在设计时有一个不足是它无法在夜间飞行，这使得卡 -25“激素”的竞争对手们有了明显的优势。虽然它基本上被技术更先进的、性能更出色的反潜机超越，不过这款直升机依然被广泛使用。

CH-53“海上种马”运输直升机

制造商：西科斯基公司

首飞时间：1964 年

空重：10740 千克

CH-53“海上种马”是一款重型突击运输直升机，是美军装备的少数能在低能见度条件下借助机上设备在标准军用基地自行起降的直升机之一。该机是美国海军直升机部队的重要

组成部分，承担大量的两栖运输任务，常被布置在海军的两栖攻击舰上，是美海军陆战队由海洋到陆地的主要突击力量。

SA 330“美洲豹”通用直升机

制造商：法国宇航公司

首飞时间：1965 年

空重：3615 千克

SA 330“美洲豹”是由法国宇航公司研制的双发中型多用途直升机，有一个高度相对较大的粗短机身，机身背部并列安装两台“透默”IV.C 型涡轮轴发动机。机头为驾驶舱，飞行员 1—2 名，主机舱开有侧门，可装载 16 名武装士兵或 8 副担架加 8 名轻伤员，也可运载货物，机外吊挂能力为 3200 千克。

卡 -26“恶棍”运输直升机

制造商：卡莫夫设计局

首飞时间：1965 年

空重：1950 千克

卡 -26“恶棍”直升机是由卡莫夫设计局为其他空中作业研制的运输直升机，其驾驶舱后方安装了可互换模块，可针对客运 / 货运、空中救护、消防及其他用途而进行调换。该机机身顶部短翼上的吊舱里安装 2 台韦杰涅耶夫气冷活塞式发动机，有双尾撑、水平安定面、向下的大型端板小翼，采用四桨叶同轴反转双旋翼。

AH-1“眼镜蛇”武装直升机

制造商：贝尔直升机公司

首飞时间：1965 年

空重：2993 千克

AH-1“眼镜蛇”是世界上第一款专门开发的专用武装直升机，其飞行与作战性能好、火力强，被许多国家广泛使用。机身为窄体细长流线型，两侧有外挂武器的短翼，翼下各有

两个武器挂架。机头呈鼻状凸起，下方吊装机炮。座舱为纵列双座布局，射手在前，驾驶员在后。前舱门在左侧，后舱门在右侧。起落架为管状滑橇式，不可收放。

BO 105 武装直升机

制造商：伯尔科夫公司（现已并入欧洲直升机公司德国分公司）

首飞时间：1967 年

空重：1276 千克

BO 105 是由德国伯尔科夫公司研制的多用途武装直升机，主要特点是采用只有变距铰的钛合金桨毂、刚性旋翼和挠性玻璃钢桨叶。这是第一次在生产型直升机上采用玻璃钢桨叶和只有变距铰的桨毂。BO 105 直升机可携带“霍特”（6 枚）或“陶”式（8 枚）反坦克导弹，还可选用 7.62 毫米机枪、六管速射机枪、20 毫米 RH202 机炮以及无控火箭弹等。

MH-53J“铺路洼”远程纵深突破直升机

制造商：西科斯基公司

首飞时间：1967 年

空重：14515 千克

MH-53J“铺路洼”是由西科斯基公司研制的一种远程纵深突破直升机，装备了地形跟踪回避雷达、先进的传感器和 GPS 导航系统，它甚至能在恶劣的天气情况下，使用机上任务地图显示系统，在距离地面仅 30 米的空中超低空飞行，越过各种地面障碍。这款直升机在设计上不具备很强的攻击能力，但它的火力可以为地面行动的小组提供有效的火力支援。

SA341/342“小羚羊”武装直升机

制造商：法国宇航公司、韦斯特兰直升机公司

首飞时间：1967 年

空重：991 千克

SA341/342“小羚羊”是由法国宇航公司（现欧洲直升机公司法国分公司）和英国韦斯特兰直升机公司共同研制的轻型直升机，机体大量使用了夹心板结构，采用法国直升机常见的涵道式尾桨，带有桨叶刹车。主要武器包括 1 门 20 毫米机炮或 2 挺 7.62 毫米机枪，可带 4 枚欧洲导弹公司研制的“霍特”反坦克导弹，或 2 个 70 毫米或 68 毫米火箭吊舱。

AH-56“夏延”武装直升机

制造商：洛克希德公司

首飞时间：1967 年

空重：5541 千克

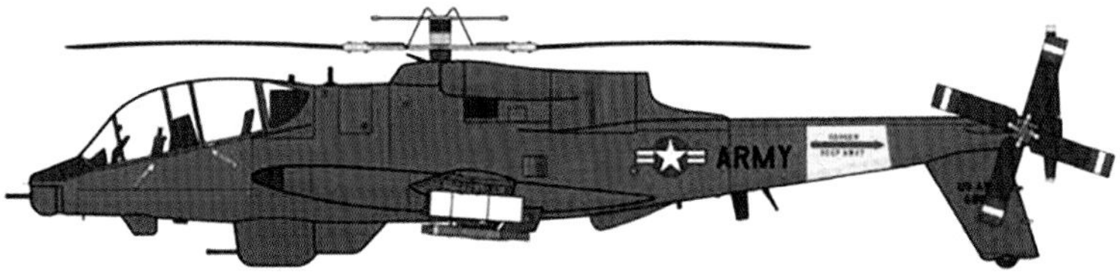

AH-56“夏延”是一款在特殊时期、采用特殊技术、按特殊要求设计的重型武装直升机，其火力十分强大，机腹下的旋转炮塔内装有 1 门 30 毫米航炮，机头下旋转炮塔里可以装 40 毫米自动榴弹发射器或 6 管 7.62 毫米“加特林”机枪，短翼下可以携带大量的火箭弹和 TOW 反坦克导弹。“夏延”的火控系统也十分先进，装备有地形跟踪雷达、激光测距仪、夜视仪、惯性导航和其他先进系统。

UH-1N“双休伊”通用直升机

制造商：贝尔直升机公司

首飞时间：1969 年

空重：2430 千克

UH-1N“双休伊”是于 1968 年推出的中型军用直升机，具有 15 个座位，包括 1 名飞行员及 14 名乘客，而执行运输任务时内部容量达 6.23 平方米。1972 年 3 月 6 日，美国海军南极开发六队的亨德里克从 6248 米高空飞行中的 UH-1N 上跳伞，并创造了在南极洲跳伞的世界纪录。

米 -14“薄雾”反潜直升机

制造商：米里设计局

首飞时间：1969 年

空重：11750 千克

米 -14“薄雾”是由米里设计局研制的单旋翼岸基反潜直升机，尺寸和动部件基本上与米 -8“河马”相同，但米 -14 尾桨的位置与米 -8 不同，安装在垂直安定面的左侧。米 -14 有如下一些特征：机身下部为船体形，机身后部两侧有浮筒，尾梁下部有一个小的浮筒，从而使该机具有水陆两用的能力。

米 -24“雌鹿”武装直升机

制造商：米里设计局

首飞时间：1969 年

空重：8500 千克

米 -24 是由米里设计局研制的第一代专用武装直升机，北约代号为“雌鹿”。该机兼具攻击与运输的功能，北约国家都没有此类机种。在当今世界的武装直升机中，米 -24“雌鹿”拥有最丰富的作战经验。在不到 20 年的时间里，它曾参与三大洲超过 30 场战争和武装冲突。

“山猫”通用直升机

制造商：韦斯兰特公司

首飞时间：1971 年

空重：2787 千克

“山猫”是英国和法国合作生产的双发多用途直升机，在执行武装护航、反坦克和空对地攻击任务时，可以携带 20 毫米机炮，7.62 毫米机枪，68 毫米、70 毫米或 80 毫米火箭弹和各种反坦克导弹。海军型可携带鱼雷、深水炸弹或空对舰导弹。舱内可载货物 907 千克，外挂能力为 1360 千克。

卡-27“蜗牛”反潜直升机

制造商：卡莫夫设计局

首飞时间：1973 年

空重：6500 千克

卡-27“蜗牛”是由卡莫夫设计局为俄罗斯海军设计的反潜直升机，机身采用传统的半硬壳式结构，广泛采用了钛合金主部件。使用一副共轴螺旋桨，并且不装备尾桨。卡-27“蜗牛”装有 1 枚 406 毫米自导鱼雷，1 枚火箭弹，10 枚 PLAB 250-120 炸弹和 2 枚 OMAB 炸弹。鱼雷装在可加热的鱼雷舱内，以确保即使在低温条件下鱼雷不需预热，即可发射。

卡-29“蜗牛 B”通用直升机

制造商：卡莫夫设计局

首飞时间：1973 年

空重：5520 千克

卡-29“蜗牛 B”是由苏联 / 俄罗斯卡莫夫设计局研制的双发突击运输及电子战直升机，其重心较低，起落架为四点式，整个直升机显得很低矮，因此防倾倒角比三点起落架要大，稳定性更好，抗舰艇摇摆能力较强，很适于舰载。该机还可在海面上迫降。

CH-53E“超级种马”运输直升机

制造商：西科斯基公司

首飞时间：1974 年

空重：11800 千克

CH-53E“超级种马”是美军最大和最重的直升机，机身采用水密半硬壳式结构，两侧装有短翼，翼梢装有浮筒。美国海军官兵们常戏称 CH-53E 为“飓风制造者”，主要为美国海军陆战队服务，执行运输重型货物及吊挂重型机具等任务。

AS 350“松鼠”通用直升机

制造商：法国宇航公司

首飞时间：1974 年

空重：1174 千克

AS 350“松鼠”是由法国宇航公司为取代“云雀”II 直升机而研制的载 4—5 人的轻型通用直升机，以高性能、坚实耐用、可靠性高、维修成本低等特点而著称。自初次飞行以来，该机型的世界总飞行小时数已接近 200 万小时。该型直升机装备有先进的 3 轴自动驾驶和双套液晶显示器的 VEMD 显示系统。驾驶员可轻松看到机体和发动机参数，减轻了工作负担并提高了安全性。

S-70 通用直升机

制造商：西科斯基公司

首飞时间：1974 年

空重：5348 千克

S-70 直升机是由西科斯基公司生产的一种中型通用直升机。该直升机为 UH-60“黑鹰”直升机的出口型号。S-70 直升机系列与 UH-60“黑鹰”直升机系列基本相似，可完成多种不同任务，是很难得的同时装备陆军航空特战指挥部航空旅、空军救护队与海军反潜航空大队的机种。

UH-60“黑鹰”武装直升机

制造商：西科斯基公司

首飞时间：1974 年

空重：4819 千克

UH-60“黑鹰”是一款双涡轮轴发动机、中型通用 / 武装直升机，它是美军使用最为普遍的武装直升机，主要执行运送突击部队和攻击地面目标等任务。与前代 UH-1“伊洛魁”相比，UH-60“黑鹰”大幅提升了部队容量和货物运送能力。在大部分天气情况下，3 名机组成员中的任何一个都可以操纵飞机运送 1 个全副武装的 11 人步兵班。

SA 360/361/365“海豚”通用直升机

制造商：法国宇航公司

首飞时间：1975 年

空重：1580 千克

SA 360/361/365“海豚”是由法国宇航公司研制的通用直升机。“海豚”系列直升机由于旋翼操纵功效高，直升机重心范围扩大了 30 厘米，使重心极限保持在较宽的有效范围内。另外，SA 360/361/365 还具有稳定的偏航和横滚特性，在无风情况下以经济巡航速度飞行时不需要增稳系统，几乎可以松杆飞行。

米 -17“河马 -H”运输直升机

制造商：米里设计局

首飞时间：1975 年

空重：7489 千克

米 -17 直升机是由苏联米里设计局所设计的米 -8 直升机改型，北约代号为“河马 -H”。米 -17 的外表和米 -8 最大的分别是把尾螺旋桨移至左侧，在发动机进气口加装滤砂器，发动机比米 -8 的 TV2 更短，不再延长到驾驶舱头顶。

AH-64“阿帕奇”武装直升机

制造商：休斯直升机公司

首飞时间：1975 年

空重：5165 千克

AH-64“阿帕奇”是目前美国陆军仅有的一种专门用于攻击的直升机，其最先进的改型为 AH-64D“长弓阿帕奇”。该机采用四片桨叶全铰接式旋翼系统、钢带叠层式接头组件和弹性体摆振阻尼器。其旋翼桨叶为大弯度翼型，采用了后掠桨尖。配备的主要武器为 1 门 30 毫米 M230“大毒蛇”链式机关炮，备弹 1200 发。

MD 500“防卫者”轻型观察直升机

制造商：麦道公司

首飞时间：1976 年

空重：599 千克

MD 500“防卫者”是一款以麦道直升机公司 MD 500 系列直升机为基础开发而成的轻型观察军用直升机。该机型衍生自美国陆军 OH-6 直升机，并被应用于美国装甲骑兵团的侦察排，执行观测、侦察、目标识别、指挥和管理任务。

米 -35“雌鹿 E”武装直升机

制造商：米里设计局

首飞时间：1976 年

空重：8200 千克

米 -35“雌鹿 E”是苏联的第一款专用武装直升机米 -24W 的改进型，把原先米 -24 直升机的机体翻新，其结构寿命延长了 4000 小时。米 -35“雌鹿 E”可执行多种任务，该直升机最大的优点是有一个可容纳 8 名人员的客舱，最大起飞重量超出米 -8 直升机武装型 1 倍。此外，米 -35“雌鹿 E”还可挂装火箭发射巢和自动榴弹发射器等装备。

AS 532“美洲狮”通用直升机

制造商：欧洲直升机公司

首飞时间：1977 年

空重：4330 千克

AS 532“美洲狮”是由欧洲直升机公司研制的双发通用直升机，旋翼为 4 片全铰接桨叶，尾桨叶也是 4 片，其起落架为液压可收放前三点式，前轮为自定中心双轮，后轮是单轮。机载设备可根据不同的需要灵活调整。AS 532“美洲狮”直升机陆 / 空型可安装 2 挺 20 毫米或 7.62 毫米机枪，海军型可安装 2 枚 AM39“飞鱼”反舰导弹或 2 枚轻型鱼雷。

米 -26“光环”通用直升机

制造商：米里设计局

首飞时间：1977 年

空重：28200 千克

米 -26“光环”是一款通用重型直升机，其飞行性能可满足全天候的需要，装备有气象雷达、多普勒系统、地图显示器、水平位置指示器、自动悬停系统、通信导航系统等。它的机载闭路电视摄像仪可对货物装卸和飞行中的货物姿态进行监察。米 -26“光环”通用直升机除作军事用途之外，其民用功能也相当广泛，可执行森林消防、自然灾害救援等工作。

AS 332“超级美洲狮”通用直升机

制造商：法国宇航公司

首飞时间：1978 年

空重：4660 千克

AS 332“超级美洲狮”是一款四叶桨、双发的中型通用直升机，设计类似于 SA 330 直升机，使用防撞起落架，并加固机身结构、叶片转子与相关重要机械系统，使直升机耐磨损性能加强。AS 332“超级美洲狮”直升机被证明是非常受欢迎的机型，1981 年 7 月至 1987 年 4 月，生产工厂以每月平均生产 3 架的速度为军方和民用客户提供 AS332“超级美洲狮”直升机。

SH-60“海鹰”反潜直升机

制造商：西科斯基公司

首飞时间：1979 年

空重：6895 千克

SH-60“海鹰”是由美国西科斯基公司研制的中型反潜直升机，是 UH-60“黑鹰”的衍生型号。由于海上作战的特殊性，SH-60“海鹰”的机身蒙皮经过特殊处理，以适应海水的腐蚀。此外，还增加了旋翼刹车系统和旋翼自动折叠系统，而且直升机尾部的水平尾翼也可以折叠。

该机的飞行员座舱没有用装甲强化，后机身装有防撞的双油箱燃油系统，油箱 1/3 以下部分能够自封，油箱的总容量为 2241 升，并增加了紧急漂浮系统。

卡 -50“黑鲨”武装直升机

制造商：卡莫夫设计局

首飞时间：1982 年

空重：7800 千克

卡 -50“黑鲨”是世界上第一款采用单人座舱、同轴反转旋翼、弹射救生座椅的武装直升机。由于很长一段时间内未向外界公开，加上其结构设计上有许多出人意料之处，西方国家对它一直感到难以琢磨。由于一名飞行员无法在操控直升机飞行的同时进行准确射击，而目前机载自动化设备的水平还不足以保障将武器的控制工作完全交给计算机，因此俄罗斯空军并未大量采用卡 -50 直升机。

A129“猫鼬”武装直升机

制造商：阿古斯塔公司

首飞时间：1983 年

空重：2530 千克

A129“猫鼬”是一款多用途直升机，可以执行武装侦察、监视、地面目标定位、搜救、火力支援和压制等任务。A129“猫鼬”有着完善的昼夜作战能力，它有 2 台计算机控制的综合多功能火控系统，可控制飞机各项性能。机上装有霍尼韦尔公司生产的前视红外探测系统，使得飞行员可在夜间贴地飞行。

OH-58“奇奥瓦”轻型观察直升机

制造商：贝尔直升机公司

首飞时间：1983 年

空重：1737 千克

OH-58“奇奥瓦”是由美国贝尔直升机公司研制的轻型直升机，基本上照搬了贝尔406直升机的机身，安装滑撬式起落架，机身两侧各有一个舱门，舱内装有加温和通风设备。通过对OH-58“奇奥瓦”系列直升机不断改进，其使用范围得也到了扩展，不仅可以单独执行战术侦察任务，也可协同专用武装直升机作战，或为地面炮兵提供侦察、校炮的工作。

AS 565“黑豹”通用直升机

制造商：法国宇航公司

首飞时间：1984 年

空重：2255 千克

AS 565“黑豹”是由法国宇航公司在“海豚”2的基础上发展而来的通用直升机，可为两栖作战部队和特种部队提供支援。其机身结构采用复合材料的比例增加了15%，整个机体设计成可经受得住在最大起飞重量条件下，7米/秒的垂直下降速度的碰撞，燃油系统能经受得住14米/秒坠落速度的碰撞。

H-76“鹰”通用直升机

制造商：西科斯基公司

首飞时间：1985 年

空重：3798 千克

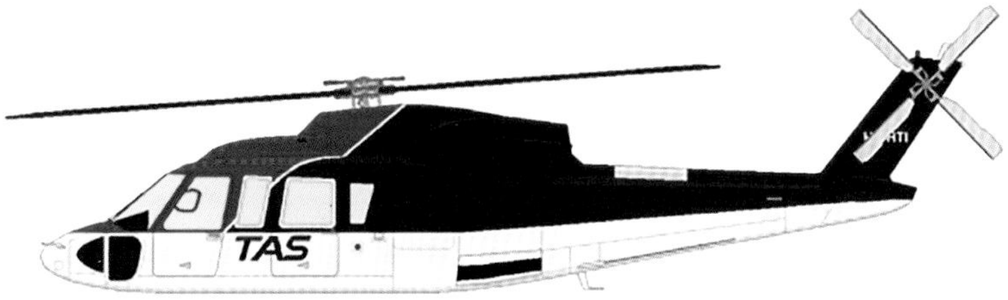

H-76“鹰”是由美国西科斯基公司研制的武装通用直升机，是从该公司S-76系列民用直升机发展而来。H-76“鹰”具有结实、轻巧且耐腐蚀的特点，非常便于维护，这些因素大大降低了该机的使用成本。H-76“鹰”的旋翼设计和大功率发动机使其在狭窄区域内拥有无与伦比的可操纵性。

AH-1W“超级眼镜蛇”武装直升机

制造商：贝尔直升机公司

首飞时间：1986 年

空重：2998 千克

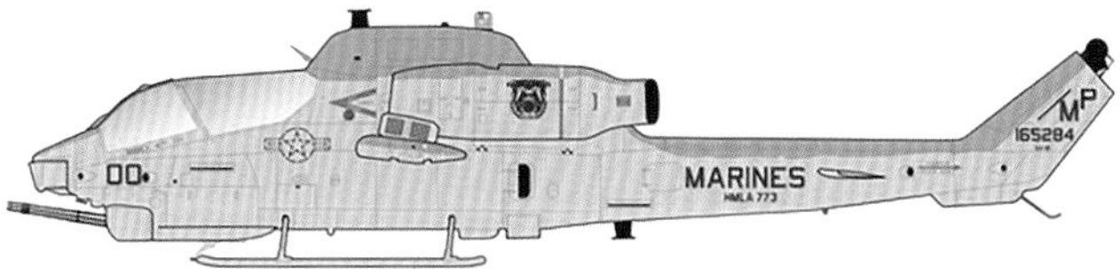

AH-1W“超级眼镜蛇”是AH-1直升机的双发衍生型之一，是非常有效的低空火力平台，

能够在树梢高度为地面部队提供精准、猛烈、有效的火力支援。该机的主要部位均由装甲防护，小巧的机身便于伪装隐蔽和在丛林中飞行，生存能力强。

米 -34“蜂鸟”通用直升机

制造商：米里设计局

首飞时间：1986 年

空重：950 千克

米 -34 是由苏联米里设计局研制的两排 4 座轻型通用直升机，北大西洋公约组织给予绰号“蜂鸟”，用来取代米 -1 直升机。米 -34 所具备的飞行技术特性和结构特点保证了该机在最大过载系灵敏条件下完成特技直升机的各种特技飞行和后飞的机动动作。米 -34 直升机能完成世界冠军比赛大纲规定的全部动作，其中包括准确驾驶、准确到达、准确领航和回避障碍。

卡 -31“螺旋”预警直升机

制造商：卡莫夫设计局

首飞时间：1987 年

空重：12500 千克

卡 -31“螺旋”是专为俄罗斯海军研制的军用预警直升机，继承了卡莫夫家族之前的设计风格，采用共轴螺旋桨的旋翼设计。一个直观的外观设计是机身下安装有一部预警雷达，这是一个可以折叠收放或者旋转工作的大型雷达。另外，为了避免影响到雷达的工作，采用了可收放的起落架。

EH-101“灰背隼”通用直升机

制造商：阿古斯塔·韦斯特兰公司

首飞时间：1987 年

空重：10500 千克

EH-101“灰背隼”是一款多用途直升机，机身结构由传统材料和复合材料构成，设计

上尽可能采用多重结构式设计，主要部件在受损后仍能起作用，座舱玻璃框架是目前直升机中采用复合材料为框架最大的一个。EH-101“灰背隼”具有全天候作战能力，可用于运输、反潜、护航、搜索救援、空中预警和电子对抗等。

CSH-2“石茶隼”武装直升机

制造商：阿特拉斯公司

首飞时间：1990 年

空重：5730 千克

CSH-2“石茶隼”是由南非阿特拉斯公司研制的武装直升机，其主要任务是在有地空导弹威胁的环境中进行近距空中支援和反坦克、反火炮以及护航。CSH-2 “石茶隼”的驾驶舱舒适且自动化程度高，这对恶劣条件下保持机组战斗力很有好处。驾驶舱朝各个方向的视界都较强。射击员舱有全套直升机操纵装置，如果驾驶员受伤不能驾驶时，射击员也可操纵直升机。

米 -171 运输直升机

制造商：米里设计局

首飞时间：1990 年

空重：7489 千克

米 -171 运输直升机是由米里设计局设计的米 -8AMT 直升机的外销型，和米 -17 直升机一样是米 -8 直升机的改良版，米 -171 主要用来执行航空运输、客运和搜索及救援任务，载客量为 20—26 人。擅长于气候极坏、地面能见度低或者高原地区安全飞行和着陆。

AS 555“小狐”轻型直升机

制造商：欧洲直升机公司

首飞时间：1990 年

空重：1220 千克

AS 555“小狐”舰载轻型直升机由欧洲宇航防务与空间公司（EADS）的欧洲直升机公司制造，分为 SN 和 MN 两个版本，前者属于战斗型，而后者不装备武器，两者都可服务于

各国海军。AS 555“小狐”轻型直升机拥有搜索和营救绞盘，配备可承重 1134 千克的货物挂钩，可用于抢救伤员。

米 -46 运输直升机

制造商：米里设计局

首飞时间：未研制完成

空重：未知

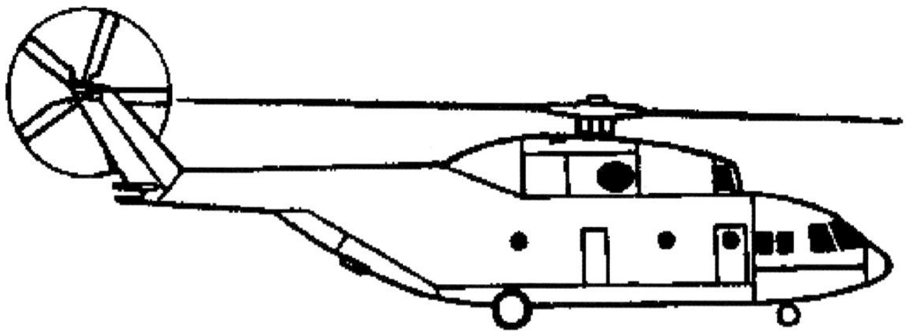

米 -46 运输直升机的研制在 20 世纪 90 年代初便已开始，按照俄政府的要求，新研制的米 -46 应能发挥运输和“起重”的功能。然而由于研究项目被认为不适宜而被迫中止。按照技术要求，米 -46 应兼备运输直升机和吊运直升机的功能。

传奇武器鉴赏：米 -28“浩劫”武装直升机

基本参数	
机长	17.01 米
机高	3.82 米
旋翼直径	17.20 米
航程	1100 千米
速度	325 千米 / 时

米 -28“浩劫”直升机是由俄罗斯米里设计局研制的单旋翼带尾桨全天候专用武装直升机，1996 年开始服役。

研发历程

米 -28“浩劫”直升机于 1972 年开始设计，1982 年 11 月首次试飞，1989 年 6 月完成 90% 的研制工作，并在法国的国际航空展公开亮相。由于设计思维大量借鉴了 AH-64“阿帕奇”直升机，因此米 -28 被西方国家戏称为“阿帕奇斯基”。虽然自问世以来，米 -28 的综合性能受到俄军的高度肯定，然而苏联解体之后的俄军缺乏足够的采购经费，因此很长一段时间都无力购买。目前，俄罗斯仅装备了少量米 -28 直升机。此外，委内瑞拉、土耳其等国也曾少量采购。

整体构造

米 -28“浩劫”直升机的机身为全金属半硬壳式结构，驾驶舱为纵列式布局，四周配有完备的钛合金装甲，并装有无闪烁、透明度好的平板防弹玻璃。前驾驶舱为领航员 / 射手，后面为驾驶员。座椅可调高低，能吸收撞击能量。起落架为不可收放的后三点式。该机的旋翼系统采用半刚性铰接式结构，大弯度的高升力翼型，前缘后掠，每片后缘都有全翼展调整片。桨叶为 5 片，转速 242 转 / 分。米 -28 直升机采用两台克里莫夫设计局的 TV3-117 发动机，单台功率为 1640 千瓦。

作战性能

米 -28“浩劫”直升机的主要武器为 1 门 30 毫米 2A42 机炮，备弹 250 发。该机有 4 个武器挂载点，可挂载 16 枚 AT-6 反坦克导弹，或 40 枚火箭弹（两个火箭巢）。此外，还可以挂载 AS-14 反坦克导弹、R-73 空对空导弹、炸弹荚舱、机炮荚舱。米 -28 直升机的内部总油量为 1900 升，还可吊挂 4 个外部油箱。该机的机身横截面小，有助于提高灵活性和生存能力。座舱安装了 50 毫米厚的防弹玻璃，能承受 12.7 毫米枪弹的打击。旋翼叶片上有丝状玻璃纤维包裹，发动机和油箱都有周到的防护措施。

2008 年 7 月，米 -28“浩劫”直升机完成在山地条件下的例行试验，从而证实了这种武装直升机白天在 3000 米高山未平整场地安全起飞和降落的能力。

米 -28“浩劫”直升机综合性能优异，多年来经常出现在国际武器装备展上，是俄制新时代武器装备的代表之一。按照 2002 年的币值，米 -28 直升机的单位造价约 1600 万美元。该机是目前世界上唯一的全装甲直升机，重要系统和关键部件都采用了双重设置，随时可替换使用。

编队飞行的米 -28“浩劫”直升机

米 -28“浩劫”直升机前方特写

低空飞行的米 -28“浩劫”直升机

3.12 奋起直追的民用直升机

直升机问世以来，在民用领域获得越来越多的应用。民用直升机的另一次大发展是围绕开发北海油田展开的，在陆上或海上进行油田和天然气开发中，直升机的服务都是卓有成效的。在陆上开发工作中，地面交通运输工具难以到达的、地形复杂地区或偏僻地区，使用直升机就可不必开路筑桥和修建铁路，因而可大大节省时间和经费。在海上开发工作中，直升机的速度比船只快、受海况影响小，适于完成人员运输和后勤支援，运送供给品和急需设备及紧急救援，抢救危急伤病人员和当平台一旦起火立即前去灭火等。由于直升机在海上能完成多种任务，在墨西哥湾服务的直升机就有约 600 架。

直升机在农业上也广泛应用。据英国直升机顾问委员会的资料，苏联曾有 7000 架直升机用于农业，远远领先于美国（1000 架）和英国（60 架）。

其他能应用直升机的领域有：地质勘探、水电建设、渔汛侦察、交通管理、观光旅游、抢险救灾、新闻采集、影视制作、环境监测、治安巡逻、公安执法等。

直升机除了具有飞机的相似特点外，在结构和任务环境方面具有特殊性。在结构上，相对于固定翼飞机来说，直升机最显著的特点是它的旋翼系统，通过旋翼旋转产生动力；直升机的用途决定了其任务环境，通常作业于一些如复杂地形，乱流和风切变显著的低空，低能见度等特殊环境，这将会影响到直升机运行的安全性。

直升机事故率高的主要原因如下。一方面是由于直升机自身特有的结构特点。直升机较固定翼飞机旋转部件多，因而载荷作用复杂，旋翼和尾桨的交变载荷容易导致直升机振动并产生疲劳破坏。另一方面，使用条件和使用环境恶劣也是直升机事故频发的重要原因。直升机多在野外起降，在山区、林区、城镇上空飞行，受地形、地物及低空复杂多变的气象条件的影响大，并且承担的运输、救生、吊挂、巡逻等任务操作复杂、难度高，造成了较高的事故率。

贝尔 204 通用直升机

制造商：贝尔直升机公司

首飞时间：1956 年

空重：2087 千克

贝尔 204 是一款军民两用中型通用直升机，是直升机发展历史上的革命性设计，也是世界上第一款采用涡轮轴发动机的直升机，涡轮轴发动机彻底地降低了机体重量及耗油量、提高了马力比重、节省了维修及保养维护费用。在贝尔 204 获美军采用后，贝尔直升机公司推出了贝尔 205，西方国家也大量采用贝尔 205 系列直升机。

贝尔 206 通用直升机

制造商：贝尔直升机公司

首飞时间：1962 年

空重：1057 千克

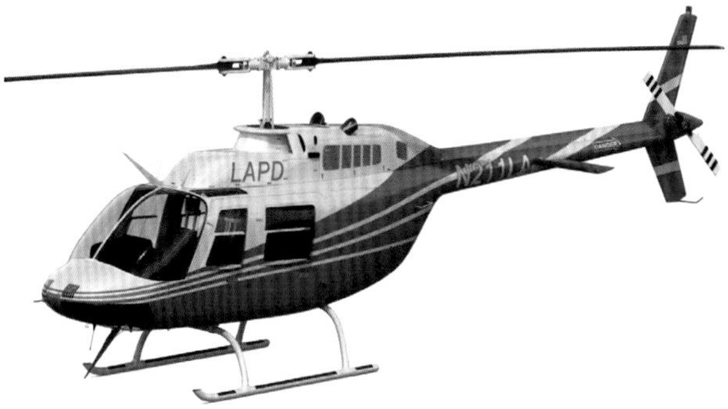

贝尔 206 是美国贝尔直升机公司在 OH-4A 轻型观察直升机的基础上发展而来的轻型通用直升机。其采用两片桨叶的半刚性跷跷板式旋翼，尾桨桨叶为铝合金结构。座舱前面有两个并排驾驶员座椅，驾驶员座位后面为可供 3 人用的长椅。座椅两侧各有前开的舱门。座椅后面有可以装 113 公斤货物的行李舱。

贝尔 222 轻型直升机

制造商：贝尔直升机公司

首飞时间：1976 年

空重：2200 千克

贝尔 222 是美国研制的第一款双发轻型民用直升机，机身为轻合金半硬壳式结构，关键部位采用了破损安全设计，起落架为液压可收放式前三点起落架，动力装置为两台莱康明公司的 LTS101-750C-1 涡轮轴发动机。贝尔 222 的座舱一般可容纳 1 名驾驶员和 7 名乘客，最多可载 9 名乘客。

R-22 轻型直升机

制造商：罗宾逊直升机公司

首飞时间：1975 年

空重：399 千克

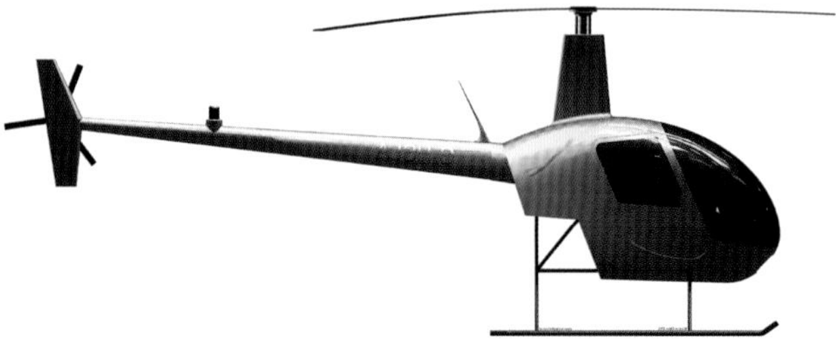

R-22 是由美国罗宾逊直升机公司研制的单发双座轻型直升机。这种直升机效率高、噪声低、维护工作量少。该机旋翼系统采用两片桨叶的半刚性旋翼，桨毂用三个铰链悬挂以减少桨叶柔性、旋翼振动和操纵力反馈。弹性跷跷板铰链装有限动块，以防大风中起动和旋翼停转时桨叶打着尾梁。

R-44 轻型直升机

制造商：罗宾逊直升机公司

首飞时间：1990 年

空重：658 千克

R-44 是由美国罗宾逊直升机公司研制的四座轻型直升机，采用最新开发的液压助力系统为标准设备，消除了驾驶杆机械传动产生的振动现象，使驾驶更轻松、柔和。此外，还具备其他特点，如：可调式脚舵，方便飞行员调整驾姿；尾桨弹性摇摆铰链，使 R-44 的维护更简便。

波音 234 中型直升机

制造商：波音公司

首飞时间：1980 年

空重：10148 千克

波音 234 是由美国波音公司在军用直升机 CH-47“支奴干”基础上研制的民用型直升机，主要用于客货运输。机体是以最新“支奴干”军用型为基础，但与“支奴干”其他各型比较有许多新的特点，如：采用宽弦长的玻璃纤维复合材料旋翼桨叶代替过去使用的金属桨叶；重新设计了机身两侧整流罩；加长了机头，以放置气象雷达天线；前起落架位置向前做了适当的移动。

AS 355“松鼠 II”通用直升机

制造商：法国宇航公司

首飞时间：1979 年

空重：1305 千克

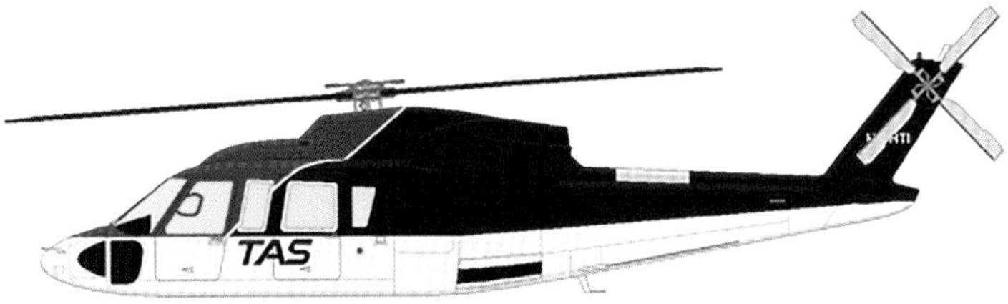

AS 355“松鼠 II”为一款法国双发通用直升机，该机许多部件，例如旋翼轴和旋翼桨毂、尾桨桨毂、伺服机构、座舱和着陆装置都和 AS 350 完全一样。该机旋翼采用三片旋翼，旋翼桨毂为玻璃纤维星形柔性桨毂，桨毂不采用普通的铰链，而采用一个不需任何维护的橡胶、钢夹层结构的球形接头。

米 -12“信鸽”运输直升机

制造商：米里设计局

首飞时间：1968 年

空重：69100 千克

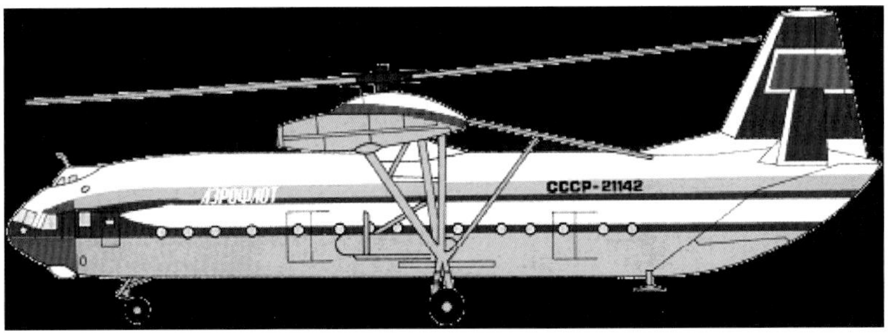

米 -12 直升机（又名 V-12 直升机，北约代号“信鸽”）是一款运输直升机，原本是用来搬运太空火箭和开发缺乏公路与机场的西伯利亚地区的重型机械。不过限于当时的技术水平，概念上相当于将 2 架米 -6 合并，以 4 具 D-25 发动机驱动获得米 -6 两倍的承载力，以满足当时的需求，因此米 -12 仅制造了 2 架实验机，最终没有进入量产。

米-10“哈克”起重直升机

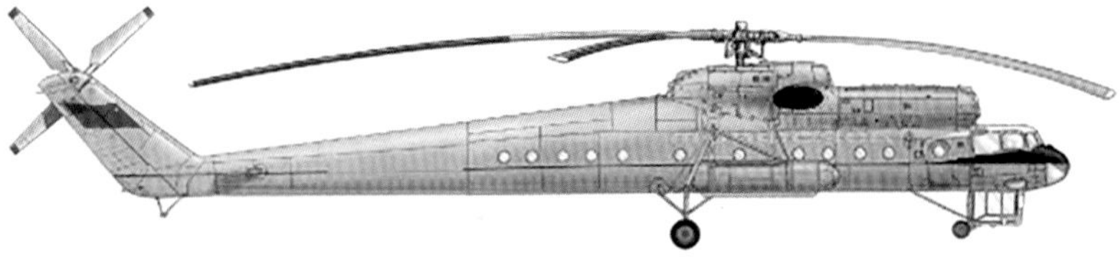

制造商：米里设计局

首飞时间：1960 年

空重：27100 千克

米-10“哈克”是由俄罗斯米里设计局研制的重型起重直升机，采用了高的长行程四点式起落架，主轮距有 6 米多，满载时机身下表面离地高度达 3.75 米，因而可以使直升机滑行至所携带的货物上方，便于运送庞大的货物，如建筑物的预制件；如不用载货平台，用液压工具可起吊长 20 米、宽 10 米、高 3.1 米的货物。座舱内可装载附加货物或旅客。

3.13 后起之秀的无人机

无人机是利用无线电遥控设备和自备的程序控制装置操纵的不载人飞机，或者由车载计算机完全地或间歇地自主操作。与载人飞机相比，它具有体积小、造价低、使用方便、对作战环境要求低、战场生存能力较强等优点。由于无人驾驶飞机对未来空战有着重要的意义，世界各主要军事国家都在加紧进行无人驾驶飞机的研制工作。

无人机最早在 20 世纪 20 年代出现，1914 年一战正进行得如火如荼，英国卡德尔和皮切尔两位将军，向英国军事航空学会提出了一项建议：研制一种不用人驾驶，而用无线电操纵的小型飞机，使它能够飞到敌方某一目标区上空，将事先装在小飞机上的炸弹投下去。这种大胆的设想立即得到当时英国军事航空学会理事长戴·亨德森爵士赏识。他指定由 A.M. 洛教授率领一班人马进行研制。无人机当时是作为训练用的靶机使用的。无人机是一个许多国家用于描述最新一代无人驾驶飞机的术语。从字面上讲，这个术语可以描述从风筝、无线电遥控飞机，到 V-1 飞弹从发展来的巡航导弹，但是在军方的术语中仅限于可重复使用的比空气重的飞行器。

1945 年，二战之后将多余或者是退役的飞机改装成为特殊研究或者是靶机，成为近代无人机使用趋势的先河。随着电子技术的进步，无人机在担任侦察任务的角色上开始展露它的弹性与重要性。1982 年以色列航空工业公司 (IAI) 首创以无人机担任其他角色的军事任务。在加利利和平行动（黎巴嫩战争）时期，侦察者无人机系统曾经在以色列陆军和以色列空军的服役中担任重要战斗角色。以色列国防军主要用无人机进行侦察、情报搜集、跟踪和通信。

1991 年的沙漠风暴作战当中，美军曾经发射专门设计以欺骗雷达系统的小型无人机作为诱饵，这种诱饵策略也成为其他国家效仿的对象。

D-21 无人机

制造商：洛克希德公司

首飞时间：1964 年

空重：2410 千克

D-21 无人机是由美国洛克希德公司研制的无人侦察机，采用了当时世界最先进的整体式冲压发动机，速度高达 3560 千米 / 时，升限高达 29000 米。D-21 无人机的使用方式是：先由大型飞机（母机）携带飞行，在靠近对方防空严密地带的公海上空由母机释放；无人机离开携带母机后，利用自身的冲压发动机飞向遥远的目标地区；无人机上的侦察系统自动工作；情报搜集之后，无人机将飞回到出发点的公海上空，在指令控制下，在指定地点空投装有照相胶卷的密封回收舱，然后飞机自毁坠落大海。

BQM-74“石鸡”无人机

制造商：诺斯洛普 • 格鲁曼公司

首飞时间：1965 年

空重：123 千克

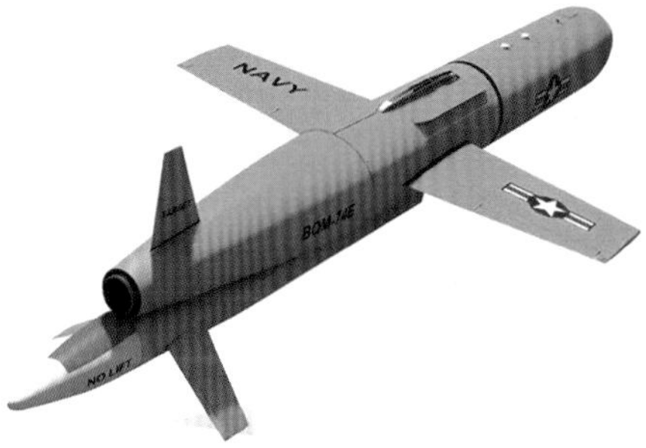

BQM-74“石鸡”无人机是美国诺斯洛普 • 格鲁曼公司研制的亚音速靶机，该机的飞行速度在 370—1000 千米 / 时，海平面最高速度可达 990 千米 / 时，飞行高度为 3—12000 米，最大射程可达 963 千米，射程延长型更可达 1185 千米。BQM-74 无人机的滞空时间是 1 小时 8 分钟。

“蚊蚋”750 无人机

制造商：通用原子技术公司

首飞时间：1989 年

空重：250 千克

“蚊蚋”750是由美国通用原子技术公司研制的无人侦察机，采用低置直翼、倒V形垂尾、收放式起落架和推进式螺旋桨，整体布局与“琥珀”无人机类似。“蚊蚋”750无人机比“琥珀”无人机的体积更大，但重量却更轻，能装载较重的载荷。“蚊蚋”750无人机的动力装置为一台罗塔克斯912型（ROTAX 912）水平对置四缸四冲程发动机，功率为64千瓦。

“侦察兵”无人机

制造商：以色列航空工业公司

首飞时间：1981年

空重：96千克

“侦察兵”是由以色列航空工业公司研制的无人侦察机，可以利用起落架起落，也可弹射起飞，用拦阻索着陆。制导和控制采用预储存程序和地面遥控组合形式。搭载的机载设备包括塔曼电视摄像机、激光指示/测距仪、全景照相机和热成像照相机等。

“先锋”无人机

制造商：以色列航空工业公司

首飞时间：1986年

空重：205千克

“先锋”是由以色列航空工业公司研制的小型无人机，机身大部分采用复合材料制成，其雷达反射面积很小，不易被敌方雷达发现。该机可利用气动滑轨弹射和液体火箭助推器发射起飞，回收则依靠舰上的拦阻网。“先锋”无人机的负载可根据环境和任务进行选择，通常白天携带一台微光电视摄像机，夜间换为红外夜视仪。这两种设备均配有变焦镜头，并由飞机自动控制。

“猛犬”无人机

制造商：塔迪兰公司

首飞时间：1973年

空重：72千克

“猛犬”是由以色列塔迪兰公司研制的无人侦察机，虽然该机的体积不大，但它的综合

作战性能却颇为出色。在 1982 年第五次中东战争中，以色列以“猛犬”无人机为先导，引诱叙利亚的雷达和防空火力阵地暴露无遗，同时以强大火力在瞬间将其全部摧毁，无人机由此一战成名。

图 -141“雨燕”无人机

制造商：图波列夫设计局

首飞时间：1974 年

空重：6215 千克

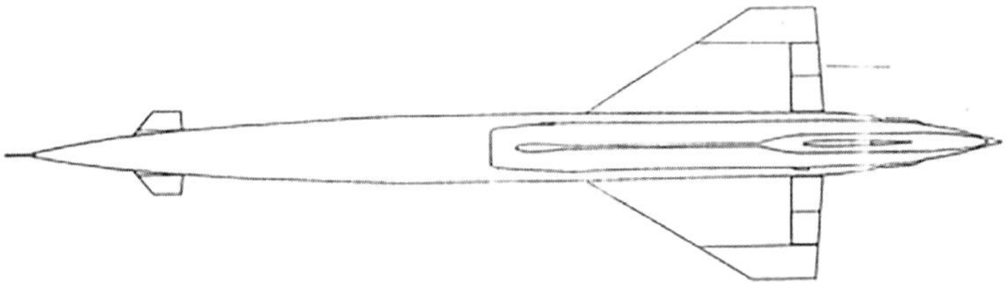

图 -141“雨燕”是由苏联图波列夫设计局研制的无人侦察机，采用箱式存储和发射，飞机装在机动发射箱内，在发射架上由助推火箭发射。该机装有可收放起落架，采用降落伞减震方式着陆。图 -141“雨燕”无人机可以按照预定程序飞行，也可以由地面人员遥控。机载导航驾驶系统可保证该机在距起飞地点 500 千米以外的空域执行侦察任务。

图 -143“航程”无人机

制造商：图波列夫设计局

首飞时间：1970 年

空重：1230 千克

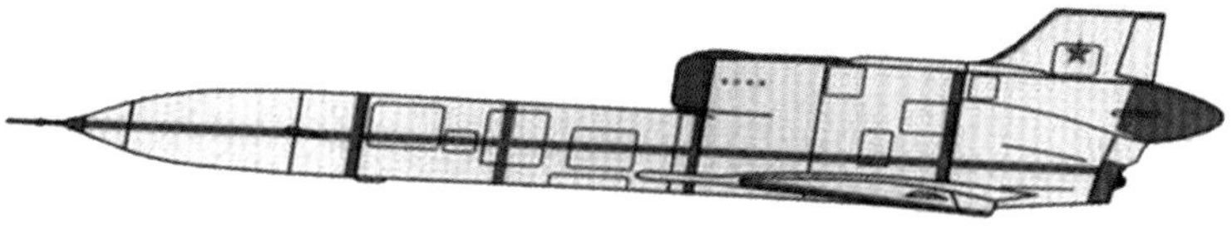

图 -143“航程”是苏联研制的无人侦察机，机头下方安装了两种不同的侦察设备，可通过机载纪录系统或直接传递给地面指挥所两种方式对侦察信息进行处理，还可以安装用于探测核辐射的设备。由于具有较快的飞行速度和一定的隐身性能，敌方防空火力系统很难将它击落。图 -143“航程”无人机按预编程序控制飞行，若有任务变化也可由地面人员遥控。

“不死鸟”无人机

制造商：马可尼公司

首飞时间：1986 年

空重：175 千克

“不死鸟”是由英国马可尼公司研制的无人机，采用卡车运输，并且使用车上的弹射器进行

发射。降落方式为降落伞伞降，并装有缓冲装置。该机的腹部通过一个稳定的旋转臂装有一个双轴稳定传感器吊舱，吊舱中有热成像通用模块。该设备可昼夜照相，视场角为60×40度。

CL-289 无人机

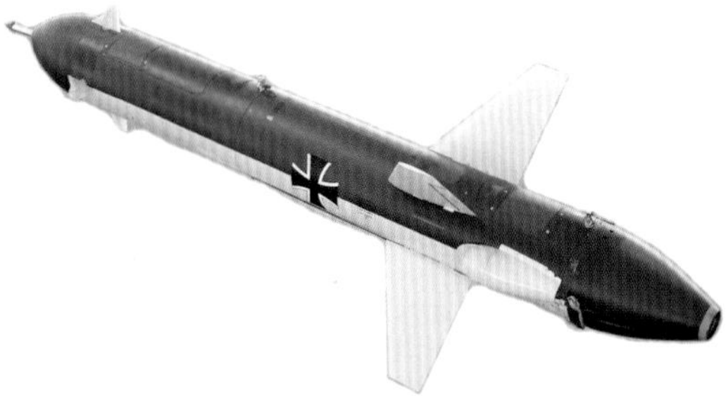

制造商：欧洲宇航防务集团

首飞时间：1990 年

空重：127 千克

CL-289 是加拿大、德国和法国联合研制的一款主要用于侦察的无人机，采用圆形的金属机身，带有塑料的头锥，主要侦察设备为照相和红外扫描探测设备，能够执行昼夜战场情报搜集任务。起飞方式为从移动卡车的零长射架上发射起飞，发射后不久助推火箭自动分离。回收方式为降落伞回收，无人机先由锥形伞减速，然后主伞打开，并使无人机的背部向下，随后，前、后充气囊充气，以在着陆时起到缓冲作用。

“拉克什亚”无人机

制造商：印度斯坦航空公司

首飞时间：1985 年

空重：705 千克

“拉克什亚”无人机是印度斯坦航空公司按照印度国防研究与开发组织的要求制定的靶机 / 巡航导弹双重目的发展计划的成果，飞行高度可达 9000 米，通过降落伞回收，在飞行中可通过自动驾驶仪进行倾斜、翻转和偏航控制。印度国防部还将“拉克什亚”靶机改装为侦察机，并在奥里萨邦成功试飞。据悉，这次成功试飞的无人机装备了新的动力装置和印度自行研发的机载电子系统，性能大幅提高。

3.14　前景广阔的公务机

公务机即公务活动所乘坐的飞机，也泛指商务活动等法人活动所乘坐的飞机，由于这类活动一般选用小型喷气式或涡桨式飞机，故一般习惯上也把小型喷气式飞机俗称为公务机。

国际上公务机超过 70% 由航空公司或信托公司拥有，另有 25% 由跨国企业拥有，仅不到 5% 的公务机登记在个人名下。公务机大都有两台发动机以提高飞行安全性。高级公务机多采用涡轮风扇发动机，一般装在机身尾部和两侧的短舱内，以降低机舱的噪音。豪华的公务机机舱内有现代通信设备，供乘用人员办公用，飞行性能与航线飞机差不多。公务机对租户而言，具有省时、高效、安全、隐私性强、彰显尊贵等特点；对航空公司来说，公务机市场前景广阔，而一架公务机的价格仅为民航机的零头。

发达国家公务机较多，如美国拥有各种飞机 20.5 万架，公务机的年飞行小时数早已超过航班飞机的年飞行小时数。有 1.5 万家企业用自己的飞机从事公务运输。在美国，适合公务机起降的机场较多：航班飞机适用的机场不到 600 个，但适应中型飞机起降的机场超过 5000 个，适合小型飞机起降的机场则约有 19000 个。

塞斯纳 170 小型飞机

制造商：塞斯纳飞机公司

首飞时间：1948 年

空重：547 千克

塞斯纳 170 是由美国塞斯纳飞机公司早期设计并生产的单发四座位的小型飞机，通常作为私人飞机使用。早期的 170 型采用金属制成的机身、尾翼和高单翼，配备欧陆 O-300 发动机。170B 型是 170 系列最重要的一款，该型号拥有全新的机翼。最大襟翼角度增加至 40 度，翼轮有小幅修改，增加了后窗的面积和加长了发动机的护罩。

塞斯纳 172“天鹰”小型飞机

制造商：塞斯纳飞机公司

首飞时间：1955 年

空重：736 千克

塞斯纳 172“天鹰”是一款单发四座位的小型飞机，通常作为私人飞机使用，同时也是受欢迎的教练机。早期的 172 型与 170 型十分相似，具有相同机身。后来重新设计成前三点起落架，增加后窗以改良飞行员的视野，成为一款能够 360 度观察四周环境的飞机。

“湾流 I”公务机

制造商：格鲁曼公司

首飞时间：1958 年

空重：9934 千克

“湾流 I”是由美国格鲁曼公司研发生产的一款公务机，由两台配有四叶恒速螺旋桨的罗尔斯·罗伊斯 Dart 涡轮螺旋桨发动机提供动力，加装伸缩式三轮起落架。客舱设计有 8—24 个座位（密度较高），不过通常 10—12 个座位最为常见。该机舱室前部加装液压空中旋梯，用以进出。

塞斯纳 336/337“天空大师”小型飞机

制造商：塞斯纳飞机公司

首飞时间：1961 年

空重：1204 千克

塞斯纳 336/337“天空大师”是由美国塞斯纳飞机公司出品的系列民用飞机，采用独特的双反轴螺旋桨，民用市场外销多国。该系列小型飞机有便宜可靠的风评，所以不少预算吃紧的国家也将其当成军用小运输机和侦察机使用。

PA-31 公务机

制造商：派珀飞机公司

首飞时间：1964 年

空重：1915 千克

PA-31 是由美国派珀飞机公司研制的通用航空飞机，可作公务机或支线客机使用。机翼采用悬臂式下单翼，全金属结构。机翼在中心线处由厚钢板对接，主梁前由埋头平铆钉铆接，在机身与发动机短舱之间的翼根部分的前缘向前延伸，玻璃钢翼尖，补偿副翼与方向舵联动，右副翼有配平调整片，电操纵襟翼，可选装气囊式除冰系统。

塞斯纳 500/550/650“奖状”公务机

制造商：塞斯纳飞机公司

首飞时间：1969 年

空重：5316 千克

塞斯纳“奖状”系列是由美国塞斯纳飞机公司研制并生产的中小型商务喷气公务机，也是多用途的通用飞机。500 型在机身尾部两侧安装吊舱式发动机，550 型机身加长 1.14 米，翼展也加长，座位数增加到 10 个，航程和巡航速度也有所提高。650 型在外形上与早期“奖状”有较大的区别，采用后掠式机翼，T 形尾翼，翼展、机身均进行加长设计，安装加雷特 TFE731 涡轮风扇发动机。

“空中国王 350”公务机

制造商：豪客比奇公司

首飞时间：1972 年

空重：3520 千克

“空中国王 350”是美国豪客比奇“空中国王”系列公务机的旗舰机型。该机配备的双套中央俱乐部式豪华客舱可以乘坐 8 名乘客，油箱可携带足够飞行 2400 千米的燃油，同级别机型中最大的加温加压行李区可装载 520 千克的行李。它为乘客提供了更多的头部、肩部及下肢活动空间。每个座椅都可以前、后、侧向滑动，椅背的倾斜度可以平滑地调节。

EMB-121“新谷”公务机

制造商：巴西航空工业公司

首飞时间：1976 年

空重：3500 千克

20 世纪 80 年代，以美国为首的西方国家航空技术突飞猛进，三发飞机被逐渐淘汰，取而代之的是双发飞机。巴西航空工业引进了一些美国新型航空技术，打算研制一款新型的公务机。经过一段时间的研发设计，一款新公务机诞生了，它就是 EMB-121“新谷”公务机，其性能比旧款更佳，并采用当时巴西顶尖的发动机。

“挑战者”系列公务机

制造商：庞巴迪宇航集团

首飞时间：1978 年

空重：9292 千克

“挑战者”是由加拿大庞巴迪宇航集团研制的双发喷气式公务机，采用了柯林斯公司的全套机载设备和新的起落架和防滑系统，并加强了尾翼、增加了载油量和起飞重量。除了两个驾驶座位以外，最多可以安排 19 个座位。它具有的低油耗性能，使其不仅适合短程公务飞行，又具备跨洋飞行的灵活性。

塞斯纳 208“大篷车”小型飞机

制造商：塞斯纳飞机公司

首飞时间：1982 年

空重：2073 千克

塞斯纳 208“大篷车”系列是由塞斯纳飞机公司研制生产的 10—15 座单发涡轮螺旋桨式多用途轻型通用飞机，被广泛运用于军事、货运、民航等方面。该机经历了一系列的修改，并衍生出不同的机型，由最初的型号演变出多种改型。塞斯纳 208“大篷车”以其优良的适应能力著称，公司提供了不同的起落架安装模式，使塞斯纳 208“大篷车”能适应不同的地形，甚至包括水上版本。

“豪客 800”公务机

制造商：豪客比奇公司

首飞时间：1983 年

空重：7108 千克

“豪客 800”是由美国豪客比奇公司生产的喷气式公务机。该机拥有传统的飞机外形，机身、机翼及飞行控制面都在英国制造，再运送至豪客比奇公司在美国堪萨斯州威奇托的工厂进行总装、内装、试飞及交机。目前，“豪客 800”系列的最新生产型为“豪客 850XP”，于 2006 年 3 月取得美国联邦航空局（FAA）认证。

“猎鹰 900”公务机

制造商：达索公司

首飞时间：1984 年

空重：10255 千克

“猎鹰 900”是由法国达索公司研制的一款公务机，其设计源自“猎鹰 50”。相比“猎鹰 50”而言，“猎鹰 900”主要是增大了飞机尺寸和最大航程，两侧各有 12 个舷窗，最多可载客 19 人。此外，该机的特点还有：后掠式下单翼，翼型为梯形；3 台霍尼韦尔 TFE731-60 发动机，两台在机身后部两侧，一台安在垂直尾翼基部。

比亚乔 P180 公务机

制造商：比亚乔公司

首飞时间：1986 年

空重：3400 千克

比亚乔 P180 是由意大利比亚乔公司设计生产的公务机，以意大利语“前进”命名。比亚乔 P180 运营成本低、碳排放低，但却拥有卓越的性能及客舱舒适性。使用突破性的机身设计以及推进系统使其获得了比某些私人喷气式飞机更快的航速、更远的航程以及更高的燃油效率。

3.15 日益便利化的民航客机

民航客机是指体型较大、载客量较多的集体飞行运输工具，用于来往国内及国际商业航班。民航客机一般由航空公司运营，主要分为干线客机和支线客机。目前，世界上最大的客机生产商包括波音公司、空中客车公司、庞巴迪公司和巴西航空工业公司等。

目前世界上大型民航飞机的飞行速度为 800 千米 / 时至 1000 千米 / 时，在高亚音速范围之内。如果想飞的更快的话就必须突破音障的考验。相应的，飞机的结构、外形、蒙皮材料等都要随之改变。

对于民航客机为何不以最大速度飞行，主要原因有以下三点。

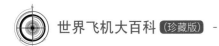

第一为了经济性

在巡航状态下的飞机，单位距离上消耗的燃料最少；同时根据巡航速度计算出飞机的最大航程，甚至战斗机的转场航程都是按照飞机的巡航速度计算出来的。所以巡航是一款飞机飞行之中燃料经济性最高的一段，它出现在爬升和下降之间，即从飞机起飞后开始，在飞机接近目的地进入下降位置准备降落的时候结束，该段通常占据了大部分的飞行时间。

当然，这个再细化具体点儿的解释是，当飞行速度增加，马赫数增大到 0.6 左右时，空气开始展现它的压缩性能，即阻力开始增大；当飞行速度增加到跨音速区时，即马赫数处在 0.8-1.2，开始产生激波，继而产生波阻。波阻在该区间内可能消耗发动机近乎动力的 3/4，在相同飞行距离里，跨音速飞行时间稍短，但其所耗燃油至少会增加 1.5 倍，所以民航飞机飞得快意义不是很大。

第二为了舒适性

在飞行中，随着飞行速度的提高，机身会剧烈摇晃，从而令客舱的座位产生剧烈振动，而且发动机的噪声会大于平常你所搭乘飞机所听到的噪声，这对人身体、心理而言都是极不舒服的。

第三为了安全性以及飞机的使用寿命

民航客机加速飞行甚至接近最大的设计速度时是没有问题的，但这会造成飞机各系统的负载变大，会降低各系统部件的寿命。

DC-7 民航客机

制造商：道格拉斯飞机公司	
首飞时间：1953 年	
空重：33005 千克	

DC-7 是道格拉斯飞机公司最后生产的螺旋桨活塞式发动机飞机，其直接取代型号是波音 707 及 DC-8。与 DC-6 相比，DC-7 的载客量变化不大，但航程几乎增加了一倍之多，巡航速度和实用升限也有所增加。凭借优异的性能，DC-7 问世之后成功占据了同级别客机市场的主导地位。

SE 210“卡拉维尔”民航客机

制造商：法国东南飞机制造公司

首飞时间：1955 年

空重：22200 千克

SE 210“卡拉维尔”是由法国东南飞机制造公司（后改为南方航空公司，又合并成法国宇航公司）研发的双发动机中短程喷气式客机。SE 210“卡拉维尔”的两台发动机分别安装在机身尾部两侧短舱内，是历史上第一款采用发动机后置尾吊布局的喷气式客机，之后衍生众多的追随者如 DC-9、MD-80 系列。

福克 F27 民航客机

制造商：福克公司

首飞时间：1955 年

空重：11204 千克

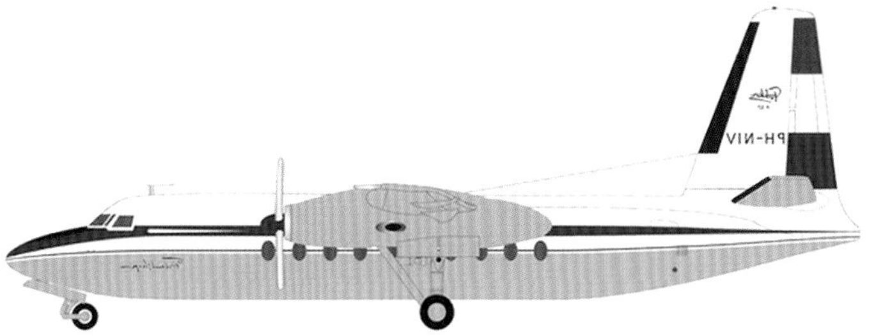

福克 F27 是由福克公司研发的涡轮螺旋桨小型客机。1956 年 4 月 26 日，美国费尔柴德公司与福克公司签订合同，费尔柴德公司会在美国协助生产 F27，其产品主要在美国销售。费尔柴德 F-27 与福克 F-27 有些不同，它的载客量达 40 人，且航程较远。许多福克 F27 还被改装为客货两用机或快递专用飞机。

IL-18 民航客机

制造商：伊留申设计局

首飞时间：1957 年

空重：35000 千克

IL-18 是由苏联伊留申设计局研发的四发涡轮螺桨短程客机。当 IL-18 投入使用时，英、美等国还没有同等的飞机可与之相比。虽然英国的“子爵”式涡桨运输机出现较早，但它的载重量只有 IL-18 飞机的一半。

波音 707 民航客机

制造商：波音公司

首飞时间：1957 年

空重：66406 千克

波音 707 是世界上第一款在商业上取得成功的喷气式民航客机，凭借该机的成功，美国波音公司执民航机生产牛耳接近 70 年。波音 707 的操作成本比当时的活塞式发动机飞机低数倍，这是它取得成功的最主要原因。其乘客量约为 219 人（经济、商务两级）或 258 人（一级），主要市场是长途主干线。

DC-8 民航客机

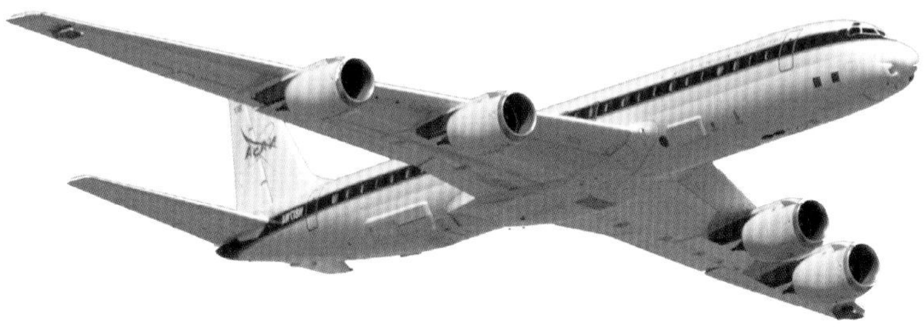

制造商：道格拉斯飞机公司

首飞时间：1958 年

空重：70000 千克

DC-8 是由道格拉斯飞机公司研制的四发动机喷气式客机，也是民航历史上第一代喷气式客机，在 20 世纪 50 年代时曾是波音 707 的最大竞争对手。由于 DC-8 可运载的货物量较波音 707 稍多，目前仍有数十架更换发动机后的 DC-8 在营运，而波音 707 则在 2000 年前后停止了商业运营。

安 -24 民航客机

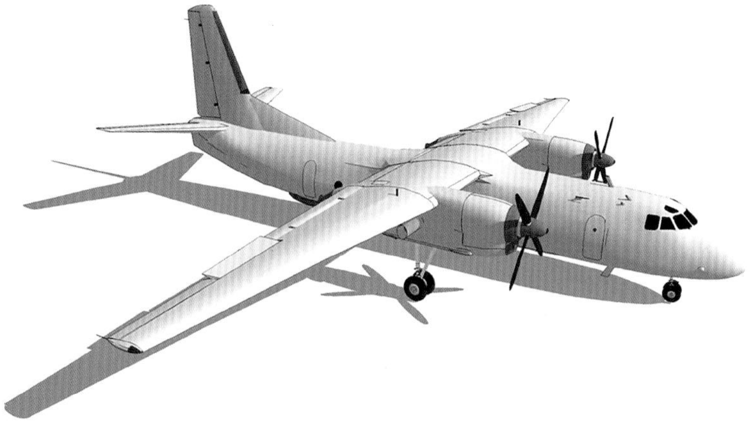

制造商：安东诺夫设计局

首飞时间：1959 年

空重：13300 千克

安 -24 是由苏联安东诺夫设计局研制的双发中短程涡轮螺桨运输机。该机采用全金属半硬壳式结构，前、中、后三段机身为胶接焊接连接而成。悬臂式上单翼，全金属双梁结构。驾驶舱内有驾驶员、副驾驶员兼无线电报务员，客舱有一名服务员。正常座舱布局可载客 50 人。客舱有增压和空调系统，客舱后部有厨房和厕所。

DH 121“三叉戟”民航客机

制造商：德•哈维兰公司

首飞时间：1962 年

空重：33475 千克

DH 121“三叉戟”是由德•哈维兰公司研制的一款三发短程客机，是世界上较早实现自动驾驶的机型之一。DH 121“三叉戟”客机采用半硬壳式机身，全金属（铝合金）蒙皮。机翼为悬臂式后掠下单翼，全金属结构，机翼前缘后掠 35 度。T 形尾翼，全动水平尾翼。

VC-10 民航客机

制造商：维克斯•阿姆斯特朗公司

首飞时间：1962 年

空重：151960 千克

VC-10 是由英国维克斯•阿姆斯特朗公司研制的一款四发中远程民航客机。VC-10 民航客机采用机尾安装发动机的布局，将四台发动机短舱悬吊在机身尾部两侧，这样既远离客舱，又紧靠机身，在一侧发动机故障时不致引起严重的不平衡推力，避免机翼装发动机吊舱对升力和阻力的影响。

IL-62 民航客机

制造商：伊留申设计局

首飞时间：1963 年

空重：71600 千克

IL-62 是苏联伊留申设计局研制的四发远程喷气式客机，外形最显著的特点是采用 T 形尾翼，后机身左右两侧各并排安排两台发动机。受机尾安装发动机的位置的影响，采用高平尾布局，增加了垂直尾翼结构的复杂性和重量。

波音 727 民航客机

制造商：波音公司

首飞时间：1963 年

空重：45360 千克

波音 727 是由波音公司研制的三发中短程民航客机，投产期间是美国国内航空的主力机种，以及中短程国际航线机种。该机机身大致沿用波音 707 的设计，但机身下半部比波音 707 深 3 米。此举除了降低开发成本，更使两款机型有零件共通性，而且拥有比当时其他同级飞机更宽阔的机舱空间。

图 -134 民航客机

制造商：图波列夫设计局

首飞时间：1963 年

空重：27960 千克

图 -134 是由苏联图波列夫设计局研发的双发动机窄体客机。图 -134 是在图 -124 的基础之上，将机翼下的发动机后移至机尾处，再改用 T 形尾翼而成。该机是苏联第一款能符合西方标准的客机，它良好的适应性可以在苏联和其他国家的大多数机场内降落。

BAC 1-11 民航客机

制造商：英国飞机公司

首飞时间：1963 年

空重：21049 千克

BAC 1-11 是由英国飞机公司研制生产的 100 座级短程喷气式客机。BAC 1-11 的两台发动机置于机身尾部两侧，采用 T 形尾翼，机翼后掠角 20 度。BAC 1-11 各型的载客量为 89—119 人。

EMB-110“先锋”民航客机

制造商：巴西航空工业公司

首飞时间：1968 年

空重：3393 千克

EMB-110“先锋”是由巴西航空工业公司研制的双发涡轮螺桨式轻型运输机，各型号之间的不同之处较多，以 P1A 型为例，其重大改进包括：为减小振动和噪音，水平尾翼上反角由 0 度改为 10 度；升降舵配重移至中心线处，升降舵调整片上加配重，升降舵操纵拉杆改为 2 套。

DC-9 民航客机

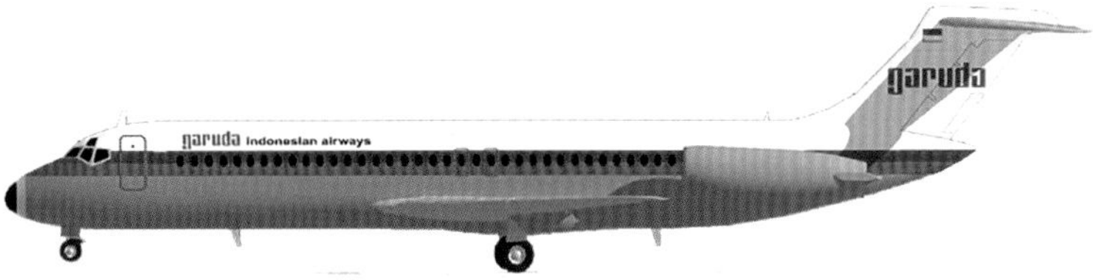

制造商：道格拉斯飞机公司

首飞时间：1965 年

空重：28068 千克

DC-9 是由道格拉斯飞机公司研发的双发中短程窄体民航客机，以波音公司的波音 727 为市场竞争对手。DC-9 外形最大的特点就是机身尾部两侧各装一台涡轮风扇发动机以及呈 T 形垂直尾翼和水平尾翼。

雅克 -40 民航客机

制造商：雅克夫列夫实验设计局

首飞时间：1966 年

空重：9400 千克

雅克 -40 是由苏联雅克夫列夫实验设计局研制的三发短程喷气式支线运输机，有客机、专机、货运机、客货混合机和救护机等型别，除了 40 座客机的机身加长 2 米之外，其他型别都只是机舱布局不同，结构并无多大区别。

波音 737 民航客机

制造商：波音公司

首飞时间：1967 年

空重：44676 千克

波音 737 是由波音公司生产的双发中短程喷气式民航客机，堪称民航历史上最成功的窄体民航客机系列。与过去的波音飞机不同，波音 737 在机身蒙皮内胶接有格形加强板，每排连接件处的蒙皮为双层，以改进机身的疲劳特性。设计之初，波音 737 就已确立只需正副驾驶两人的驾驶舱操作方式。

福克 F28 民航客机

制造商：福克公司

首飞时间：1967 年

空重：33000 千克

福克 F28 是由荷兰福克公司主导研发的喷气式客机。福克 F28 采用与其他同时代客机如英国 BAC 1-11、美国 DC-9 很接近的形态设计，即采用 T 形尾翼，两具罗尔斯·罗伊斯 Spey 550 发动机。

图 -154 民航客机

制造商：图波列夫设计局

首飞时间：1968 年

空重：55300 千克

图 -154 是由苏联图波列夫设计局研发的三发动机中程客机，该机结构稳固，推重比较好，起飞表现良好，能从凹凸不平的跑道上起飞，拥有 14 个大型低压轮胎使其能在积雪而未平整的跑道上降落。对习惯波音客机的乘客来说，图 -154 的机舱比较狭窄。这是机舱截面内部呈椭圆形和天花板比一般西方研发的客机低的缘故。

图 -144 民航客机

制造商：图波列夫设计局

首飞时间：1968 年

空重：99200 千克

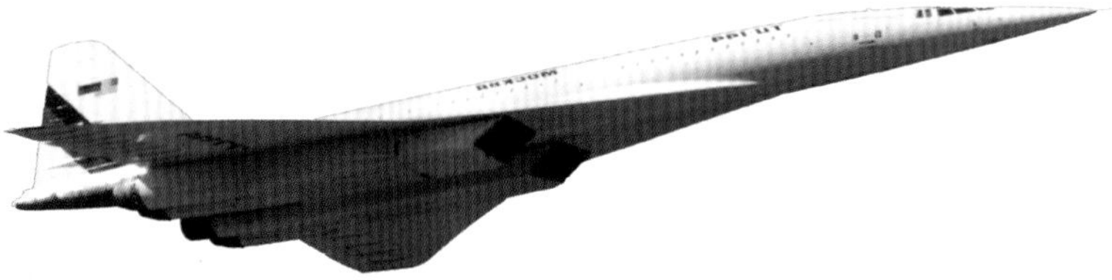

图 -144 是由苏联图波列夫设计局研制的超音速客机，也是世界上最先首飞的超音速民航客机。图 -144 由于技术上、经济性方面存在问题，在研制过程中还发生两起重大事故，

极大的影响并限制了它的应用与发展，它只在极少的航线上进行了少量的民航航班运营，缔造了一些航空纪录，在 1984 年后就彻底停止了商业飞行。

“协和”式民航客机

制造商：法国宇航公司、英国飞机公司

首飞时间：1969 年

空重：78700 千克

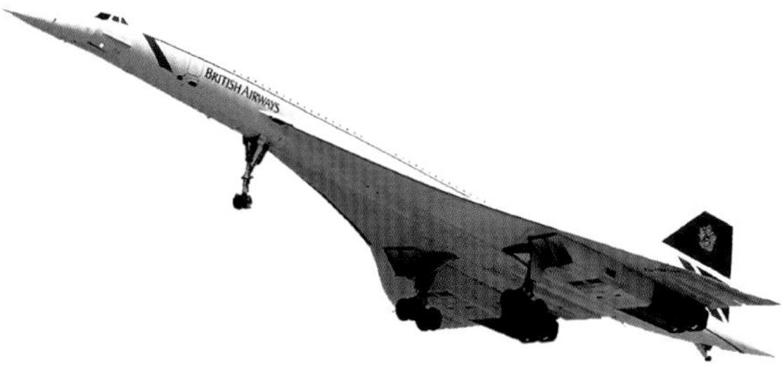

“协和”是一款由法国宇航公司和英国飞机公司联合研制的中程超音速客机，该机是首款使用模拟电传操纵的民航客机，也是首度以半导体器件和被动元件形成混合集成电路作为飞机电子系统主体。操作方面，“协和”式客机需要三名机员共同负责，包括正、副飞行员及飞行机械工程师。

DC-10 民航客机

制造商：麦道公司

首飞时间：1970 年

空重：122567 千克

DC-10 是由麦克唐纳公司与道格拉斯公司合并后的麦道公司生产的第一款民航客机，目前仍有一部分被改装成货机使用。DC-10 采用 3 人驾驶舱，即正、副驾驶员和飞行工程师，还有两个观察员座椅。客舱混合级布局载客为 255—270 人，经济级布局载客为 380 人。

L-1011“三星”民航客机

制造商：洛克希德公司

首飞时间：1970 年

空重：105052 千克

L-1011“三星”是继波音 747 和麦道 DC-10 后，第三款投入商业运营的宽体喷气式客机，也是洛克希德唯一一款喷气式民航客机。L-1011“三星”拥有高度自动化的自动驾驶系统，并且是第一款具有美国联邦航空局自动着陆资质认可的宽体式客机，这使得 L-1011“三星”可以由机载自动驾驶系统进行零能见度下的完全自动化降落。

空中客车 A300 民航客机

制造商：欧洲空中客车公司

首飞时间：1972 年

空重：90900 千克

空中客车 A300 是欧洲空中客车公司在法、德、英、荷兰和西班牙等国政府支持下研制的双发宽体客机。该机采用圆形截面机身，宽度足以容纳 8 个座椅和两条走道，货舱可以并排放下 LD3 标准集装箱，而且比波音 747 安排更紧凑，空间利用率更高。

雅克 -42 民航客机

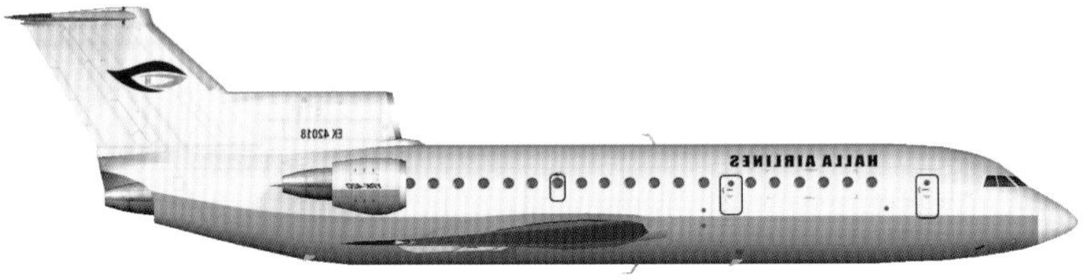

制造商：雅克列夫设计局

首飞时间：1975 年

空重：34518 千克

雅克 -42 是由雅克夫列夫实验设计局研制的三发中短程运输机，主要供西伯利亚干线向南北两侧延伸的中短程航线使用。该机的主要设计目标是结构简单，使用可靠，经济性好，能在气象条件差别很大的边远地区使用。该机采用全金属铆接和焊接半硬壳式硬铝结构，主机身为圆形剖面，后机身为卵形剖面。悬臂式下单翼，由一个中翼段和两个外翼段组成。

IL-86 民航客机

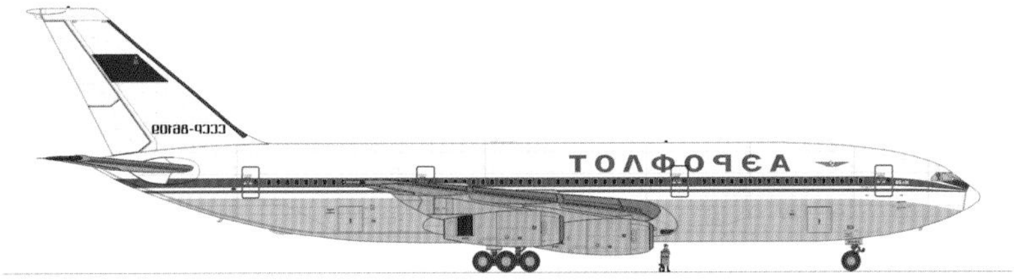

制造商：伊留申设计局

首飞时间：1976 年

空重：208000 千克

IL-86 是由苏联伊留申设计局研发的四发大型双过道宽体客机，也是苏联第一款宽体客机。该机也是苏联设计的第一款翼下吊挂布局的客机，飞机设计与西方宽体客机基本相同，但在发动机短舱设计、起落架布置和机舱安排等方面有独到之处。

安 -72 民航客机

制造商：安托诺夫设计局

首飞时间：1977 年

空重：19050 千克

安 -72 是由苏联安托诺夫设计局研发的运输机，该机最大特点是它的发动机放置于机翼之上，吹出的气流在机翼上表面流过，利用附壁作用，产生大量额外升力，改善短距离起降的能力，同时减少发动机吸入地面碎片的可能。驾驶舱内有正、副驾驶员和飞行工程师，主货舱可运送 32 名乘客或 24 名伤员加 1 名护士。

MD-80 民航客机

制造商：麦道公司

首飞时间：1979 年

空重：35400 千克

MD-80 是麦道公司为了满足航空公司对更大载客量的中短程客机需求而研制的。与 DC-9 相比，MD-80 加长了机身，增大了最大起飞重量与油箱容量，于机身后方两旁装上普惠 JT8D 涡轮发动机，小型但高效的机翼及 T 形尾翼。

BAe 146 民航客机

制造商：英国宇航公司

首飞时间：1981 年

空重：23897 千克

BAe 146 是由英国宇航公司研制的四发短程喷气式支线运输机。该机具有使用费用低、噪音低等特点。与一般支线客机相比，BAe 146 系列具有宽机身、优越的旅客座位配置规格，采用每行 5 个座位排列，而不是传统的 4 座位并列。

波音 767 民航客机

制造商：波音公司

首飞时间：1981 年

空重：103872 千克

波音 767 是波音公司第一款带有玻璃荧幕座舱的宽体双发客机，也是首次采用两人驾驶制的宽体飞机。波音 767 与窄体客机波音 757 同一时期开发，两者有很多相似之处。由于波音 767 的机体内部直径只有 4.7 米，是宽体客机中最窄的，因此舒适度不如空中客车 A330。

波音 757 民航客机

制造商：波音公司

首飞时间：1982 年

空重：59350 千克

波音 757 是由波音公司研发的中型单通道窄体民航客机，用于替换波音 727，并在客源较少的航线上作为波音 767 的补充。该机的性能非常优异，因其较快的爬升速度而不时被称为“火箭飞机”，在最大起飞重量的情况下，波音 757 能比其他商业客机用较短的时间爬升至 13700 米。

空中客车 A310 民航客机

制造商：欧洲空中客车公司

首飞时间：1982 年

空重：83100 千克

A310 是欧洲空中客车公司为与波音 767 竞争在空中客车 A300 基础上研制的 200 座级中短程双通道宽体客机。得益于空气动力学技术进展，A310 较小的机翼可获得更好的升力及性能，缺点是机翼载油量较小，航程能力受限制。

比奇 1900 民航客机

制造商：比奇飞机公司

首飞时间：1982 年

空重：4831 千克

比奇 1900 是目前世界上广泛使用的“空中国王”公务机的衍生型，机上有 40% 的零部件和“空中国王”通用。机身为铝合金半硬壳式破损安全增压结构，机翼采用悬臂式下单翼，悬臂式 T 形尾翼由后掠式垂尾和平尾组成，平尾两侧下翼面靠近翼尖有小型端板，后机身两侧有固定式辅助水平安定面，升降舵和方向舵均有调整片，平尾和辅助水平安定面前缘装气囊式除冰装置。

萨博 340 民航客机

制造商：萨博公司、费尔柴德公司

首飞时间：1983 年

空重：8140 千克

萨博 340 是由瑞典萨博公司和美国费尔柴德公司共同研发、生产的双发短程涡轮螺旋桨客机。萨博 340 的驾驶舱设两个驾驶员座椅，一个观察员座椅，服务员座椅在客舱左前方。客舱内最多可安排 35 座。每排 3 座，共 11 排，客舱中间有过道，右前方有两个面向后的座椅。客舱左前方的食品间、衣帽间或储藏间是标准设备。

庞巴迪 Dash 8 民航客机

制造商：庞巴迪宇航公司

首飞时间：1983 年

空重：29260 千克

Dash 8 系列客机是加拿大庞巴迪宇航公司最畅销的机种，除了可以满足严苛作业环境外，也非常适合高密度起降、潮湿及酷热的作业特性。除了高可靠性之外，Dash 8 的平直主翼及大型垂直尾翼还能提供非常良好的低速特性。

EMB-120“巴西利亚”民航客机

制造商：巴西航空工业公司

首飞时间：1983 年

空重：7070 千克

EMB-120“巴西利亚”是由巴西航空工业公司研制的一款双发涡轮螺桨支线客机、货机。EMB-120 的特点是价格便宜、机载设备先进、使用维护费用低，曾是国际支线客机市场上的热销产品。该机采用低翼设计，机身采用半硬壳设计，机翼、襟翼、垂直尾翼、水平尾翼、机鼻和机尾采用少量复合材料构造。

ATR 42 民航客机

制造商：法国宇航公司、意大利阿莱尼亚公司

首飞时间：1984 年

空重：11250 千克

ATR 42 是由法国宇航公司和意大利阿莱尼亚公司联合研制的双发涡桨式支线运输机。ATR 是法文和意大利文“区域运输机”的略语，42 是基本型客机的载客数。ATR 42 客机采用上单翼和 T 形尾翼布局，普通半硬壳式破损安全结构，主要由轻合金部件构成，结构设计使用寿命为 25 年。

福克 F50 民航客机

制造商：福克公司

首飞时间：1985 年

空重：12250 千克

福克 F50 是为荷兰福克公司研发的双发涡轮螺旋桨支线客机。福克 F50 的外形尺寸与福克 F27 基本相同，采用了福克 F27 的经过考验的机体，但在布局上做了改进，结构也做了修改，如将旅客登机门改到前机身左侧，去掉了大的货舱门，增加了客舱窗户。

BAe ATP 民航客机

制造商：英国宇航公司

首飞时间：1986 年

空重：13595 千克

BAe ATP 是由英国宇航公司研发的短程客机，其驾驶舱比较现代化，采用四个电子飞行仪表系统。飞机机身前后各加设了一个货门。尽管 BAe ATP 拥有良好运作性，与同级飞机相比也更为宁静，但它的低速度与落后的科技成为致命伤，竞争力远不及对手，销量惨不忍睹。

福克 100 民航客机

制造商：福克公司

首飞时间：1986 年

空重：24541 千克

福克 100 是由荷兰福克公司研制的双发中型窄体客机。福克 100 有着比福克 F28 更长的机身，但维持固有经济舱“3+2”的座位布局。设计团队为福克 100 重新设计了后掠翼，驾驶舱也以多功能显示屏玻璃座舱取代了传统的指针式仪表。

空中客车 A320 民航客机

制造商：欧洲空中客车公司

首飞时间：1987 年

空重：42400 千克

空中客车 A320 系列是由欧洲空中客车公司研发的双发单通道中短程窄体客机，成员包括 A318、A319、A320、A321 以及商务客机 ACJ。空中客车 A320 系列旨在满足航空公司低成本运营中短程航线的需求，为运营商提供了 100—220 座级飞机中最大的共通性和经济性。

IL-96 民航客机

制造商：伊留申设计局

首飞时间：1988 年

空重：122300 千克

IL-96 是由伊留申设计局研发的四发远程宽体客机。该机应用了带翼梢小翼的超临界机翼、“玻璃座舱”和电传飞行操作控制系统等先进技术，使用寿命达 60000 飞行小时。该机采用普通半硬壳式轻铝合金圆形截面结构，主驾驶舱和地板下货舱的地板为蜂窝结构。

ATR 72 民航客机

制造商：法国宇航公司、意大利阿莱尼亚公司

首飞时间：1988 年

空重：12950 千克

ATR72 是由法国与意大利合资制造的双螺旋桨民航客机，机身和 ATR 42 相同，但长度增加。驾驶舱设备及布局也和 ATR 42 基本相同，但增加了微型发动机监控设备，加油仪表板上有燃油传输装置仪表。

图 -204 民航客机

制造商：图波列夫设计局

首飞时间：1989 年

空重：103000 千克

图 -204 是由苏联图波列夫设计局研发的双发中程客机，用于取代图 -154 客机。该机采用全金属半硬壳式椭圆形机身，由铝锂合金和钛合金制造，机头雷达罩和一些舱盖采用复合材料。图 -204 飞机涵盖了客运、货运、客货两用以及客货快速转换各种型别，其突出优点是价格低。

MD-11 民航客机

制造商：麦道公司

首飞时间：1990 年

空重：52632 千克

MD-11 是麦道公司研发的三发宽体客机，由 DC-10 客机发展而来。MD-11 提供了新发动机供买家选择，在物料上使用了更多复合材料，驾驶舱的设备也全面数字化。该机一共出产了四个版本，即客机、全货机、可改装货机、客货两用机。

IL-114 民航客机

制造商：伊留申设计局

首飞时间：1990 年

空重：15000 千克

IL-114 是苏联研制的双发涡桨短程民航客机，可昼夜飞行，复合材料约占机体重量的 10%，飞机使用寿命 30000 小时或 30000 个起落，可在未铺设的跑道上起降，单价为 1000 万美元。

空中客车 A340 民航客机

制造商：欧洲空中客车公司

首飞时间：1991 年

空重：129275 千克

A340 是欧洲空中客车公司首款四发长程客机，也是世界上第一款使用数字控制系统的民用飞机。空中客车 A340 系列通过技术削减飞机维护成本，降低了飞机的重量并减少了燃油成本。该机配备四台发动机的布局可使航空公司有能力灵活制定远程和超远程航线计划，用以补充已有的飞机系列。

道尼尔 328 民航客机

制造商：道尼尔公司

首飞时间：1991 年

空重：8922 千克

多尼尔 328 是由德国道尼尔公司研发的可分别采用涡桨及涡扇发动机的支线客机。该机采用了特殊机翼剖面和平面外形的上单翼结构，并且上下翼面由实心材料铣削加工而成，因此在减少结构重量的同时大幅度提高了升阻比并节约燃油消耗。

MD-90 民航客机

制造商：麦道公司

首飞时间：1993 年

空重：40007 千克

MD-90 是由麦道公司在 MD-80 的基础上研发的双发中短程客机，采用 MD-80 的机身截面形状，先进的高升力机翼和电子飞行仪表系统。可互换的、标准的机身部件使 MD-90 可在 MD-80 的生产线上装配。麦道公司原计划在 MD-90 上使用超高涵道比桨扇发动机，后因桨扇发动机的节油效果不太能显示出经济上的优越性，最终选用了国际航空发动机公司（IAE）的 V2500-D1 涡扇发动机。

传奇武器鉴赏：波音 747 民航客机

基本参数	
机长	76.4 米
机高	19.4 米
翼展	68.5 米
航程	15000 千米
速度	988 千米 / 时

波音 747 是由美国波音公司在 20 世纪 60 年代末在美国空军的主导下推出的大型商用宽体客机，也是世界上第一款宽体民用飞机，自 1970 年投入服务后，直到空中客车 A380 投入服务之前，波音 747 保持全世界载客量最高飞机的纪录长达 37 年。

研发历程

20 世纪 60 年代初，美国空军提出战略运输机计划，要求制造一款能够运载 750 名士兵或者两辆战车飞越大西洋的巨型运输机。波音公司在竞标中输给了洛克希德公司，其已在研究把巨无霸运输机和高性能发动机民用化的可能。

波音公司在 1960 年与洛克希德公司竞投美国空军喷气式大型远程运输机项目。结果美军选择了洛克希德公司的方案。

当时波音公司的客户——泛美航空公司希望波音公司能够提供一种比波音 707 大两倍的客机。于是波音公司把原来的运输机设计加以修改。最初的设计方案为全机双层机舱，但是不久即改为宽体机身的设计。20 世纪 60 年代末期的一般想法是民航即将进入超音速时代。因为考虑到波音 747 将来可改作货机用途，所以波音 747 在设计时将驾驶室置于上层，方便作货机用时可使用“揭鼻式”前端货门。但超音速民航机最后因为燃料、飞机价格、噪音等问题而成昙花一现。波音 747 的销售量亦远超预期，为波音公司带来可观收入。原本只作机员、头等休憩处的上层机舱则被加长，成为商务舱。

1969 年 2 月，波音 747 一号机飞上天空，波音公司在 747 上的开发与生产成本超过 10 亿美元，已经超过公司本身净值。然而，已有 26 家航空公司下单订购了 150 架波音 747，每架飞机价值 2500 万美元。

整体构造

波音 747 的机翼采用悬臂式下单翼，铝合金双梁破损安全结构。外侧低速副翼、内侧高速副翼，三缝后缘襟翼，每侧机翼上表面有铝质蜂窝结构扰流片，每侧机翼前缘有前缘襟翼，机翼前缘靠翼根处有 3 段克鲁格襟翼。尾翼为悬臂式铝合金双路传力破损安全结构，全动水平尾翼。动力装置为 4 台涡轮风扇喷气式发动机。由发动机带动 4 台交流发电机为飞机供电，辅助动力装置带发电机。4 套独立液压系统，还有一备用交流电液压泵。起落架为五支柱液压收放起落架。两轮前起落架向前收起，4 个四轮小车式主起落架：两个并列在机身下靠机翼前缘处，另两个装在机翼根部下面。

运输性能

波音 747 采用两层客舱的布局方案，驾驶室置于上层前方，之后是较短的上层客舱。驾驶舱带两个观察员座椅。公务舱在上层客舱，头等舱在主客舱前部，中部可设公务舱，经济舱在后部。客舱地板下货舱：前舱可容纳货盘或 LD-1 集装箱；后舱可容纳 LD-1 集装箱和散装货物。

波音 747 客机的驾驶舱

飞行中的波音 747 客机

波音 747 客机的组装线

Chapter 04

新的世纪

20 世纪 80—90 年代电子信息技术的迅猛发展，给军用飞机的发展带来了划时代的变化，不仅飞行速度、高度与航程获得极大提高，而且飞机的机动性、目标特性与信息对抗能力也有了质的跃升。飞机从战争的协同力量变成了战争的主力，甚至成为决定性力量。在 20 世纪后半叶，喷气式战斗机已经发展了四代，此外还出现了许多先进的攻击机、预警机、轰炸机、军用运输机、教练机、无人侦察机和武装直升机等军用飞行器，构成了一个完整的空军装备体系。时至今日，第五代战斗机已经陆续登上了历史舞台，其他军用飞机也有着日新月异的变化。

2000—2020 年

2003 年　美国麻省理工学院与英国剑桥大学的研究团队，启动一项计划名为“静音飞机计划”，这将彻底改造客机的概念设计

2004 年　首批 F-22 战斗机交付美国空军使用

2009 年　波音公司官方发布了第一张 747-8 货机在生产线上的照片

2010 年　俄罗斯的首款隐形战斗机 T-50 战斗机进行首飞

2011 年　波音公司正式把首架 747-8F 货机正式交付卢森堡货运航空

2015 年　美军 X-47B 无人机与 KC-707 空中加油机采用“飞锚式”技术成功完成历史上首次无人机空中加油测试

2017 年　俄罗斯空军给新型隐形战斗机正式编号苏 -57

2018 年　俄军下令 2 架苏 -57 直接开往叙利亚战场，在实战环境下测试

2020 年　波音 777-9X 正式首飞

4.1 更新换代的战斗机

随着技术的进步，战斗机也在不断地升级。对其进行分代也是必要的，美国、俄罗斯都分别制定了各自的分代标准，大致的分代原则有以下三条。

各国研制的战斗机分代标准应该是统一的，应该以技术最先进的国家的典型战斗机作为“标杆”，确定分代的标准。

各代战斗机的主要技术水平和作战效能要有“台阶性”的提高。也就是说下一代战斗机比上一代战斗机要“高出一个台阶”。而不是只要技术水平有所提高、技术特点有所不同，就算“更新换代”了。“换代飞机”必须曾是一个时期的主力机种，要有一定的装备数量、并经过实战考验，一些研究性的飞机不能被看作换代飞机。

虽然自 2005 年以后媒体使用俄罗斯五代机划分的描述开始出现，但直至今天，世界航空业，仍是采用传统的四代分法。

新的第五代飞机实际上是一种隐身无人机。与四代机相比，第五代战斗机通过全翼身融合和大升阻比设计，使飞机在各种高度、各种姿态下的隐身性和机动性都得到了很好的兼顾。如果说前四代机是基于信息系统，那么第五代战斗机就是基于物联网。实现了真正意义上的陆、海、空、天、电、网一体化，实现了基于物联网的互联互通互操作。

EF2000“台风”战斗机

制造商：欧洲战斗机公司

首飞时间：1994 年

空重：11000 千克

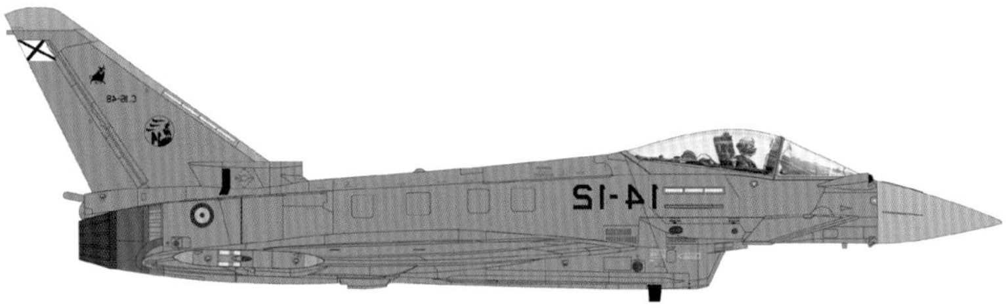

“台风”是一款双发多功能战斗机，也是世界上少数可以在不开后燃烧器的情况下超音速巡航的量产战斗机。“台风”是集易组装、隐身性、 高效能和先进航空电子于一体的多功能战斗机，除空战能力强之外，还拥有不错的对地作战能力，可使用各种精确对地武器。与其他同级战斗机相比，该机也更具智能化，可有效降低飞行员的工作量，提高作战效能。

F-2 战斗机

制造商：三菱重工公司、洛克希德·马丁公司

首飞时间：1995 年

空重：9527 千克

F-2 是日本航空自卫队装备的战斗机机种之一，也是接替 F-1 战斗机任务的后继机型。F-2 是世界上第一款将主动相控阵（有源电子扫描阵列）雷达投入服役的型号，搭载 J/APG-1 相控阵雷达。该型雷达是日本率先世界使用砷化镓半导体打造的，由日本国内独立研制生产。F-2 的主要任务为对地打击与反舰作战，但靠着先进的电子战系统和雷达，在空对空作战中也有很不错的表现。

苏 -37“终结者”战斗机

制造商：苏霍伊设计局

首飞时间：1996 年

空重：18500 千克

苏 -37“终结者”是苏 -27 战斗机的改进型，采用气动布局和推力矢量控制技术，实现了发动机推力量控制系统与雷达电传操纵控制系统的一体化，使其获得了前所未有的优异气动性能，即使在战斗状态下也具有高机动性、超敏捷性，可以在任何位置锁定和攻击目标。苏 -37“终结者”还装备了新型的更强大的相控阵雷达和后视雷达及后射导弹系统，使驾驶员能向后方的目标开火。

苏 -47“金雕”战斗机

制造商：苏霍伊设计局

首飞时间：1997 年

空重：16830 千克

苏 -47“金雕”是俄罗斯新一代战斗机的技术验证型号。其机身横截面为椭圆形，

全机主要由钛铝合金建造，13% 为复合材料。机鼻雷达罩在前部稍微变平，底边为水平。该机最显著的特征是采用前掠翼布局。前掠翼的纵横比很高，这使它在长距离任务中有很高的性能。不过由于无法满足俄罗斯军方的空战需求，最终停止研发，并未被俄罗斯军方采用，也没有实现量产。

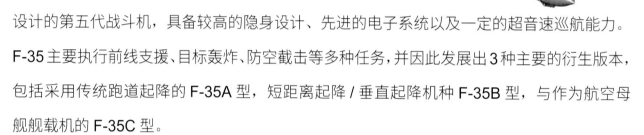

F-35“闪电 II”战斗机

制造商：洛克希德·马丁公司

首飞时间：2000 年

空重：13300 千克

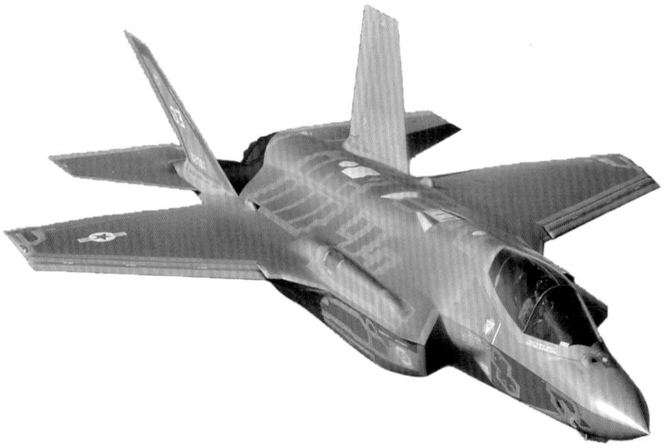

F-35“闪电 II”是 F-22 的低阶辅助机种，属于具有隐身设计的第五代战斗机，具备较高的隐身设计、先进的电子系统以及一定的超音速巡航能力。F-35 主要执行前线支援、目标轰炸、防空截击等多种任务，并因此发展出 3 种主要的衍生版本，包括采用传统跑道起降的 F-35A 型，短距离起降 / 垂直起降机种 F-35B 型，与作为航空母舰舰载机的 F-35C 型。

F-35“闪电 II”的隐身设计借鉴了 F-22 的很多技术与经验，显示装置创造性地使用了触摸式显示技术。F-35 显示界面的先进性是由其复杂的任务决定的。与争夺空中优势的 F-22 不同，F-35 的任务涵盖范围更广。飞行员不再是简单的驾驶员，而是更高级的空中战术决策者。

LCA “光辉”战斗机

制造商：印度斯坦航空公司

首飞时间：2001 年

空重：6500 千克

LCA“光辉”是印度自行研制的第一款高性能战斗机，采用了大量先进的复合材料，不但有效地降低了飞机的自重和成本，而且加强了飞机在近距离缠斗中对高过载的承受能力，且机体复合材料、机载电子设备以及相应软件都具有抗雷击能力，这使得 LCA “光辉”能够实施全天候作战。

韩国 FA-50 战斗 / 攻击机

制造商：韩国宇航工业公司

首飞时间：2002 年

空重：6470 千克

韩国 FA-50 是以韩国国产超音速教练机 T-50 为基础改造而成的轻型攻击机。机体尺寸、武装、发动机、座舱配置与航空电子和控制系统均与前者相同，但两者的最大差异在于 FA-50 加装了 1 台洛克希德 • 马丁公司 AN/APG-67(V)4 脉冲多普勒 X 波段多模式雷达，可以获取多种形式的地理和目标数据。

米格 -35 战斗机

制造商：米高扬设计局

首飞时间：2007 年

空重：11000 千克

米格 -35 是由米高扬设计局研制的多用途喷气式战斗机，作用是在不进入敌方的反导弹区域时，对敌方的地上和水上高精准武器进行有效打击。该机机舱内不仅配备了“智能化座舱”，还装有液晶多功能显示屏。米格 -35 装备了全新的相控阵雷达，其火控系统中整合了经过改进的光学定位系统，可在关闭机载雷达的情况下对空中目标实施远距离探测。

F-15SE“沉默鹰”战斗机

制造商：波音公司

首飞时间：2010 年

空重：14300 千克

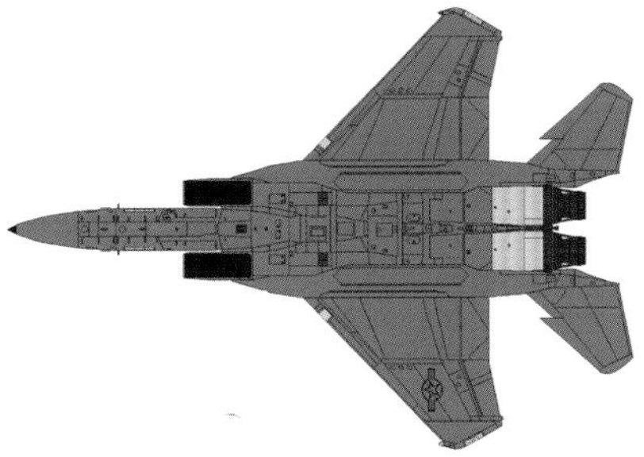

F-15SE“沉默鹰”为 F-15E 战斗机的升级机型，其主要特色是通过武器内藏化和使用无线电波吸收材料 (RAM) 来实现对雷达隐形。F-15SE“沉默鹰”在机背上采用了保形油箱，来扩大战斗机的作战半径。同时改变了原本的垂直水平尾翼，将水平尾翼向外倾斜 15°，这种设计参考了 F-22 战斗机的设计思路，能减少雷达的反射面积。

T-50 战斗机

制造商：苏霍伊设计局

首飞时间：2010 年

空重：17500 千克

T-50 是由俄罗斯联合航空制造公司旗下苏霍伊设计局主导，在“未来战术空军战斗复合体”(PAK FA) 计划下研制的第五代战斗机。隐身手段主要为大量使用复合材料、采用优异的气动布局和抑压发动机特征等，雷达、光学及红外线特征都比较小。俄罗斯军方宣称 T-50 拥有隐形性能，并具备超音速巡航的能力，且配备有主动电子扫描雷达及人工智能系统，能满足下一代空战、对地攻击及反舰作战等任务的需求。

ATD-X 战斗机

制造商：三菱重工公司

首飞时间：2016 年

空重：9700 千克

ATD-X 是专用于日本新一代战斗机先进技术的实际飞行、技术验证的机体。其设计架构大体上为双发动机、向量喷嘴、双垂直尾翼。为了降低雷达反射截面积，机体形状使用了不平整的表面以及带有圆角的设计。其测试样机将会用于验证一系列可能被用于建造新一代战斗机的技术方案。此外，该机将被用于研究对抗隐形战斗机的方法。

KF-X 战斗机

制造商：韩国宇航工业公司、印度尼西亚航空

首飞时间：计划中

空重：11800 千克

KF-X 是韩国和印度尼西亚联合研制一款先进多功能战斗机的计划的成果，是韩国继 T-50“金鹰”高级教练机之后研发的第二款战斗机。KF-X 的设计构图是前翼与机身边条一体化，

与机翼前后翼平行，以便达到较好的隐身效果。进气道采用了与 F-22 相当的加莱特进气口和 S 形进气道，避免了正面照射的雷达电波直接照射发动机，整体上来看 KF-X 的隐身能力还是可以达到较高水平的。

AMCA 先进中型战斗机

制造商：印度斯坦航空公司

首飞时间：计划中

空重：200000 千克

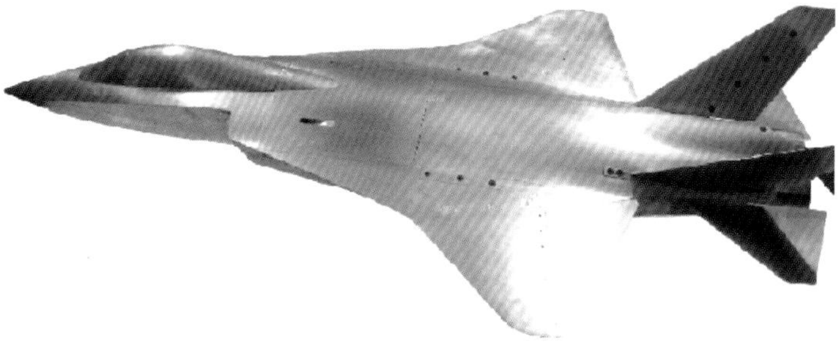

AMCA 是印度正在研制的第五代的“先进中型战斗机”，是一款双发隐身垂直起降战斗机，拟广泛采用隐身技术以对付敌方雷达的探测，采用弯曲进气道和内藏式武器弹舱，并大量使用碳复合材料和其他先进材料。AMCA 还将配备先进的航电系统，并具备超音速巡航能力。

传奇武器鉴赏：F-22“猛禽”战斗机

基本参数	
机长	18.92 米
机高	5.08 米
翼展	13.56 米
航程	4830 千米
速度	2410 千米 / 时

F-22“猛禽”战斗机是美国空军现役的双发单座隐形战斗机，其主承包商为美国洛克希德•马丁公司，负责设计大部分机身、武器系统和最终组装。

研发历程

F-22“猛禽”战斗机的研发最早可以追溯到 1971 年，当时美国战术空军指挥部提出了先进战术战斗机（Advanced Tactical Fighter，简称 ATF）计划。由于经费的原因，这个计划一直被推迟到 1982 年 10 月才最终定案，同时提出了技术要求。1986 年，以洛克希德公司（尚未与马丁公司合并）和波音公司为主的研制小组提出 YF-22 方案，并中标。1997 年，洛克希德 • 马丁公司首次公开 F-22 战斗机，并正式将其命名为"猛禽"。2005 年 12 月，F-22 战斗机正式服役。因法规的限制，F-22 战斗机无法出口，美国空军暂时是唯一使用者。

整体构造

F-22"猛禽"采用双垂尾双发单座布局。垂尾向外倾斜 27 度，恰好处于一般隐身设计的边缘。其两侧进气口装在翼前缘延伸面（边条翼）下方，与喷管一样，都做了抑制红外辐射的隐形设计，主翼和水平安定面采用相同的后掠角和后缘前掠角，都是小展弦比的梯形平面形，水泡式座舱盖凸出于前机身上部，全部武器都隐蔽地挂在 4 个内部弹舱之中。

作战性能

F-22"猛禽"战斗机在设计上具备超音速巡航（不需使用加力燃烧室）、超视距作战、高机动性、对雷达与红外线隐形等特性。该机装有 1 门 20 毫米 M61"火神"机炮，备弹 480 发。在空对空构型时，通常携带 6 枚 AIM-120 先进中程空对空导弹和 2 枚 AIM-9"响尾蛇"空对空导弹。在空对地构型时，则携带 2 枚联合直接攻击弹药（或 8 枚 GBU-39 小直径炸弹）、2 枚 AIM-120 先进中程空对空导弹和 2 枚 AIM-9"响尾蛇"空对空导弹。

F-22"猛禽"战斗机是世界上最先服役的第五代战斗机，拥有出色的综合作战能力。按照 2009 年的币值，F-22 战斗机的单位造价高达 1.5 亿美元，堪称世界上最昂贵的现役战斗机。据估计，F-22 战斗机的作战能力为 F-15 战斗机的 2—4 倍。F-22 战斗机的许多先进技术，还被应用到 F-35"闪电 II"战斗机上。

高空飞行的 F-22"猛禽"战斗机

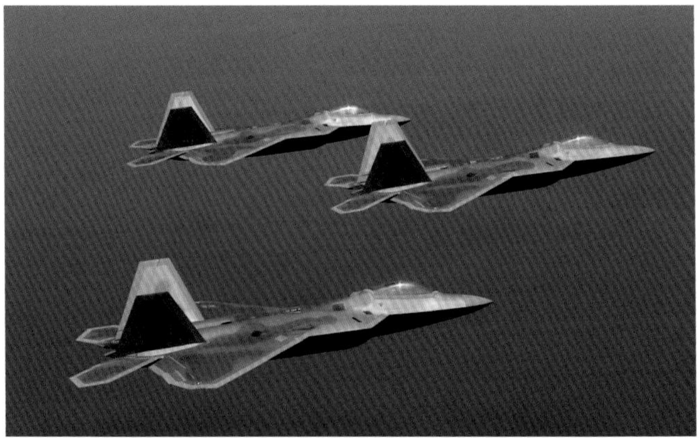

编队飞行的 F-22"猛禽"战斗机

F-22“猛禽”战斗机执行作战

4.2 轰炸机遭遇瓶颈

冷战结束之后，两大强权与附属势力的对抗不复存在，轰炸机担任核子武力投射的地位出现很大的变化。在巡航导弹技术成熟之后，美国与俄国的战略轰炸机开始成为导弹的投射载具，战略轰炸机也因此成为比过去更具象征性的威慑力量。

美、俄两国对于下一代的战略轰炸机尚未有明显的计划，英国与法国则放弃相关的发展。其他国家也没有跟进的迹象。加上空中加油技术与远程空载导弹的普遍化，大型且昂贵的战略轰炸机将逐渐被中小型的机种与导弹加以取代。

专门的战术轰炸机也逐渐被多用途的战斗机或新一代攻击机配合精确导引武器替代。冷战之后的空中打击非常强调降低非战斗人员与物资的损毁，各国纷纷发展精确度更高，但是减小弹头重量的新型炸弹，使得外型较小的飞机的轰炸效率比过去中大型轰炸机使用无导引炸弹高出很多。

降低轰炸机的可侦测性，也就是减少轰炸机散发的各种电磁讯号是设计的主流，限于各国拥有的技术，生产工艺能力以及可运用的成本，实际上能够达到的效果会有很大的不同。为了达到这个目标，高速飞行能力将不再是强调的设计重点，除了高速下机体摩擦会散发大量的红外线讯号以外，材料与制造的问题也会限制这方面的需求。

以无人机取代有人轰炸机将会是未来发展的另一个趋势，除了降低操作成本、减少人员伤亡以外，机体得以缩小并且提高运动能力，同时也有助于减少被侦测的距离与概率。只是纯粹自动化的无人轰炸机还需要不少时间才能到达系统成熟的阶段。

B-21“突袭者”战略轰炸机

制造商：诺斯洛普·格鲁曼公司

首飞时间：计划中

空重：未知

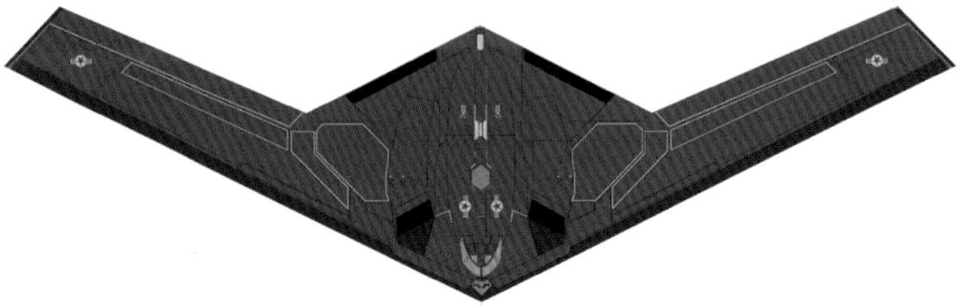

B-21“突袭者”是美国空军研发中的远程轰炸机，为顺利实现量产并替代两款老化的战略轰炸机，B-21 轰炸机的研制过程吸取 B-2 轰炸机的经验教训，大量使用成熟技术，确保成本大幅下降。B-21 轰炸机的主起落架采用双轮设计，而非 B-2 轰炸机的四轮小车式结构，间接证明 B-21 轰炸机的尺寸和重量均小于后者，载弹量也将进一步下降。

传奇武器鉴赏：B-2“幽灵”轰炸机

基本参数	
机长	21 米
机高	5.18 米
翼展	52.4 米
航程	11000 千米
速度	1010 千米 / 时

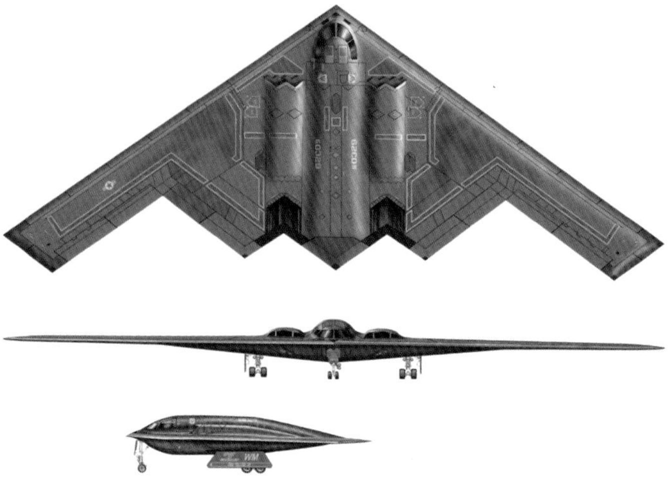

B-2“幽灵”是由美国诺斯洛普·格鲁曼公司和波音公司研制的隐身战略轰炸机，1997 年开始服役。

研发历程

1981 年 10 月 20 日，诺斯洛普 / 波音团队打败洛克希德 / 洛克威尔团队，赢得先进技术轰炸机（Advanced Technology Bomber，简称 ATB）计划，在麻省理工学院科学家协助之下为美国空军研制生产新型轰炸机。1989 年 7 月，B-2 原型机首次试飞，之后又经历了军方进行的多次试飞和严格检验，生产厂家还不断根据空军所提出的种种意见而进行设计修改。1997 年，B-2“幽灵”轰炸机正式服役。因造价太过昂贵和保养维护复杂的原因，B-2 轰炸机至今一共只生产了 21 架。

1999 年，在北约对塞尔维亚的军事行动中，美军多架 B-2“幽灵”轰炸机由美国本土直飞塞尔维亚，其间共投下 600 多枚联合直接攻击弹药（JDAM），是空战中隐身性与准确性的一大革命。

整体构造

B-2“幽灵”轰炸机没有垂尾或方向舵，机翼前缘与机翼后缘和另一侧的翼尖平行。飞机的中间部位隆起，以容纳座舱、弹舱和电子设备。中央机身两侧的隆起是发动机舱，每个发动机舱内安装两台无加力涡扇发动机。机身尾部后缘为 W 形锯齿状，边缘也与两侧机翼前缘平行。由于飞翼的机翼前缘在机身之前，为了使气动中心靠近重心，也需要将机翼后掠。

作战性能

由于采用了先进奇特的外形结构，B-2“幽灵”轰炸机的可探测性极低，使其能够在较危险的区域飞行，执行战略轰炸任务。该机航程超过 10000 千米，而且具备空中加油能力，大大增强了作战半径。该机每次执行任务的空中飞行时间一般不少于 10 小时。美国空军称其具有“全球到达”和“全球摧毁”的能力，可在接到命令后数小时内由美国本土起飞，攻击全球大部分地区的目标。该机没有装备固定武器，最多可以携带 23000 千克炸弹。

B-2“幽灵”轰炸机是目前世界上唯一的隐身战略轰炸机，按照 1997 年的币值，每架 B-2 轰炸机的造价高达 7.37 亿美元。若以重量计，服役初期 B-2 轰炸机的重量单位价格比黄金还要贵 2—3 倍。在 F-35 战斗机服役之前，B-2 轰炸机与 F-22 战斗机是世界上仅有的可以进行对地攻击任务的隐身战斗机。

B-2 轰炸机投射导弹

B-2“幽灵”轰炸机在空中加油

B-2“幽灵”轰炸机正在起飞

4.3 不可估量的军用直升机

直升机在人类的生产和生活中得到越来越多的应用，全球市场表现出对于直升机的持续需求。尤其是新兴市场，随着经济的发展，对于直升机有着大数量、高增长的需求。世界上43%的直升机服役时间在25年以上，更新换代的需求进一步增加了对于直升机生产的诉求。据相关数据研究中心统计对2011—2020年的全球直升机市场做出预测，10年间将需要交付至少16970架直升机，总价值1400亿美元。其中民用直升机10900架，价值340亿美元，军用直升机6070架，价值1060亿美元。

大量使用直升机已是现代战争的重要特征之一，直升机的突出作用是提高了机动作战能力。根据这一特点，许多国家组建起以直升机为主要装备的陆军航空兵。海军的舰队、陆战队和大型舰艇也装备有直升机。美、法等国还利用直升机作为载机，组建了快速反应部队。

21世纪初期，世界上比较先进和具有代表性的武装直升机显著特征是普遍采用了目标截获识别系统、驾驶员夜视系统、头盔综合显示瞄准系统等高新技术装备，配备的机载雷达可远距离探测目标以及完成对空空导弹的制导，夜间作战的直升机配有微光电视、红外探测设备等。机载武器包括航空机枪或航空机关炮、航空火箭弹、航空榴弹发射器、航空炸弹及鱼雷或水雷、常规炸弹、直升机载反坦克导弹及小型空地导弹、直升机载空空导弹等。

不同作战用途的军用直升机配备的武器系统有所区别。如空战武装直升机以空空导弹为主、火箭和航炮为主要机载武器，用以与敌方直升机进行空中格斗；反坦克直升机以反坦克导弹为主要机载武器，用以攻击敌方地面坦克、步兵战车等装甲目标；新型轰炸直升机有攻、防两类武器，攻击武器以巡航导弹为主，防御武器以电子干扰为主，火力控制系统配有轰炸瞄准具或综合导航轰炸系统。

直升机的未来发展趋势是结合固定翼与直升机优点为一体的地空一体化飞行器。这首先要解决机翼设计和动力设计，来实现垂直升降、稳定性和安全性极高的折叠固定翼或者无外露的螺旋翼。其次就是航电包括自动飞行系统，来满足高安全性的障碍物和空中交通预警、碰撞回避系统、高安全性的全天候无人自动起飞着陆系统。

“虎”式武装直升机

制造商：欧洲直升机公司

首飞时间：1991 年

空重：5400 千克

“虎”式是由欧洲直升机公司研制的武装直升机，能够防御 23 毫米自动炮火射击，其旋翼由能承受战斗破坏和鸟击的纤维材料制成，并且针对雷电和电磁脉冲使用了嵌入铜 / 青铜网格和铜线连接箔进行防护。该机的机载设备较为先进，视觉、雷达、红外线、声音信号都减至最低水平。

NH90 武装直升机

制造商：北约直升机工业公司

首飞时间：1995 年

空重：6400 千克

NH90 是由英国、法国、德国、意大利和荷兰五国于 1985 年 9 月开始共同研制的中型多用途直升机，其联合研制计划是有史以来欧洲最大的直升机项目。该直升机装有自动监测

和故障诊断系统，以确保直升机在飞行中和在地面均具有最大的可靠性。为提高机体的耐坠能力，机身下装高吸能可收放式前三点起落架。

RAH-66“科曼奇”武装直升机

制造商：波音公司、西科斯基飞行器公司

首飞时间：1996 年

空重：4218 千克

RAH-66“科曼奇”由波音公司与西科斯基飞行器公司合作开发，其中名称中的 R 表示侦察、A 表示攻击、H 表示直升机，并采用北美印第安人的名字命名为“科曼奇”。RAH-66“科曼奇”最突出的优点是它采用了直升机中前所未有的全面隐身设计。其作战生存力设计标准是：尾旋翼能承受 12.7 毫米机枪弹丸打击，而且在一片旋翼被打掉后仍然能飞行 30 分钟。

OH-1“忍者”武装侦察直升机

制造商：川崎重工航空公司

首飞时间：1996 年

空重：2450 千克

OH-1“忍者”是日本自行研制的第一款军用直升机，主要用于侦察敌方地面目标情况，将获取的信息传给 AH-1 等日本武装直升机和地面指挥机关，以发起攻击。除侦察用途外，OH-1“忍者”也能胜任一定的对地攻击和空战任务。

卡 -52“短吻鳄”武装直升机

制造商：卡莫夫设计局

首飞时间：1997 年

空重：7700 千克

卡 -52“短吻鳄”是卡莫夫设计局在卡 -50 基础上改进而来的全天候武装直升机，继承了卡 -50 的动力装置、侧翼、尾翼、起落架、机械武器和其他机载设备。卡 -52 最显著的特

点是采用并列双座布局的驾驶舱，而非传统的串列双座。这种设计是根据现代武装直升机的驾驶需求和所担负的战斗任务而设计开发的。并列双座的优点是两人可共用某些仪表、设备，从而简化了仪器操作工作，使驾驶员能集中精力跟踪目标，最大限度缩短做出决定的时间。卡-52“短吻鳄”能在昼夜和各种气象条件下完成超低空突击任务。

WAH-64 武装直升机

制造商：韦斯特兰直升机公司

首飞时间：1998 年

空重：5165 千克

WAH-64 是英国特许生产的 AH-64D“长弓阿帕奇”武装直升机，主要用户为英国陆军航空兵。WAH-64 和 AH-64D 的区别主要在于 WAH-64 装备了罗尔斯·罗伊斯发动机、一个新的电子防御套件和折叠机叶，并允许英国式操作。英国王储哈里王子在服役于阿富汗战场期间，曾驾驶过英国陆军的 WAH-64 武装直升机，用导弹和 30 毫米机炮，立下击毙一名塔利班指挥官的战功。

卡-60“逆戟鲸”通用直升机

制造商：卡莫夫设计局

首飞时间：1998 年

空重：6500 千克

卡-60“逆戟鲸”是俄罗斯空军拟作为替代米-8 的新一代通用直升机，总体布局为 4 片桨叶旋翼和涵道式尾桨布局，可收放式三点吸能起落架。卡-60“逆戟鲸”具有完美的空气动力外形，每侧机身都开有大号舱门，尾桨有 11 片桨叶。座舱内的座椅具有吸收撞击能量的能力。

EC-130 通用直升机

制造商：欧洲直升机公司

首飞时间：1999 年

空重：69750 千克

EC-130 是由欧洲直升机公司生产的单发涡轮轴轻型通用直升机，安装了涵道式尾

桨，完全不同于安装在老式 AS 350 上的传统尾桨。这一尾旋翼有着不均匀的桨叶间隔，使其噪声减少至传统尾桨的 50%。EC-130 的宽大座舱拥有极佳的视野，可同时乘坐 7 人。

EC-145 通用直升机

制造商：欧洲直升机公司

首飞时间：1999 年

空重：1792 千克

EC-145 是由欧洲直升机公司研制生产的轻型双发通用直升机，设计中广泛采用先进技术，其高性能旋翼桨叶、气动优化的机身、具有现代化人机接口特点的驾驶舱、大视野挡风玻璃和宽敞的座舱等都体现出了 EC-145 的设计特点。该机主要用途有搜索救援、紧急勤务、准军用 / 警务、专机 / 载客运输、货运、近海作业、航摄 / 新闻采访以及训练等。

“超级大山猫”通用直升机

制造商：韦斯兰特公司

首飞时间：1999 年

空重：3291 千克

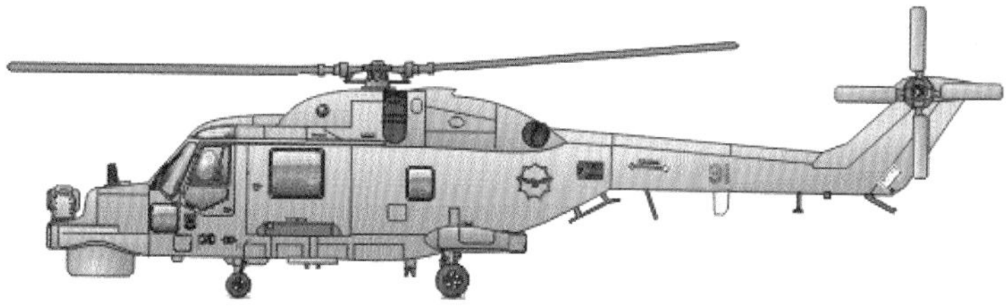

“超级大山猫”是由英、法合作生产的双发通用直升机，是“山猫”直升机的后续发展机型。该机实际上是英国为出口而研制的一种“山猫”改进型舰载直升机。起初，它只是在“山猫”的基础上加大了功率，后来不断进行技术升级，发展出“超级大山猫”100 型、200 型和 300 型。

AH-1Z“超眼镜蛇”武装直升机

制造商：贝尔直升机公司

首飞时间：2000 年

空重：5579 千克

AH-1Z“超眼镜蛇”是美国海军陆战队委托贝尔直升机公司就 AH-1W“超级眼镜蛇”直升机架构的升级计划，也是休伊直升机族系最新成员，美军又称它为“祖鲁眼镜蛇”。它的生存能力很强，而且能在更远的距离发现目标并以精确武器攻击目标。

UH-1Y“毒液”通用直升机

制造商：贝尔直升机公司

首飞时间：2001 年

空重：5370 千克

UH-1Y“毒液”是美国 UH-1 直升机一种升级改型，沿用了前者大约 84% 的零件。该机升级了发动机和全数位资料链驾驶舱，并加装了 FLIR 侦搜系统。UH-1Y 生产总量达 31 架，单架飞机造价 2100 万美元。

MH-68A 近程武装拦阻直升机

制造商：阿古斯塔公司

首飞时间：2003 年

空重：1590 千克

MH-68A 是专为美国海警研发的近程武装拦阻直升机，主要装备美国海警战术拦截直升机中队。该机没有官方绰号，直升机中队将其称为“鲨鱼”。该机装有先进的雷达和前视红外探测器，以及可透视夜暗的夜视仪。武器包括用于警告射击和自卫的 M16 步枪和 7.62 毫米 M240 机枪，用于使疑似目标船只失去动力的 12.7 毫米精准机枪。

AH-6“小鸟”武装直升机

制造商：休斯直升机公司（1985 年 8 月 27 日并入麦克唐纳•道格拉斯公司，后又并入波音公司）

首飞时间：2004 年

空重：722 千克

AH-6“小鸟”是由美国休斯直升机公司研制的武装直升机，全身以无光黑色涂料涂装，这也强调了使用它的单位偏爱借着黑夜的掩护执行特战任务。AH-6“小鸟”安装了“黑洞”红外压制系统。为了安置这套系统，

原来单个纵向排列的排气口被塞住，改为机身后部两侧两个扩散的排气孔。

UH-72“勒科塔”通用直升机

制造商：欧洲直升机公司

首飞时间：2006 年

空重：1792 千克

UH-72“勒科塔”是一款轻型通用直升机，主要用于取代 UH-1 通用直升机和 OH-58 侦察直升机。该机机舱布局比较合理，在执行医疗救护任务时，机舱内可以同时容纳两张担架和两名医疗人员，由于舱门较大，躺着伤员的北约标准担架可以很方便地出入机舱。另外，机载无线电也是 UH-72“勒科塔”通用直升机的一大突出优势。

ARH-70“阿拉帕霍”武装侦察直升机

制造商：贝尔直升机公司

首飞时间：2006 年

空重：1178 千克

ARH-70“阿拉帕霍”是一款武装侦察直升机，机身两侧各装有一个悬臂式武器挂架，可以根据作战需要挂载各种轻型武器。可供选择的武器包括 70 毫米 7 联装火箭发射巢，双联装 AGM-114“海尔法”反坦克导弹发射架，双联装“毒刺”导弹发射架。该机还能根据使用需要，携带先进精确杀伤武器系统（APKWS）和联合通用导弹（JCM），以进一步增强杀伤效能。

X-49A“速度鹰”远程复合直升机

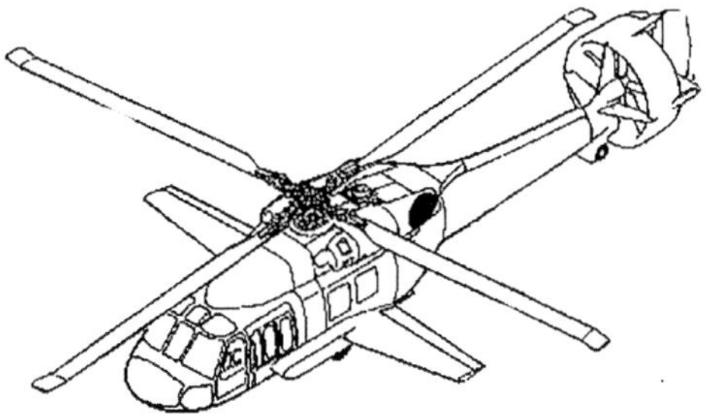

制造商：西科斯基公司

首飞时间：2007 年

空重：6200 千克

X-49A“速度鹰”是由美国军方提供经费开发的高速直升机技术验证和发展项目的成果，目标是通过对直升机动力系统的改进设计，大幅度提高现役直升机的飞行速度、作战半径、飞行性能和任务灵活性。最初的计划是作为海军执行扫雷任务的一个潜在的平台，而美空军则计划用 X-49A 的技术来改进 HH-60 直升机，用于执行“战斗搜索和救援”（CSAR）任务，并且可以凭借高速度的优势扩大军用直升机的应用范围。

X-49 试验直升机

制造商：皮亚塞茨基公司

首飞时间：2007 年

空重：6200 千克

X-49 是以 SH-60“海鹰”改装的高速飞行试验直升机，只生产了一架。美国陆军在接手测试 X-49A 时，皮亚塞茨基公司在机身加装了一对襟副翼，尾部螺旋桨增加环形外壳，令飞行速度提升至 360 千米 / 时或以上，驾驶舱设计及驾驶方法也有所改变，混合了直升机及定翼机的驾驶模式以降低高速飞行时机师的工作量。

“楼陀罗”武装直升机

制造商：印度斯坦航空公司

首飞时间：2007 年

空重：4445 千克

“楼陀罗”武装直升机是印度斯坦航空公司（HAL）引进欧洲直升机技术后，在本国“北极星”轻型多用途直升机基础上发展而来的，它是印度本国生产的第一款武装直升机。“楼陀罗”直升机采用了装甲防护和流行的隐身技术，起落架和机体下部都经过了强化设计，可在直升机坠落时最大程度地保护飞行员的安全，适合在自然条件恶劣的高原地区执行任务。

T129 武装直升机

制造商：阿古斯塔 • 韦斯特兰公司

首飞时间：2009 年

空重：2350 千克

T129 是意大利阿古斯塔 • 韦斯特兰公司按照土耳其武装力量的要求研制的 A129“猫

鼬”武装直升机，机体构造与 A129“猫鼬”直升机基本相同，采用纵列串列式座舱，副驾驶/射手在前，飞行员在较高的后舱内。该直升机装备有土耳其传感器及武器和强大的发动机，以提高抗高温能力，这对适应土耳其的环境至关重要，但同时也是巴基斯坦选择的类型。

AW159“野猫”武装直升机

制造商：阿古斯特·韦斯特兰公司

首飞时间：2009 年

空重：3300 千克

AW159“野猫”是由英国阿古斯特·韦斯特兰公司在“山猫”直升机的基础上研制的新型武装直升机，不过 AW159“野猫”有 95% 的零部件是新设计的，仅有 5% 的零部件可与“山猫”通用，包括燃油系统和主旋翼齿轮箱等。其尾桨也经过重新设计，耐用性更强，隐身性能也更好。

KUH-1“雄鹰”通用直升机

制造商：韩国航天工业公司

首飞时间：2010 年

空重：5136 千克

KUH-1“雄鹰”通用直升机是以 AS 332“超级美洲豹”为原型发展而来的，因此两者有一定的相似之处。KUH-1“雄鹰”配备了全球定位系统、惯性导航系统、雷达预警系统等现代化电子设备。该机可以自动驾驶、在恶劣天气及夜间环境执行作战任务以及有效应对敌人防空武器的威胁。

LCH 武装直升机

制造商：印度斯坦航空公司

首飞时间：2010 年

空重：2250 千克

LCH 是由印度斯坦航空有限公司研制和生产的轻型武装直升机，采用了与其他专用武

装直升机一样的纵列阶梯式布局，这样的好处就是机身外形狭窄，阻力较小，有利于武器的瞄准和发射，侧向视界好，在纵、横向受到撞击的时候，能提高飞行员的生存能力。

“风暴”武装直升机

制造商：伊朗航空工业公司

首飞时间：2010 年

空重：3000 千克

“风暴”武装直升机是伊朗以美国贝尔直升机公司 AH-1J“海眼镜蛇”直升机为母型发展而来的，座舱整合了 GPS 系统，机尾加装了警告雷达，另外还装有多功能屏幕显示器和先进的通信系统。由于螺旋桨应用了新式复合材料，该机的使用寿命也大为增加。

S-97“侵袭者”武装直升机

制造商：西科斯基公司

首飞时间：2015 年

空重：4990 千克

S-97“侵袭者”是美国于 2010 年开始研制的新型武装直升机，采用共轴对转双螺旋桨加尾部推进桨的全新设计，能以超过 370 千米 / 时的速度巡航，执行突击任务时其速度能进一步提升到 400 千米 / 时以上。由于现有的直升机在飞行时会发出极大的噪音，在战场上根本无法进行有效的偷袭，这种缺点也极大地限制了直升机在战场上的生存力和使用范围。

CH-53K“种马王”直升机

制造商：西科斯基公司

首飞时间：2015 年

空重：1134 千克

CH-53K“种马王”是一款超大重型吊挂货物运输军用直升机，主要为美国海军陆战队服务，充当运输重型货物及吊挂重型机具等任务，和之前的 CH-53E“超级种马”直升机相比，主要革新是乘用新型发动机和优化驾驶舱布局，更宽的货物装载量允许它内部能够容纳“悍马”等装甲车。

AW139 中型直升机

制造商：阿古斯特·维斯特兰公司

首飞时间：2001 年

空重：6400 千克

AW139 是新一代 7 吨级多用途中型双发直升机，可以在全天候、全天时情况下执行任务，甚至可以搭载在军舰上使用。AW139 中型直升机拥有同级别产品中最宽敞的客舱，容积达 8 立方米，能搭载 12—15 名乘客，同时配有大型滑动客舱门，方便乘客及装备物资的出入。它还选用了模块式的解决方案，便于其在不同构型间快速转换。

4.4 被电子化的民用直升机

现代的民用直升机的空重 / 总重比约为 0.37，配备高度集成化的电子设备。计算机技术、信息技术及智能技术在直升机上获得应用，直升机电子设备朝着高度集成化方向发展。现代的直升机，采用了先进的增稳增控装置，用电传、光传操纵取代了常规的操纵系统，采用先进的捷联惯导、卫星导航设备及组合导航技术，先进的通信、识别及信息传输设备，先进的目标识别、瞄准、武器发射等火控设备及先进的电子对抗设备，采用了总线信息传输与数据融合技术，并正向传感器融合方向发展。

现代直升机上的电子、火控及飞行控制系统等通过多余度数字数据总线交连，实现了信息共享。其采用了多功能集成显示技术，用少量多功能显示器代替大量的单个仪表，通过键盘控制显示直升机的飞行信息，利用中央计算机对通信、导航、飞行控制、敌我识别、电子对抗、系统监视、武器火控的信息进行集成处理从而进行集成控制。采用这类先进的集成电子设备，大大简化了直升机座舱布局和仪表板布置，系统部件得到简化，重量大为减轻。更主要的是极大地减轻了飞行员工作负担，改善了直升机的品质和使用性能。

米 -54 通用直升机

制造商：米里设计局

首飞时间：1992 年

空重：3000 千克

米 -54 是一款多用途直升机，设计时特别注重提高螺旋桨的空气动力学性能，同时大幅降低噪音水平。从飞行技术性能上看，米 -54 完全符合最现代化的民用和军用直升机的需求。米 -54 不仅能用于 350 千米距离内的人员运输，一次可运送 12—13 名乘客，还能用于在地形复杂地区上空的巡逻飞行，除此之外，还能搜索救助被困、遇险人员。

MD 902 无尾桨直升机

制造商：麦道公司

首飞时间：1992 年

空重：1531 千克

MD 902 是美国最新一代的无尾桨直升机，其采用导向气流作为平衡力矩。该机旋翼窄小，片数多，无尾桨，振动小，可提高在复杂地带作业的安全系数，其高性能及较低的直接作业成本，可执行多种作业任务。因其内部结构宽敞及用途广泛，配备 7—8 个座位，是对直升机作业要求较高者的首选机型。

EC-135 轻型直升机

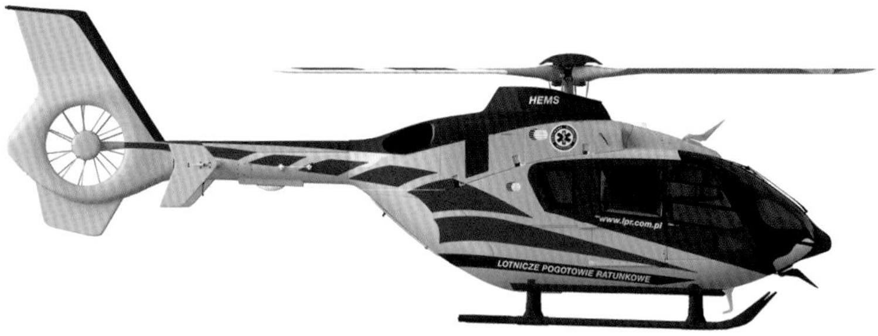

制造商：欧洲直升机公司

首飞时间：1994 年

空重：1455 千克

EC-135 是由欧洲直升机公司设计并制造的双发轻型直升机，优点是载重大、噪音低，可加装夜视系统以及彩色电子地图系统。缺点则是造价高、升限较低、续航时间不长。较低的事故率和较大的内部空间令 EC-135 深受欢迎，成为销量较大的轻型双发直升机之一。

贝尔 430 中型直升机

制造商：贝尔直升机公司

首飞时间：1994 年

空重：2406 千克

贝尔 430 是由贝尔直升机公司研发的双发涡轮轴中型直升机，是贝尔 -230 直升机的改型，具有更高的发动机功率和加长的四桨叶旋翼。其旋翼系统采用全复合材料四桨叶无铰无轴承旋翼系统，有两片桨叶尾桨。旋翼桨叶由不锈钢大梁、前缘包条和玻璃纤维蒙皮组成。

MD 600N 通用直升机

制造商：麦道公司

首飞时间：1994 年

空重：952 千克

MD 600N 型直升机是世界上最安全、最安静的直升机家族成员之一。作为一款多用途任务执行者，MD 600N 可以被改装，以适应各种用途的需求。该机可广泛用于新闻采集、行政运输、空中医疗救护、空中游览及空中执法支援等飞行活动。其机身设计结构简洁，并符合了空气动力学设计的特点。

贝尔 407 轻型直升机

制造商：贝尔直升机公司

首飞时间：1995 年

空重：1210 千克

贝尔 407 是由贝尔直升机公司研制的 7 座单发轻型直升机，采用单旋翼带尾桨布局，前机身包括驾驶舱和座舱，空间较大，改善了乘坐舒适性。机身两侧舷窗安装特殊玻璃，增加了舱内采光，扩大了驾驶员和乘员视野。贝尔 407 可实施垂直起落，左右横行、前进及倒退，并能在空中悬停和定点转弯等，因为其具有机身小、飞行灵活的特点，所以适合执行公务、医疗急救、抢险救灾、海洋作业、航拍等任务。

A119“考拉”轻型直升机

制造商：阿古斯特公司

首飞时间：1995 年

空重：1483 千克

A119“考拉”是在 A109 的基础上研制的一种新型 8 座单发轻型直升机，最初的动力装置是透博梅卡 • 阿赫耶发动机，但生产型换装普 - 惠加拿大 PT6B 发动机。1999 年夏季，第一架“树袋熊”直升机交付使用。迄今为止交付使用的“树袋熊”直升机共有 61 架。

EC-155 中型直升机

制造商：欧洲直升机公司

首飞时间：1997 年

空重：2618 千克

EC-155 是由欧洲直升机公司研制的双发长程通用直升机，能坐一般乘客或是改装成救护直升机或 VIP 豪华专机。作为经大量使用证明的“海豚”家族中的增强型，EC-155 不仅增加了 40% 的座舱空间，还采用了当今最先进的技术和更高功率的发动机。经优化的双发透博梅卡阿赫耶 2C2 发动机可适应高温、高原的作业环境，由于安装了全权数控装置，单发安全性能得到增强。

卡 -226“谢尔盖”通用直升机

制造商：卡莫夫设计局

首飞时间：1997 年

空重：3800 千克

卡 -226“谢尔盖”是由俄罗斯卡莫夫设计局研制的双发共轴双旋翼通用直升机，是卡 -26 直升机的后继机型。机身两侧有短翼，机身上装有很容易拆卸的货物 / 乘员舱，可用于执行客 / 货运输，紧急救援、搜索与救援、森林灭火、油气管线巡检、地矿勘探、科学考察等任务。

贝尔 427 轻型直升机

制造商：贝尔直升机公司

首飞时间：1997 年

空重：1760 千克

贝尔 427 的设计目标是提供一种在性能和有效载重上与其他具有竞争能力的同类直升机类似、但价格明显更低的新双发通用轻型直升机。贝尔 427 是完全采用计算机设计的第一款贝尔直升机，设计中采用了三位 CATIA 立体建模和三维电子实体模型（EMU），提高了设计精度、保证了结构相容性。

S-92 中型直升机

制造商：西科斯基公司

首飞时间：1998 年

空重：7031 千克

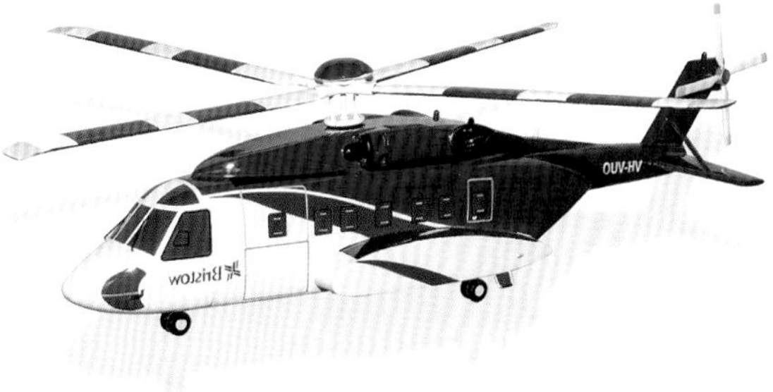

S-92 是由美国西科斯基公司研制的双发中型直升机，主要针对民用市场而设计。该机可用于客运（19—22 座）、货运、航空救护、搜索救援等，具有售价便宜、使用成本低、机内空间大、客舱安静等特点。由于 S-92 中型直升机能满足军用和民用的多种使用需求，同时经济性也较好，所以在同类直升机中极具竞争力。

EC-225 客运直升机

制造商：欧洲直升机公司

首飞时间：2000 年

空重：5256 千克

EC-225 是由欧洲直升机公司开发的民用“超级美洲狮”家族中的下一代长程客运直升飞机。EC-225 具备全天候飞行能力，装有雷达可识别水面船只，还配有防冰和除冰系统、水上迫降浮筒、机载救生筏等，并装有应急定位发射装置可与卫星直接建立连接，配备目前世界上最先进的自动驾驶和仪表显示设备，最新的空气动力设计，具有噪音低，飞行更加平稳等特点。

米-38运输直升机

制造商：米里设计局

首飞时间：2004 年

空重：5000 千克

米-38是由米里设计局研制的中型运输直升机，目的是为了替换老化的米-6、米-8以及米-17系列。米-38原型机原计划于1996年开始生产，但其进度由于股权问题一再被拖延。2004年10月1日，米-38完成了它的首次飞行演示。2007年上半年，第二架米-38组装完成。

贝尔429轻型直升机

制造商：贝尔直升机公司

首飞时间：2007 年

空重：1925 千克

贝尔429是由美国贝尔直升机公司最新研发的多用途直升机，该机拥有宽敞的开放式机舱和平面地板，也是目前世界上机舱最大的轻型双发直升机。它将客舱体积扩大到6.16立方米，比之前的贝尔427客舱增加了70%，由此带来一系列空间上的优势，完全摆脱了拥挤的尴尬。

VH-71“茶隼”总统直升机

制造商：洛克希德•马丁公司

首飞时间：2007 年

空重：10500 千克

VH-71“茶隼”是21世纪初期研制的新一代美国总统专机。该机采用了“空中办公室”技术，确保美国总统可以在直升机上随时与世界各地保持联系。考虑到美国总统处于危险情况下生死攸关，VH-71还具备更加安全的机舱环境，如防撞的自密封油箱连接、分散连接的电缆等可以避免坠毁时产生火花，同时机身可以屏蔽电磁脉冲，起落架可以吸收垂直冲击力。

4.5 备受关注的无人机

20 世纪 90 年代后，西方国家充分认识到无人机在战争中的作用，竞相把高新技术应用到无人机的研制与发展上：新翼型和轻型材料大大增加了无人机的续航时间；采用先进的信号处理与通信技术提高了无人机的图像传递速度和数字化传输速度；先进的自动驾驶仪使无人机不再需要陆基电视屏幕领航，而是按程序飞往盘旋点，改变高度和飞往下一个目标。

为了对付日益增强的地面防空火力的威胁，许多先进的隐形技术被应用到无人机的研制上。一是采用复合材料、雷达吸波材料和低噪声发动机。如美军“蒂尔”II 无人机除了主梁外，几乎全部采用了石墨合成材料，并且对发动机出气口和卫星通信天线做了特殊设计，飞行高度在 300 米以上时，人耳听不见；在 900 米以上时，肉眼看不见。二是采用限制红外光反射技术，在机身表面涂上能够吸收红外光的特制油漆并在发动机燃料中注入防红外辐射的化学制剂。三是减小机身表面缝隙，减少雷达反射面。四是采用充电表面涂层使其具有变色的特性：从地面向上看，无人机具有与天空一样的颜色；从空中往下看，无人机呈现与大地一样的颜色。

攻击无人机是无人机的一个重要发展方向。由于无人机能预先靠前部署，可以在距离所防卫目标较远的距离上摧毁来袭的导弹，从而能够有效地克服反导导弹反应时间长、拦截距离近、拦截成功后的残骸对防卫目标仍有损害的缺点。

MQ-5“猎人”无人机

制造商：汤姆森·拉莫·伍尔德里奇公司、以色列航空工业公司

首飞时间：1991 年

空重：727 千克

MQ-5“猎人”是美国陆军现役的无人侦察机，机载的侦察设备主要为 IAI 开发的多功能光电设备，其设备包括了电视和前视红外，具备昼夜侦

察能力。该无人机还装备了一具激光指向器和多种通信系统，以及诺斯洛普•格鲁曼公司研制的通信干扰、通信告警接收机和雷达干扰机等电子对抗设备。

RQ-7“影子”无人机

制造商：AAI 公司

首飞时间：1991 年

空重：84 千克

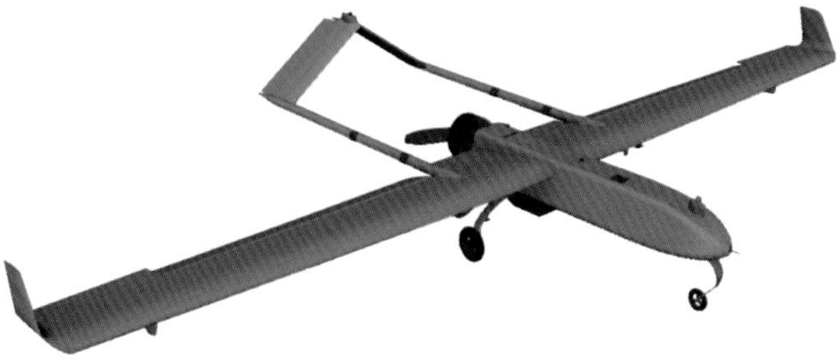

RQ-7“影子”是美军装备的无人侦察机，具有体积小、重量轻的特点，整套系统可通过 C-130 运输机快速部署到战区的任何一个地方。该无人机的探测能力较强，可探测到距离陆军旅战术作战中心约 125 千米外的目标，并可在 2438 米的高空全天候侦察到 3.5 千米倾斜距离内的地面战术车辆。

K-MAX 无人机

制造商：卡曼公司

首飞时间：1991 年

空重：2334 千克

K-MAX 是由美国卡曼公司研制的单座单发并列双旋翼中型起重直升机，同样它也是无人机发展的里程碑，在伐木和消防上有广阔的前景。K-MAX 保留了有人操作模式，可以更灵活的完成有人操作、转场、快速整合新设备等任务，并可快速回厂保养，直到现在，K-MAX 起重直升机仍在生产。

“搜索者”无人机

制造商：以色列航空工业公司

首飞时间：1992 年

空重：500 千克

“搜索者”是由以色列航空工业公司研制的一款性能先进的无人侦察机，采用后掠机翼，发动机、通信系统和导航系统也较最初型号有了改进，具有良好的空气动力学性能，滞空时

间长，操作简便。“搜索者”Mk 2 无人机的飞行高度超过 6000 米，续航时间达 18 小时，可携带 1200 毫米彩色 CCD 视频摄像机用于昼间侦察，也可使用红外线热像仪进行夜间观察。

“苍鹭”无人机

制造商：以色列航空工业公司

首飞时间：1994 年

空重：1150 千克

“苍鹭”是以色列空军现役的最大的无人机，采用复合材料结构、整体油箱机翼、可收放式起落架、大型机舱，其电源系统功率大，传感器视野较好。该机主要用于实时监视、电子侦察和干扰、通信中继和海上巡逻等任务。它可以携带光电 / 红外雷达等侦察设备进行搜索、识别和监控，在民用方面还可以进行地质测量、环境监控、森林防火等。

“哈比”无人机

制造商：以色列航空工业公司

首飞时间：1994 年

空重：135 千克

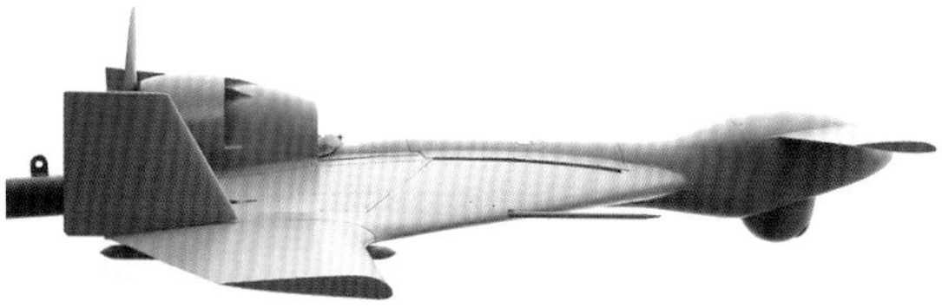

“哈比”是由以色列航空工业公司研制的无人攻击机，采用三角形机翼，活塞推动，火箭加力。机上配有计算机系统、红外制导弹头和全球定位系统等，并用软件对打击目标进行了排序。该机有航程远、续航时间长、机动灵活、反雷达频段宽、智能程度高、生存能力强和可以全天候使用等特点。

MQ-1“捕食者”无人机

制造商：通用原子技术公司

首飞时间：1994 年

空重：512 千克

MQ-1“捕食者”是由美国通用原子技术公司研制的无人攻击机，可在粗略准备的地面

上起飞升空，起降距离约为 670 米，起飞过程由遥控飞行员进行视距内控制。在回收方面，MQ-1 无人机可以采用软式着陆和降落伞紧急回收两种方式。MQ-1 无人机可以在目标上空停留 24 小时，对目标进行充分的监视，最大续航时间高达 60 个小时。该机的侦察设备在 4000 米高处的分辨率为 0.3 米，对目标定位精度达到极为精确的 0.25 米。

“赫尔姆斯”450 无人机

制造商：埃尔比特公司

首飞时间：1995 年

空重：450 千克

“赫尔姆斯”450 是由以色列埃尔比特公司自主设计、以色列国内民航部门认证的第一款无人飞行器，以色列空军部队自 1998 年起就配备了这款无人机。一般认为，“赫尔姆斯”450 无人机是一款重型的长航时战术无人飞行器，而不是战略用途的中空长航时飞行器。该机的用途很广，可支援师旅级作战单位，在阿富汗战争期间执行过多种情报搜集、监视任务。

RQ-3“暗星”无人机

制造商：波音公司、洛克希德•马丁公司

首飞时间：1996 年

空重：1980 千克

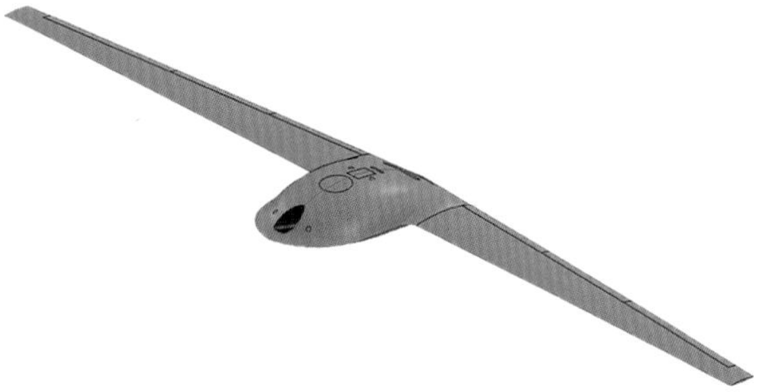

RQ-3“暗星”是由美国波音公司和洛克希德•马丁公司研制的无人侦察机，采用了无尾翼身融合体设计，外形奇特，机翼的平面形状基本为矩形。RQ-3“暗星”无人机具备自主起飞、自动巡航、脱离和着陆的能力，能够在飞行中改变飞行程序，从而执行新的任务。该机的生存能力强，活动范围广，续航时间也较长。其续航时间为 8 小时，监视覆盖面积达 48000 平方千米。

RQ-4“全球鹰”无人机

制造商：诺斯洛普•格鲁曼公司

首飞时间：1998 年

空重：3850 千克

RQ-4“全球鹰”是由美国诺斯洛普 • 格鲁曼公司研制的无人侦察机，整个系统分为四个部分，即机体、侦测器、航空电子系统、资料链。地上部分主要有两大部分，即发射维修装置（LRE）和任务控制装置（MCE）。RQ-4 无人机装有高分辨率合成孔径雷达（SAR），还有光电红外线模组（EO/IR），可提供长程长时间全区域动态监视。RQ-4 无人机还可以进行波谱分析的谍报工作，提前发现全球各地的危机和冲突，也能协助导引空军的导弹轰炸，使误击率降低。

KZO 无人机

制造商：莱茵金属公司

首飞时间：1998 年

空重：168 千克

KZO 是一款小型无人侦察机，其名称含义为“用于目标定位的小型飞机”。KZO 无人机的主要使命是侦察、识别并捕捉敌方远程火力目标，包括远程火炮、火箭炮和战术导弹阵地。该机采用下单翼气动布局，螺旋桨发动机置于机尾，整个机身也未采用更复杂的设计，除头部为圆柱形外，其机体大部截面近乎正方形，两片下置矩形机翼位于机身后侧。KZO 无人机的机头内部装有毫米波或红外成像导引头，整个机头传感器组装在万向支架上，可根据需要转到特定方向。

“游骑兵”无人机

制造商：罗格公司

首飞时间：1998 年

空重：285 千克

“游骑兵”是以色列和瑞士联合研制的无人侦察机，机身采用复合材料制造，机翼安装在机身较低位置。为了在人口稠密地区使用，“游骑兵”无人机带有应急降落伞。该机可以从装有液压弹射器的卡车上自动发射，并配有用于在短草皮简易机场或无准备雪地 / 冰面上自动降落的滑板。

卡 -137 无人机

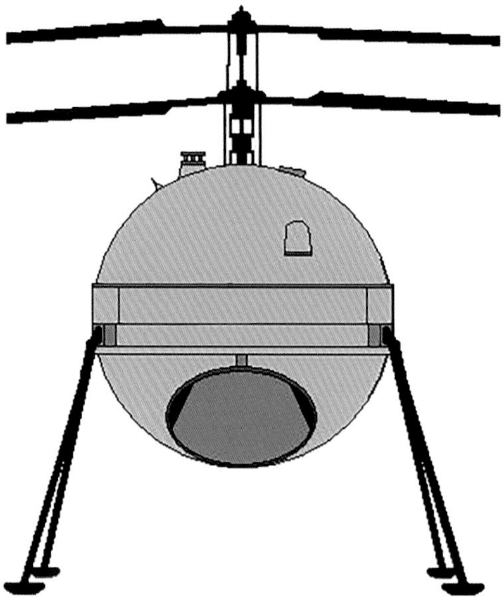

制造商：卡莫夫设计局

首飞时间：1999 年

空重：200 千克

卡 -137 是由俄罗斯卡莫夫设计局研制的多用途无人驾驶直升机，球形机体堪称世界无人机中的一怪，其机体分上下两个功能部分，上部装有 1 台赫兹 2706-R05 活塞式发动机，功率为 50 千瓦，还有燃油、控制系统及测高仪和卫星导航系统。下部用于放置任务系统，可根据用途和任务放置不同设备，如电视或红外摄像系统、无线电定位装置和信号传送装置等，总共可携带 80 千克有效载荷。卡 -137 无人机可以完全自主飞行，自动导航精度在 60 米之内。

MQ-8“火力侦察兵”无人机

制造商：诺斯洛普 • 格鲁曼公司

首飞时间：2000 年

空重：940 千克

MQ-8“火力侦察兵”是由美国诺斯洛普 • 格鲁曼公司研制的垂直起降无人机，可在战时迅速转变角色，执行包括情报、侦察、监视、通信中继等在内的多项任务。同时，这种做法还可为今后进行升级改造预留充足的载荷空间。MQ-8“火力侦察兵”无人机具备挂载“蝰蛇打击”智能反装甲滑翔弹和“九头蛇”低成本精确杀伤火箭的能力，也可以使用“地狱火”导弹和以色列拉斐尔公司的“长钉”导弹。

“月神”X-2000 无人机

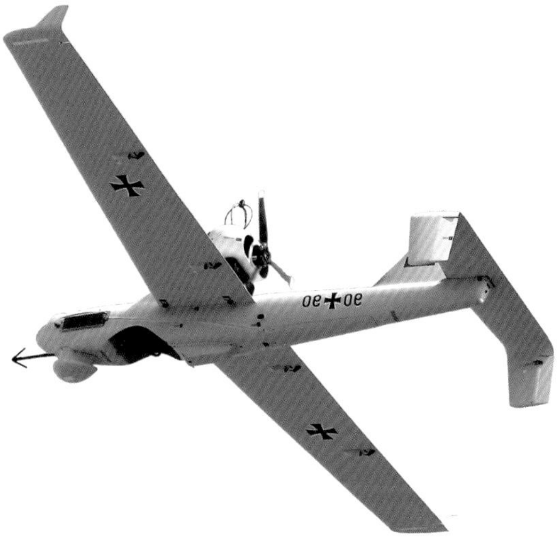

制造商：电子机械技术公司

首飞时间：2000 年

空重：40 千克

“月神”X-2000 是一款可全天候使用的轻型无人机，操作简易，可连续 4 小时用于 80 千米外实时监视、侦察和目标定位。该机的发射方式非常简单，可利用橡皮筋弹射器弹射起飞，回收方式为伞降回收。由于起降几乎不需要额外空间，因此“月神”X-2000 无人机的部署时间大幅缩短，只要弹射器、拦阻网和综合式操作控制台各就各位，就能立刻执行任务，非常适合分秒必争的前线野战侦察搜索任务使用。

RQ-11“渡鸦”无人机

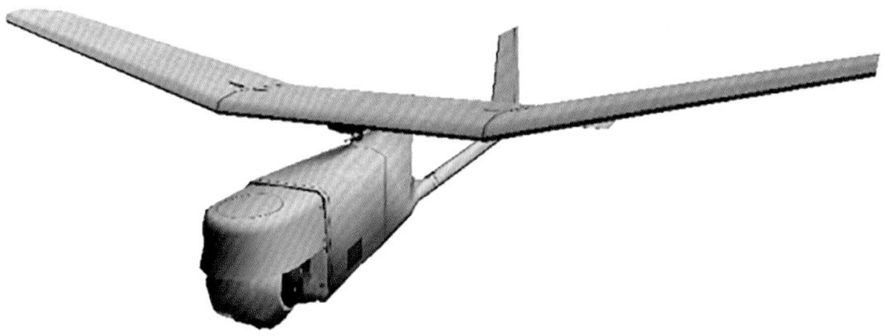

制造商：航宇环境公司

首飞时间：2001 年

空重：1.9 千克

RQ-11“渡鸦”是由美国航宇环境公司研制的无人侦察机，机体由“凯夫拉”材料制造，在设计上考虑了抗坠毁性能，不易发生解体。其机身非常小巧，分解后可以放入背包携带。该机可以从地面站进行遥控，也可以使用 GPS 导航从而完全自动执行任务。RQ-11“渡鸦”无人机系统有两名操作人员，一名飞机操作员负责控制无人机，一名任务操作员负责观察无人机系统传回的图像。

RQ-14“龙眼”无人机

制造商：航宇环境公司

首飞时间：2001 年

空重：2.7 千克

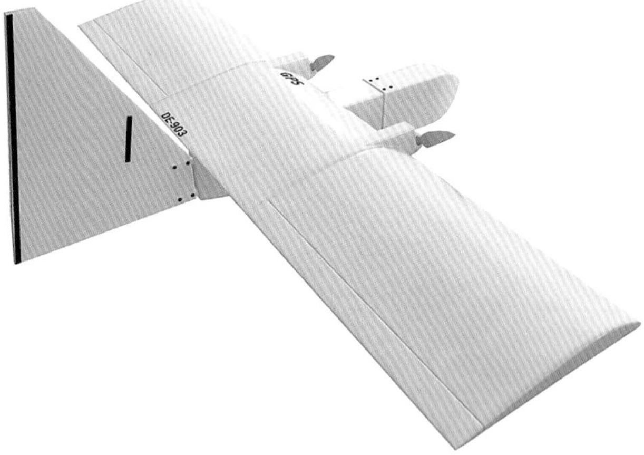

RQ-14“龙眼”是美国海军陆战队装备的小型侦察无人机，装有 1 台摄像机，摄像机由美国海军陆战队作战实验室开发，该机可分成五个部分以便于携带。操作人员使用一套包括计算机处理器和地图显示器的可穿戴地面控制站对其控制，计算机处理器和地图显示器安装在操作人员前臂或防护衣上。通过点击地图显示器，设置无人机飞行的高度、目的地及返回时间。

“尼尚特”无人机

制造商：印度斯坦航空公司

首飞时间：2001 年

空重：380 千克

“尼尚特”是由印度国家航空发展局（ADE）研制，印度斯坦航空公司负责制造的无人侦察机。该机利用火箭助推器发射起飞，通过降落伞进行回收。机上装有昼间电视摄像机、微型全景摄像机、激光测距仪、目标指示器、无线电电子侦察设备、通信系统侦察设备和两个从以色列进口的红外传感器。该机的发动机为印度国产的“汪克尔”旋转式发动机。

“雀鹰”无人机

制造商：萨基姆公司

首飞时间：2001 年

空重：275 千克

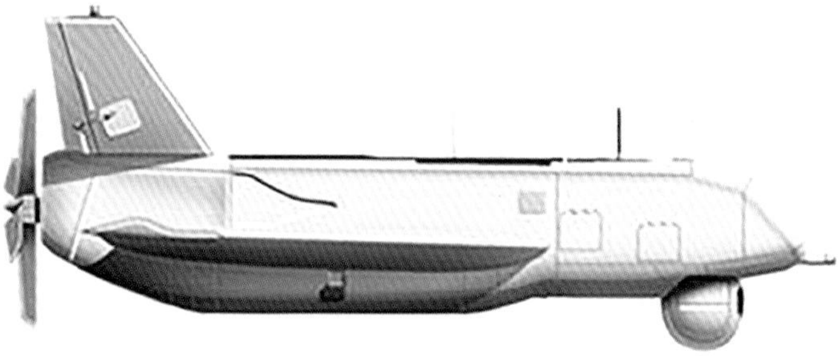

“雀鹰”是由法国萨基姆公司研制的战术无人机，是一种经过实战考验的无人机系统，有 A 型和 B 型两种型号。A 型能够自动弹射，并在没有事先做准备的地点通过降落伞降落。B 型为无人攻击机，机翼更大也更坚固，能够携带更多的有效载荷，而且续航力和航程也得到加强，武器为以色列研制的“长钉”远程多用途空地导弹。

CQ-10“雪雁”无人机

制造商：加拿大活动综合系统技术公司

首飞时间：2001 年

空重：270 千克

CQ-10“雪雁”是由加拿大活动综合系统技术公司研制的小型无人机，可在 305 米高度上飞行，并在 1 千米范围的目标区域投放传单。与有人驾驶飞机上人工投放传单相比，“雪雁”无人机的投放更加精确。因为有人驾驶飞机是在高空投放传单，而高空投放的一些传单可能不会落在地面。

A160“蜂鸟”无人机

制造商：波音公司

首飞时间：2002 年

空重：1134 千克

A160“蜂鸟”是由美国波音公司研制的垂直起降无人机，采用内燃发动机而不是涡轮发动机，这种发动机使旋翼在飞机燃油、外部条件、有效载荷和飞行高度达到最优的情况下运转，而且噪声也相对减弱。A160“蜂鸟”无人机可以高效地进行小马力巡航，并且续航能力较强。

“云雀”无人机

制造商：埃尔比特公司

首飞时间：2002 年

空重：4.5 千克

“云雀”是由以色列埃尔比特公司研制的小型无人飞行器，采用传统飞行器布局结构（螺

桨推进器位于机首），其光电传感器组件置于机鼻下方推进器桨叶之后。整套系统包括 3 架无人机、1 套地面控制设备和数据下行终端，以及 1 套发射器（后期型号体积过大，无法由使用者手持发射）。

“扫描鹰”无人机

制造商：波音公司、因西图公司

首飞时间：2002 年

空重：15 千克

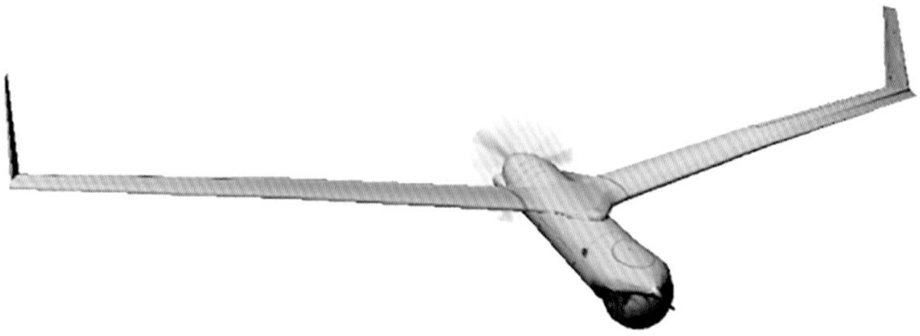

“扫描鹰”是由美国波音公司和因西图公司联合研制的无人侦察机，整个系统包括两架无人机、一个地面或舰上控制工作站、通信系统、弹射起飞装置、回收装置和运输贮藏箱。“扫描鹰”无人机通过气动弹射发射架发射升空，既可按预定路线飞行，也可由地面控制人员遥控飞行。

X-45 无人机

制造商：波音公司

首飞时间：2002 年

空重：3630 千克

X-45 无人机是美国国防部高级研究计划局和美国空军联合提出的一项先期概念演示计划的成果，该机配备了包括合成孔径雷达和卫星通信设备在内的所有当代最先进的航空电子设备，并在机身下装有两个挂架，能够挂载炸弹、诱饵弹、精确制导和智能武器等，总载弹量为 1360 千克。

X-47A “飞马”无人机

制造商：诺斯洛普 • 格鲁曼公司

首飞时间：2003 年

空重：1740 千克

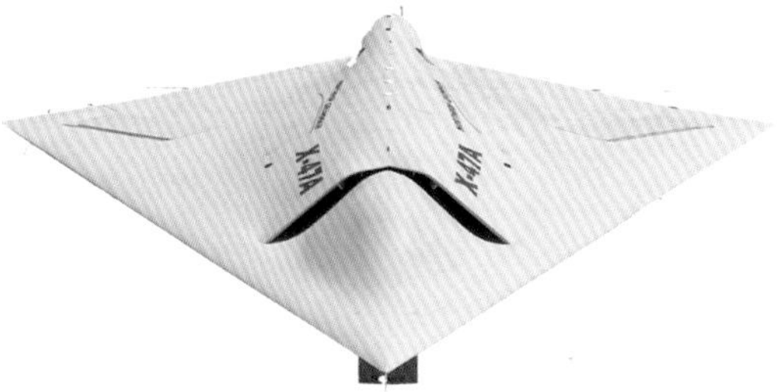

X-47A“飞马”是由诺斯洛普•格鲁曼公司研制的试验型无人战斗机，外形比较奇特，采用了一种具有低可探测性的后掠角很大的飞翼设计方案，乍看和美国空军的B-2“幽灵”轰炸机有一定相似之处。该机装有1台普惠JT15D-5C涡扇发动机，发动机进气口位于机身上方前部。在首次试飞时，X-47A“飞马”无人机的飞行高度超过1000米，飞行速度为241千米/时。在飞行12分钟后，精确降落在模拟航空母舰甲板上专门“抓住”降落飞机尾钩的一个挂点处。

“航空星”无人机

制造商：航空防御系统公司

首飞时间：2003年

空重：220千克

“航空星”是由以色列航空防御系统公司研制的一款战术无人机，采用常规的上单翼、短机体、双尾撑结构，其数据链天线置于机体上部凸出的圆形天线罩内，数据传输具有多频、多通道连接的能力，使其可同时与多个飞行器或地面设备进行通信链接，其数据链在未经中继的情况下传输距离可达200千米。

“埃坦”无人机

制造商：以色列航空工业公司

首飞时间：2004年

空重：4650千克

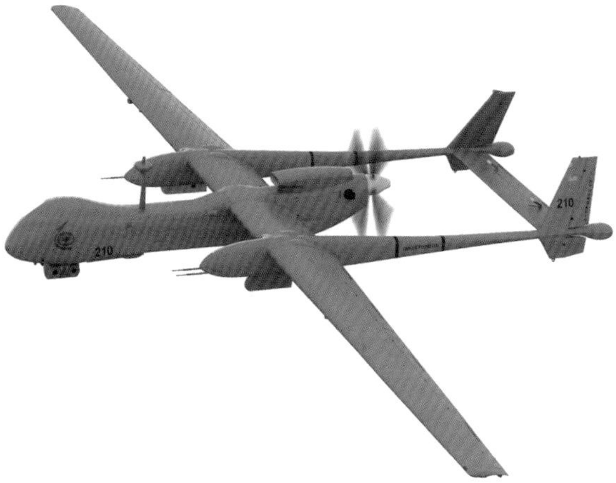

“埃坦”是由以色列航空工业公司研制的一款无人侦察机，也被称为“苍鹭”TP无人机。与“苍鹭”无人机相比，“埃坦”无人机的总体布局基本相似，但尺寸明显增大。它采用上单翼布局，机翼采用了全翼展开缝襟翼，翼展达到26米，与波音737客机相当。该机采用了全复合材料机身、可收放的起落架，凭借着巨大的翼展和4650千克的起飞重量，“埃坦”无人机的续航时间可以超过30小时，在配备卫星通信设备后，作战半径超过1000千米。

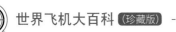

“哈洛普”无人机

制造商：以色列航空工业公司

首飞时间：2005 年

空重：135 千克

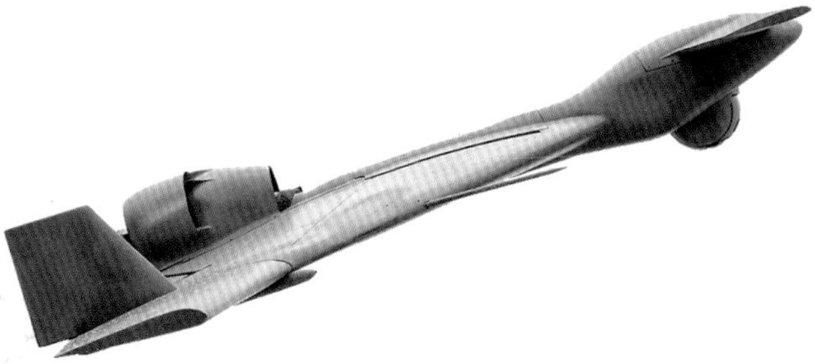

“哈洛普”是由以色列航空工业公司研制的一款无人攻击机，集无人侦察机、制导武器和机器人技术为一体，是一套能通过接收和分析电磁波，发现敌方雷达站或通信中心，并将其摧毁的武器系统。总的来说，“哈洛普”系统由两大部分组成：一是用于攻击的无人机，二是用于运输和遥控的发射平台。

“阿拉丁”无人机

制造商：电子机械技术公司

首飞时间：2005 年

空重：3.2 千克

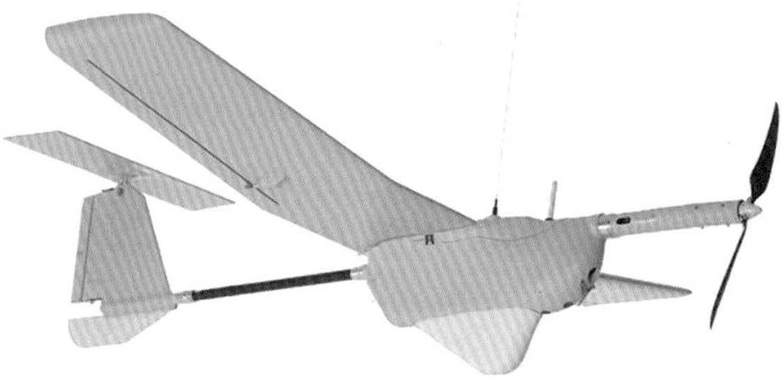

“阿拉丁”是由德国电子机械技术公司（EMT）研制的一款小型无人侦察机。该系统主要由 1 架无人机和 1 个地面控制站组成，操作人员为 1—2 名。该机通常与“非洲小孤”侦察车配合使用，以执行近距离侦察任务。在不使用时，“阿拉丁”无人机常被拆解并装在箱子里，方便携带。如果要使用“阿拉丁”无人机系统，操作人员可在数分钟内完成无人机的组装，然后采用手抛或弹射索发射升空。

“天空”X 无人机

制造商：阿莱尼亚航空公司

首飞时间：2005 年

空重：1000 千克

“天空”X 是由意大利阿莱尼亚航空公司研制的一款无人攻击机，有 1 个腹部模块化弹舱，用于放置弹药，其有效载荷为 200 千克。该机使用 1 台 TR160-5/628 型涡轮发动机，动力强劲，可使“天空”X 无人机的最高速度达到 800 千米 / 时，巡航速度达到 468 千米 / 时。根据阿莱尼亚航空公司公布的数据，“天空”X 无人机的最大过载超过 5G，航程近 200 千米。

从飞行性能看，“天空”X 无人机与美国“捕食者”无人机相比也极具优势。

“秃鹰”无人机

制造商：南非先进技术与工程公司

首飞时间：2005 年

空重：135 千克

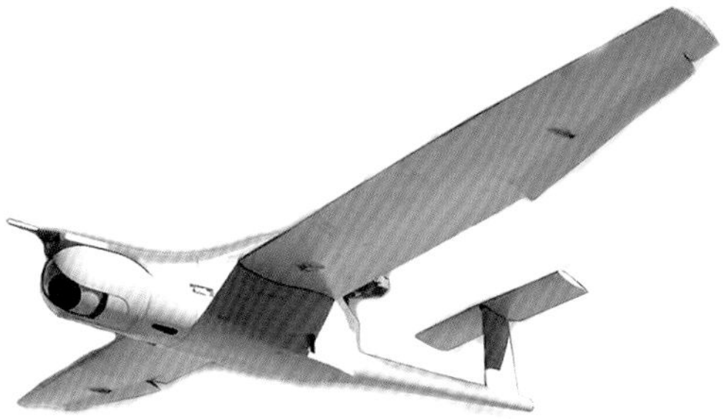

“秃鹰”是主要为炮兵提供侦察和瞄准服务的无人机，全系统包括地面控制站、无人机气压弹射发射器和回收系统，其中无人机气压弹射发射器包括有 2 架无人机。三大系统都有自己的电力和液压能源，完全独立于运载卡车，需要时可拆换。它们配置在 3 辆南非陆军制式 10 吨级卡车上，机动灵活，可快速部署，行军到战斗之间的转换时间仅需 30 分钟。

“梭鱼”无人机

制造商：欧洲宇航防务集团

首飞时间：2006 年

空重：2300 千克

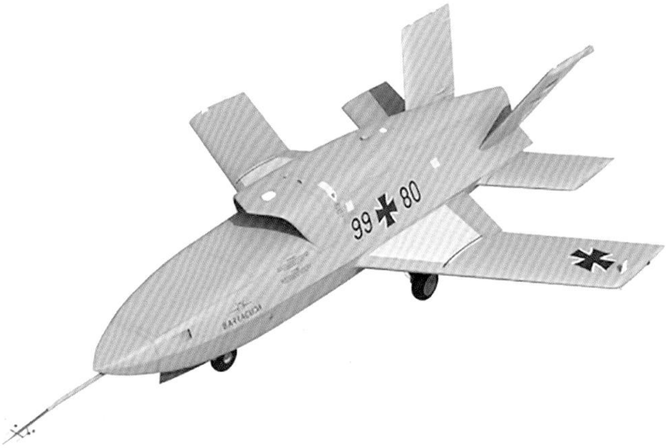

“梭鱼”是由欧洲宇航防务集团研制的无人战斗机，与欧洲其他无人机相比，“梭鱼”无人机具有出色的气动布局和外形设计，该机采用 V 形尾翼，发动机进气道位于机背。“梭鱼”无人机几乎所有的边缘和折角都沿一个方向设计，这样可以最大限度地降低机身的雷达反射面积，从而降低无人机被雷达发现的概率。“梭鱼”无人机的这种气动外形先后在法国、瑞典、德国进行了多次风洞测试，结果显示其飞行性能完全能够满足设计需要。

X-37B 无人机

制造商：波音公司

首飞时间：2006 年

空重：35000 千克

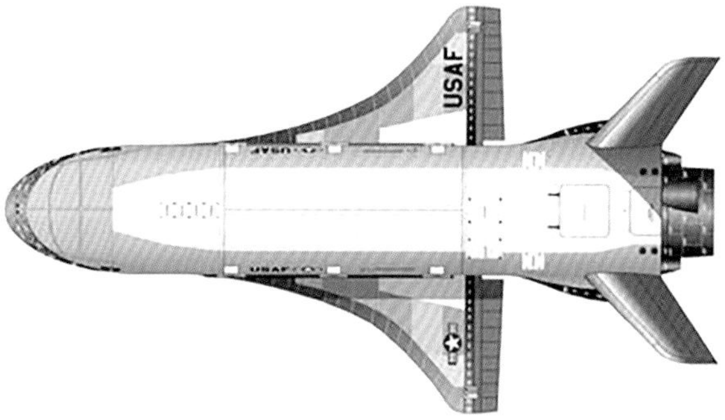

X-37B 无人机是由美国波音公司研制的世界上第一款既能在地球轨道上飞行、又能进入大气层的无人航空飞机。其发射方式多样，它不但能够被装在“宇宙神”火箭的发射罩内发射，也可从佛罗里达的卡纳维拉尔角起飞。X-37B 无人机在绕地球飞行之后，能够自行在美国加利福尼亚州降落，它可使用范登堡空军基地长 4600 米、宽 61 米的跑道着陆，该基地也是航天飞机的紧急着陆场。另外，它还可以在爱德华兹空军基地着陆。

“雪鸮”无人机

制造商：欧洲宇航防务集团

首飞时间：2006 年

空重：657 千克

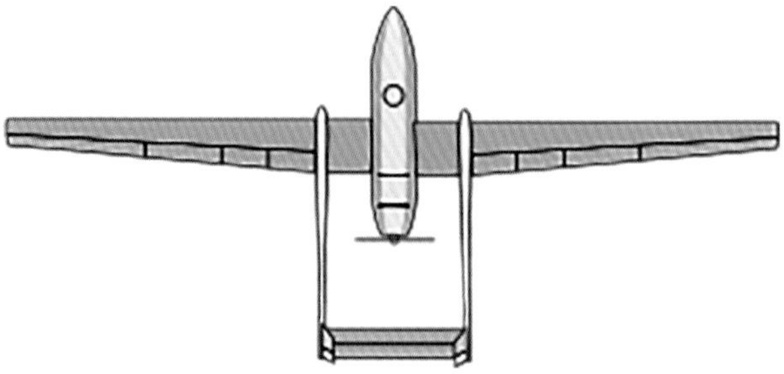

“雪鸮”是由欧洲宇航防务集团研制的一款无人驾驶的、非武装型情报、监视和侦察飞机，由战斗机、运输机或海上平台上的机组人员进行远程控制，该机具备长航时和低可侦测性的特点，能够在几千米的范围内执行昼夜侦察任务。“雪鸮”无人机能对村庄和混合地貌进行侦察，也可执行车队护送任务。此外，该机可执行搜索简易爆炸装置、识别和观察直升机着陆区域等任务。

RQ-20“美洲狮”无人机

制造商：航宇环境公司

首飞时间：2007 年

空重：5.9 千克

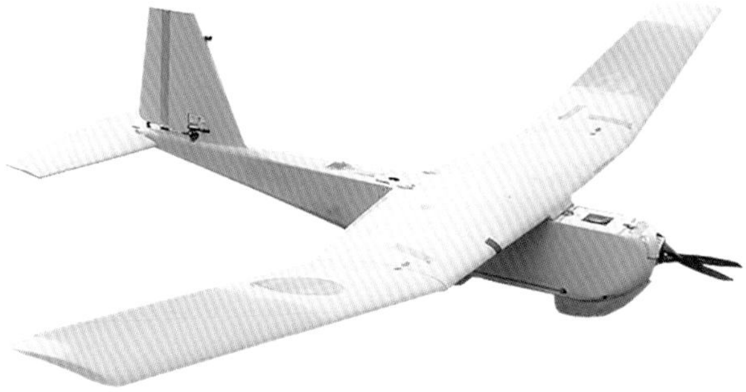

RQ-20“美洲狮”是由美国航宇环境公司研制的一款小型手持式无人机，可以提供滞空 120 分钟以上的自动空中情报、监视与侦察能力。该机携载有 1 部光电照相机、1 部红外照相机以及 1 部红外照明灯，可以在非常狭小的区域内使用，这也是它能够同时被多个军种采购的原因之一。RQ-20 无人机的发射也非常简单，只需一名操作人员通过手持抛射升空。

X-48 无人机

制造商：波音公司

首飞时间：2007 年

空重：227 千克

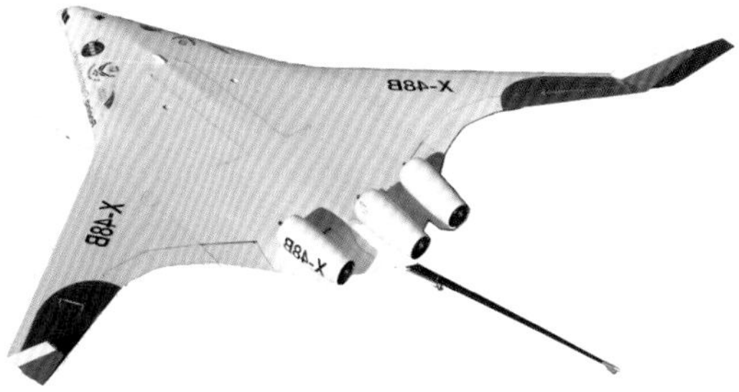

X-48 无人机是由美国国家航空航天局与波音公司联合研制的一款试验型无人机，被设计用来研究翼身融合飞行器的特性。与常规飞行器相比，采用翼身融合体设计的 X-48 无人机具有更好的结构强度、更远的航程和更便宜的飞行成本，在军事领域的应用潜力十分巨大，美国空军希望将此类飞机用作加油机、运输机、指挥控制机或多用途飞机。

“加维兰”无人机

制造商：海德拉技术公司

首飞时间：2008 年

空重：5 千克

“加维兰”是由墨西哥海德拉技术公司研制的小型无人侦察机，能够维持 90 分钟的自主飞行，可在白天和夜间使用。该机的操作方式十分简单，性能也比较稳定。2008 年首次试飞成功，同年先后在北美无人机系统国际协会和英国范堡罗航展上展出。

RQ-170“哨兵”无人机

制造商：洛克希德 • 马丁公司

首飞时间：2009 年

空重：3856 千克

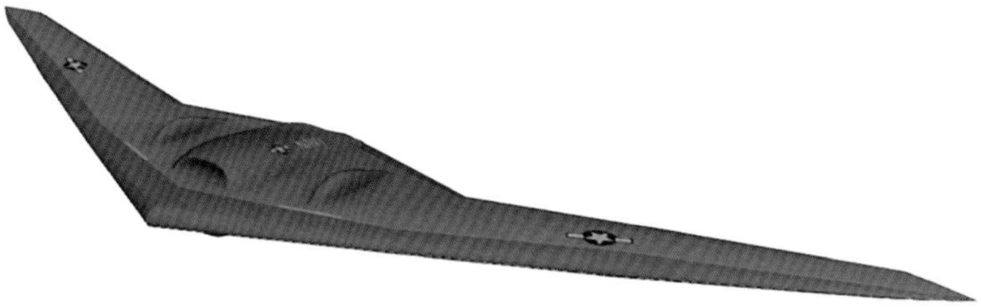

RQ-170“哨兵”是由美国洛克希德 • 马丁公司研制的一款隐形无人侦察机。由于美国军方尚未完全公开 RQ-170 无人机的信息，因此外界对其作战性能知之甚少。根据公开来源的图像，航空专家估计 RQ-170 无人机配备了光电 / 红外传感器，机身腹部的整流罩上还可能安装有主动电子扫描阵列雷达。机翼之上的两个整流罩装备数据链，机身腹部和机翼下方的整流罩安装模块化负载，从而允许无人机实施武装打击并执行电子战任务。另外，RQ-170 无人机甚至可能配备高能微波武器。

“鸟眼”无人机

制造商：以色列航空工业公司

首飞时间：2009 年

空重：4.1 千克

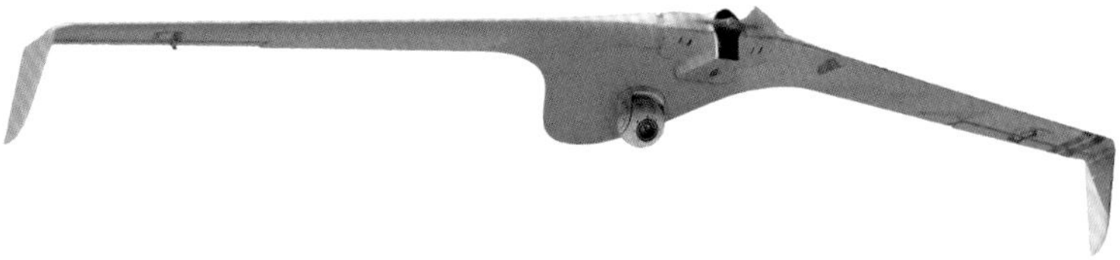

“鸟眼”是由以色列航空工业公司研制的一款微型无人机，有多种不同规格型号。各个型号的性能差异较大，其中“鸟眼”400 采用无尾下单翼结构，主翼后掠，动力装置为电池驱动的电动马达及螺桨推进器。光电传感器集中在机身下的转塔内，飞行器采用弹簧弹射方式起飞，机体背面有 4 个着陆支架，着陆时机体翻转靠背部着陆支架与地面摩擦减速。整套系统采用模块化设计，分解后可由两人背携，可在几十分钟内完成组装。“鸟眼”400 的控制系统高度自动化，起飞、途中巡航以及完成任务后返回都无须过多干预。

“复仇者”无人机

制造商：通用原子技术公司

首飞时间：2009 年

空重：9000 千克

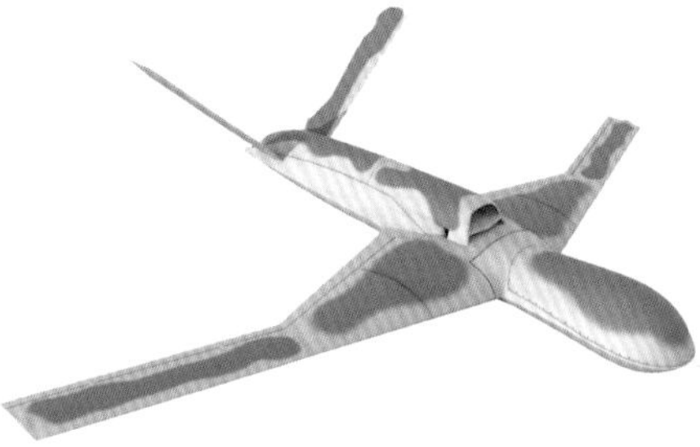

“复仇者”是由美国通用原子技术公司研制的隐身无人战斗机，体积庞大，可搭载 1.36 吨的有效载荷，动力装置为推力 17.75 千牛的普惠 PW545B 涡轮扇发动机。该发动机可让“复仇者”无人机的飞行速度达到 MQ-1“捕食者”无人机的 3 倍以上。除飞行速度大幅提升外，“复仇者”无人机的隐身生存能力、战术反应能力和任务灵活性也有较大的改进。

“统治者”无人机

制造商：航空防御系统公司

首飞时间：2009 年

空重：1200 千克

“统治者”是由以色列航空防御系统公司研制的无人侦察机，采用飞翼式布局，机体由螺桨推进器驱动，机体的垂直安定面则位于飞翼翼端，动力装置为 1 台功率 101 千瓦的活塞式发动机。机鼻部凸起的天线罩下内置数据链和卫星天线。“统治者”无人机的起飞和回收都采用传统的可收放式起落架，由于其负载较大，可同时携带多类负载。

“鲁斯特姆”无人机

制造商：印度国防研究与开发组织

首飞时间：2009 年

空重：720 千克

“鲁斯特姆”无人机由印度国防研究与开发组织下属的航空发展机构负责领导研发，其主要技术性能可与同时代的先进无人机（如在印度武装部队服役的以色列“苍鹭”无人机）相媲美。该机拥有超过 24 小时的续航时间，250—500 千克的有效载荷以及较低的雷达和声波信号。“鲁斯特姆”无人机还能够通过卫星进行数据传输，从而使其监控范围超过 1000 千米。

“赫尔姆斯”900 无人机

制造商：埃尔比特公司

首飞时间：2009 年

空重：1100 千克

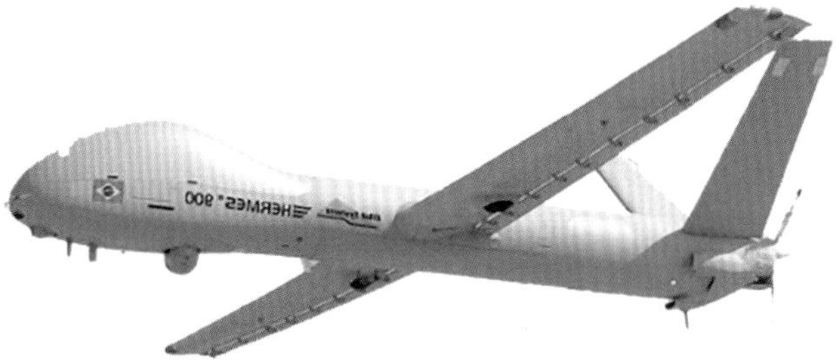

“赫尔姆斯”900 是由以色列埃尔比特公司研制的一款战略无人机。与“赫尔姆斯”系列的其他型号相比，“赫尔姆斯”900 无人机拥有一套更为高级的自动起降系统，使飞行器可在相对粗糙的跑道上起降，而且飞行器的升限更高，负载也采用模块化配置易于更换。此外，“赫尔姆斯”900 无人机还能在恶劣天气条件下使用，这意味着它的飞行控制系统能适应各种复杂的飞行环境。

“弹簧刀”无人机

制造商：航宇环境公司

首飞时间：2010 年

空重：2.5 千克

“弹簧刀”是由美国航宇环境公司研制的一款小型无人机。该机可由小型弹射器发射，

然后依靠电池动力飞行，借助机体内安装的监视设备，可对地面移动目标实施跟踪监控。“弹簧刀”无人机还装有一枚小型炸弹，一旦操作者认为目标值得攻击，就可锁定目标。此时，“弹簧刀”就会收起机翼，变身为一枚小型巡航导弹，直接撞向目标引爆炸弹，与目标同归于尽。

“黑豹”无人机

制造商：以色列航空工业公司

首飞时间：2010 年

空重：65 千克

“黑豹”是由以色列航空工业公司研制的倾转旋翼无人机，具备倾转旋翼推进系统，能够自由起飞和降落，无需专门的起降地点。该机采用了一套新型自动飞行控制系统，可以确保飞机在垂直起降和水平飞行两种状态之间正常转换。“黑豹”无人机的起降实现了高度自主化，并且操作简单方便，只需操作员在操控台上简单点击屏幕即可。

“守望者”无人机

制造商：泰利斯英国公司

首飞时间：2010 年

空重：450 千克

“守望者”是由泰利斯英国公司研制的一款无人机，是在以色列埃尔比特公司的“赫姆斯”450 无人机基础上改进而来的，两者外形相似。“守望者”无人机采用了可收放的前机轮，改进了主起落架，机翼同上部机身融合，并配备除冰设备，加装敌我识别装置、数据链，增加自动起降功能。

X-51“乘波者”无人机

制造商：波音公司

首飞时间：2010 年

空重：1814 千克

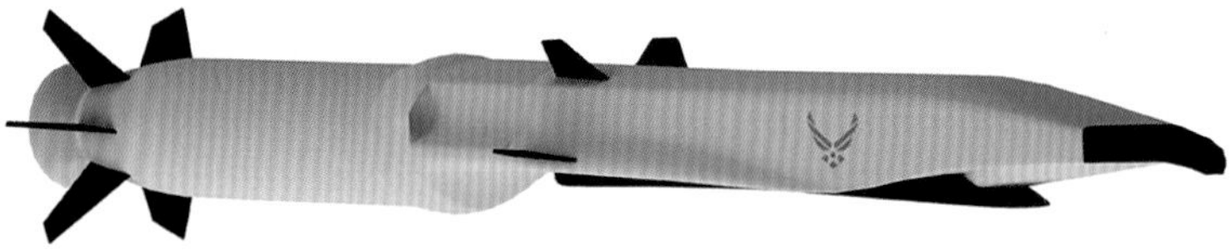

X-51“乘波者”无人机是由美国空军研究实验室与国防高级研究计划局联合主持研制的高超音速试验机，采用的“乘波体”技术是一种新颖的飞行机制，与普通飞机采用机翼产生升力的机制截然不同，特别适宜于在大气层边缘以高超声速飞行，具有不可估量的军事威慑力。亚轨道高超声速飞行器的飞行轨迹不可预测，没有规律可循，可供拦截的时机也稍纵即逝，拦截难度极大。

X-47B“咸狗”无人机

制造商：诺斯洛普•格鲁曼公司

首飞时间：2011 年

空重：6350 千克

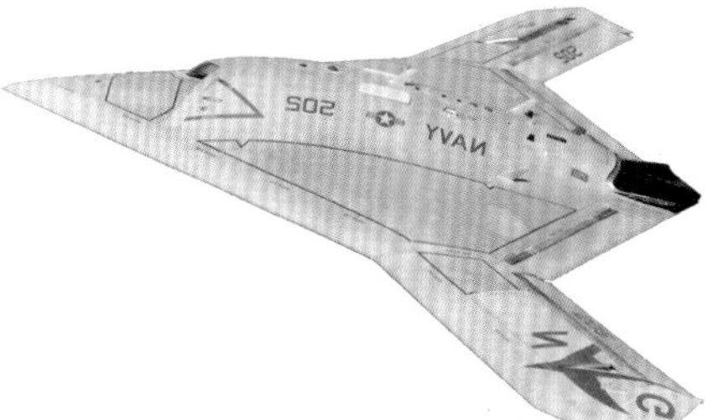

X-47B 是由诺斯洛普•格鲁曼公司研制的试验型无人战斗机， 2016 年 5 月初，美国国防部公布了 2017 年度预算案，“舰载监视与攻击无人机”（UCLASS）项目被调整为“舰载无人空中加油系统”（CBARS）项目，这意味着作为空中作战平台的 X-47B 无人机项目将被终止，取而代之的是带有 X-47B 血统的舰载无人加油机。

“幻影线”无人机

制造商：波音公司

首飞时间：2011 年

空重：16556 千克

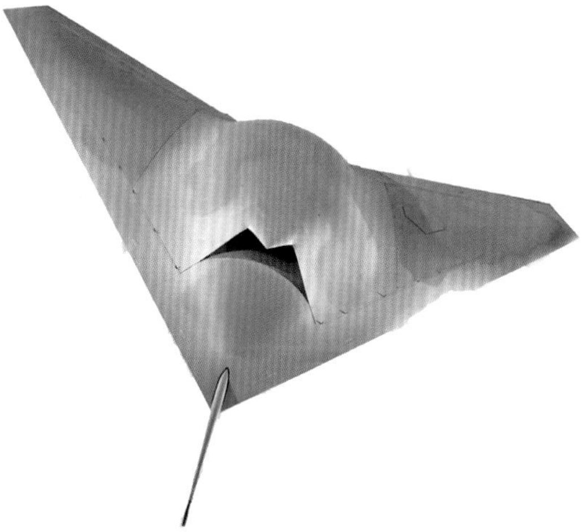

“幻影线”是由美国波音公司研制的无人侦察机，采用典型的翼身融合和飞翼式布局设计。其最大亮点在于它的隐身性能。在外形上，“幻影线”无人机并没有传统飞机的水平尾翼和垂直尾翼，机身和机翼已高度融合在一起，这就大大减少了飞机整体的雷达反射截面。为了提高隐身性能，“幻影线”无人机的发动机被放置到了机翼的上方，且进气口和喷气口都深置于机翼之内，使雷达波难以照射。

RQ-21“黑杰克”无人机

制造商：因西图公司

首飞时间：2012 年

空重：37 千克

RQ-21“黑杰克”是因西图公司根据美国海军的要求，研发的一套小型战术无人侦察机系统，主要用于代替波音公司研制的“扫描鹰”无人机。整个 RQ-21“黑杰克”无人机系统包括 5 架无人机、2 个地面控制站、1 具弹射器和 1 套“天钩”拦阻索系统。RQ-21“黑杰克”无人机的有效载荷由光电传感器、中波红外成像仪、红外标记器和激光测距仪组成。因西图公司发布的数据显示，RQ-21“黑杰克”无人机的巡航时速为 102 千米，续航能力为 24 小时。

“神经元”无人机

制造商：达索公司

首飞时间：2012 年

空重：4900 千克

“神经元”是由法国达索公司主导的隐身无人战斗机项目的成果，另有多个欧洲国家参与研发计划。该机可以在不接受任何指令的情况下独立完成飞行，并在复杂飞行环境中进行自我校正，此外它在战区的飞行速度超过现有一切侦察机。“神经元”无人机能在其他无人侦察机的配合下，反复在敌方核生化制造和储存地区进行巡逻、侦察和监视，一旦发现目标便可根据指令摧毁这些目标。该机也可在前方空中控制员的指挥下，与地面力量密切配合，执行由武装直升机和攻击机完成的近距空中支援任务。

S-100 无人机

制造商：西贝尔公司

首飞时间：2012 年

空重：110 千克

S-100 是由奥地利西贝尔公司研制的无人直升机，可以垂直起飞和降落，而不需要发射和回收设备，在战术环境中能达到高性能和易操控性的平衡。操作员一般采用两种模式控制 S-100 无人机的飞行：一种是通过简单的指向和点击用户图形界面设定飞行程序自动飞行；另一种是手动操控飞行。S-100 无人机的系统设计很合理，安装了综合检查装置和自动防故障装置，这大大减少了由于操作员错误操作造成的危害，也最大限度减少了操作员培训的需要。

“雷神”无人机

制造商：英国宇航系统公司

首飞时间：2013 年

空重：8000 千克

“雷神”是由英国宇航系统公司研制的无人战斗机，采用了大后掠前缘的翼身融合体布局，机身和机翼的后缘分别对应平行于前缘，可以有效地提供升力，实现更大的续航能力，从而确保具有跨大洲攻击的威力。该机大量应用了低可侦测性复合材料，且制造精度非常高。发动机进气道的后部管道采用了先进的纤维铺设技术，可有效规避雷达的探测。

“黑色大黄蜂”无人机

制造商：普罗克斯动力公司

首飞时间：2014 年

空重：0.016 千克

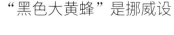

“黑色大黄蜂”是挪威设

计并制造的军用微型无人机，体型很小，重量也很轻，能够完全放置在手掌之中。这款无人机非常方便携带，可以在各种严峻环境（包括刮风的情况下）安全操作。在使用时，操控者只需轻轻地向空中投掷即可。“黑色大黄蜂”无人机装有微型摄像机以及多个热成像摄影机，通常用于执行跟踪、监视任务，可以将拍摄到的画面即时传送到手持式控制终端机。

“空中骡子”无人机

制造商：城市航空公司	
首飞时间：2016 年	
空重：771 千克	

“空中骡子”是由以色列城市航空公司研制的垂直起降无人机，旋翼位于机身内部，这使得它有能力在难以到达的艰险地形保持飞行，还可以在无法配装标准无人机的小型舰船上实现起降。该机的动力装置为 1 台阿里埃勒 2 型涡轮轴发动机，最大功率为 700 千瓦。该机既可以由地面控制台手动控制，也可以通过电传飞行控制系统进行操控，并能够在大风等极端天气里实现精确飞行。

“鳐鱼”无人机

制造商：米格航空器集团	
首飞时间：未公开	
空重：10000 千克	

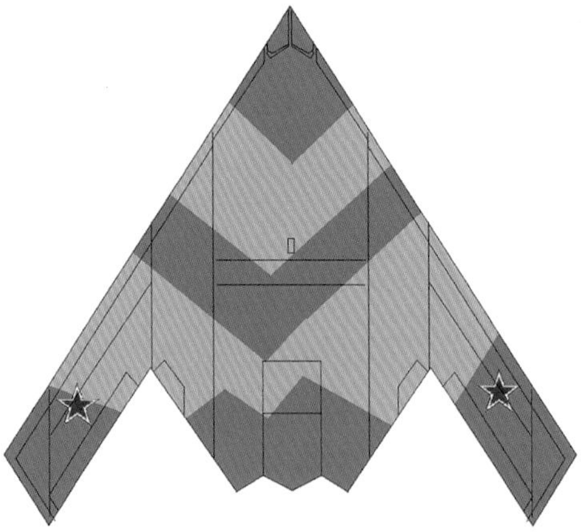

“鳐鱼”是由俄罗斯米格航空器集团研制的隐身无人攻击机，采用“无尾飞翼”布局。该机十分强调隐身性能，其机翼前、后缘和机身边缘采用平行设计，将高强度雷达反射波集中到与机身前、后缘垂直的四个方向上；进气道位于机身上方接近机头部位，采用单进气口“叉式”进气，两个分叉的进气道由 1 个垂直隔膜分开，以防止入射雷达波直接照射发动机风扇的迎风面后形成强反射源。另外，该机机腹武器舱门和机身所有口盖

边缘也被设计成锯齿状。

“奥拉”无人机

制造商：印度国防研究与开发组织

首飞时间：未公开

空重：15000 千克

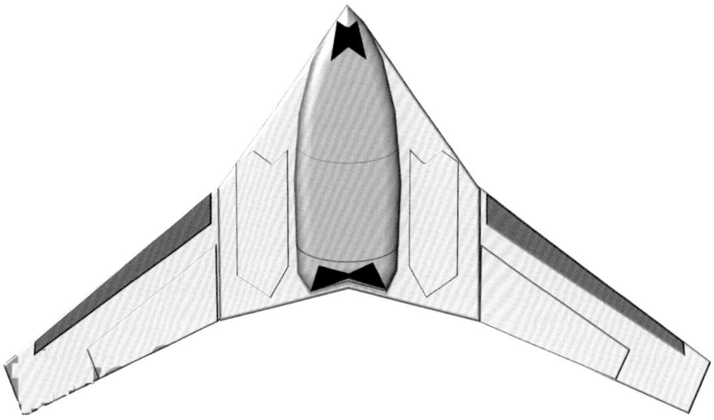

“奥拉”是印度国防研究与开发组织正在研制的无人战斗航空载具，根据印度航空发展局的描述，“奥拉”无人机是一款具有武器发射能力的自卫、高速、侦察无人机。该机采用“无尾飞翼”布局和隐身外形设计，运用隐身材料和涂层，采用弯曲进气道。

传奇武器鉴赏：MQ-9“收割者”无人机

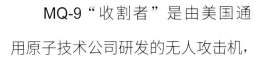

基本参数	
机长	11 米
机高	3.8 米
翼展	20 米
航程	5926 千米
速度	482 千米 / 时

MQ-9“收割者”是由美国通用原子技术公司研发的无人攻击机，主要为地面部队提供近距空中支援，也可以在危险地区执行持久监视和侦察任务。MQ-9“收割者”是专门设计作为攻击用途的无人机，它比 MQ-1 无人机的尺寸更大、载重更重，具有长滞空时程、高海拔监视的能力。

研发历程

1994 年 1 月，美国通用原子技术公司获得了美国空军“中高度远程‘捕食者’无人机”计划的合同。在竞争中击败诺斯洛普 • 格鲁曼公司后，通用原子技术公司于 2002 年 12 月正式获得美国空军的订单，制造了2架“捕食者”B型无人机，之后被正式命名为MQ-9“收割者”。截至2016年12月，美国空军已经装备了超过160架MQ-9无人机。

作战性能

尽管MQ-9“收割者”无人机和MQ-1无人机在尺寸和性能上存在差别，但两者仍然共用相同的控制界面。每架MQ-9无人机都配备1名飞行员和1名传感器操作员，他们在地面控制站内实现对MQ-9无人机的作战操控。飞行员虽然不是在空中亲自驾驶，但他手中依旧操纵着控制杆，同样拥有开火权，而且还要观测天气，实施空中交通管制，施展作战战术。

MQ-9“收割者”无人机装备有先进的红外设备、电子光学设备以及微光电视和合成孔径雷达，拥有不俗的对地攻击能力，并拥有卓越的续航能力，可在战区上空停留数小时之久。此外，MQ-9无人机还可以为空中作战中心和地面部队搜集战区情报，对战场进行监控，并根据实际情况开火。相比MQ-1无人机，MQ-9无人机的动力更强，飞行速度可达MQ-1无人机的3倍，而且拥有更大的载弹量，装备有6个武器挂架，可搭载“地狱火”导弹和500磅炸弹等武器。

MQ-9“收割者”无人机正在起飞

MQ-9“收割者”无人机侧下方特写

飞行中的 MQ-9“收割者”无人机

4.6 面临挑战的教练机

现代教练机的发展开始向两个方向集中：一是用最简单的初教筛选和学习简单飞行，然后直接上相当于过去全程教练机的喷气式高教机学习主要飞行技能；二是用具有中教机性能的初教，将初教和中教一气呵成，然后上高教机锦上添花，甚至跳过高教机而直接上战斗教练机。

除了训练飞行学员外，现代教练机还开始担负起保持老资格飞行员飞行小时的任务。现代战斗机、轰炸机、运输机的运行成本很高，但飞行员需要保持飞行小时，以拳不离手。高性能教练机可以满足大部分要求，同时具有线控变稳的教练机还可以模仿多种飞机，这是高性能教练机的一个切入点，但前提依然是较低的采购和运行成本。现代教练机的难题不在于技术，而在于如何在成本和性能之间平衡。

L-159 ALCA 教练 / 攻击机

制造商：沃多霍迪公司

首飞时间：1997 年

空重：4350 千克

L-159 ALCA 是一款多功能亚音速教练 / 攻击机，采用了悬臂式下单翼，上反角为 2.5 度。该机翼尖保留了固定翼尖油箱，这一设计在现役战斗机中独一无二。由于机翼沿袭了 6.5 度的前缘后掠角，因此该机具有较好的中、低速性能和巡航能力。

MAKO 教练机

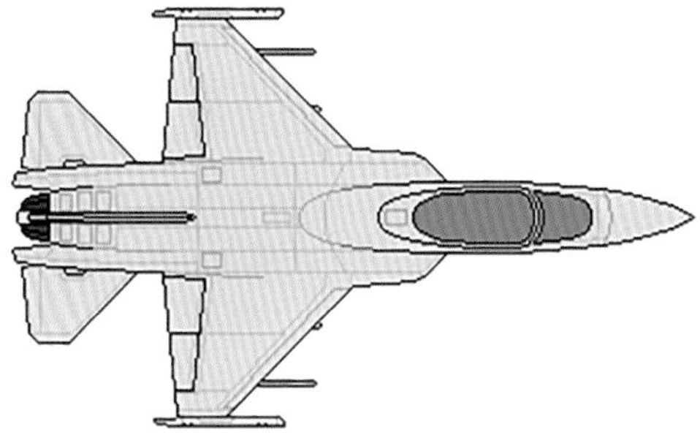

制造商：欧洲航宇防务 (EADS) 公司

首飞时间：研制中

空重：6200 千克

MAKO 是由意、德两国为了迎合未来世界航空市场对喷气式高级教练机新的定位，联合开发的一款采用隐形设计的教练机机型。该机采用当前最新的航电设备和座舱设计技术，全动尾翼，具有七个武器外挂点，可用于执行空中作战和地面攻击任务。

MiG-AT 教练机

制造商：米高扬设计局

首飞时间：1996 年

空重：4610 千克

MiG-AT 是由俄罗斯和法国联合研制的一款先进的多用途教练机，该机不仅具有良好的飞行性能，而且安全性高、直接使用成本低。该机与前线作战飞机具有相同的机动性，使用寿命达到 15000 个小时或 30 年，不少于 25000 个起落。该机可在其基本型的基础上改装成轻型攻击机或战术战斗机。

雅克 -54 教练机

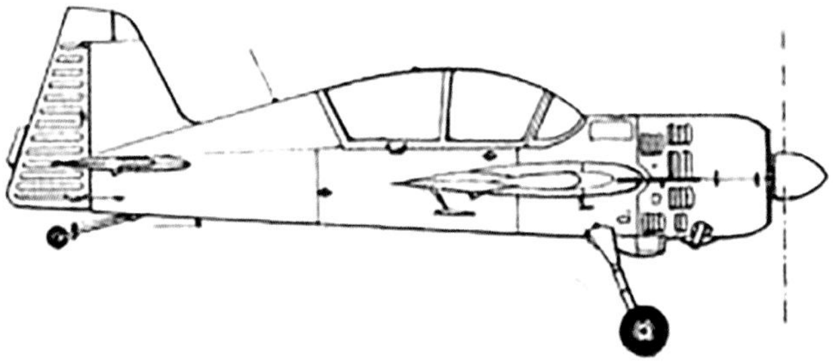

制造商：雅克夫列夫实验设计局

首飞时间：1993 年

空重：990 千克

雅克 -54 是俄罗斯设计的单座教练机，该机主要用作特技飞行和体育竞赛。2003 年，雅克夫列夫实验设计局与俄罗斯空军签署了向其提供 3 架雅克 -54 教练机的合同。同年，雅克 -54 教练机在法国和俄罗斯的国际航展中进行展出。

雅克 -130 教练机

制造商：雅克列夫设计局

首飞时间：1996 年

空重：4600 千克

雅克 -130 是专门为俄罗斯空军设计研发的一种高级教练机，在为时 32 分钟的试飞过程中，验证了该机的稳定性和灵敏性，所有的系统均成功通过了试验。就装备系统而言，雅克 -130 可算作第五代原型机。鉴于该机优良的技术性能，可以预见其在国际军火市场上具有无可辩驳的出口竞争力。

4.7　不断进步的军用运输机

军用运输机是用于运送军事人员、武器装备和其他军用物资的飞机。它具有较大的载重量和续航能力，能实施空运、空降和空投，保障地面部队从空中实施快速机动。机上有完善的通信、领航设备，能在昼夜和各种复杂的气象条件下飞行。军用运输机由机身、动力装置、起落装置、操作系统、通信设备和领航设备等组成。机身舱门宽阔，能前开、后开和侧开，便于快速装卸大型装备和物资。动力装置多为 2—4 台涡轮风扇或涡轮螺旋桨大功率发动机。起落架多采用多轮式并装有升降机构，以调节机舱底板离地高度，便于夜战条件下的装卸作业。

军用运输机可使用简易机场。不但中、小型军用运输机可使用简易机场，一些大型军用运输机也具有这种能力；军用运输机的货舱非常大，有的货舱甚至是多层的；采用上单翼布局，即机翼从机身上面穿过，这有利于增加舱高度、有利于飞机在简易机场起落时发动机能正常工作和利于货物装卸；具有快速装卸能力，通过舱门的精心设计和安装高效能的装卸设备，使其装卸军用物资的速度比一般民用机要快得多；为了提高在战时的生存力，有的军用运输机加装了电子对抗设备和航炮，并在重要部位加装装甲。

C-17“环球霸王III”运输机

制造商：波音公司

首飞时间：1991 年

空重：128140 千克

C-17“环球霸王 III”是最新型的具有高度灵活性的战略军用运输机，能够快速适应将部队部署到主要军事基地或者直接运送到前方基地的战略运输，必要时该飞机也可胜任战术运输和空投任务。这种固有的灵活性和性能帮助美军大大提高了全球空运调动部队的能力。C-17“环球霸王 III”融战略和战术空运能力于一身，是目前世界上唯一可以同时适应战略-战术任务的运输机。

安 -70 运输机

制造商：安东诺夫设计局

首飞时间：1994 年

空重：66230 千克

安 -70 是世界上载重最大的涡轮桨扇运输机，用以取代过时的安 -12 运输机。该机可执行各种高度的空投任务，能空投重达 20 吨的单件物品，也可以运载 300 名全副武装的士兵或 206 名伤病员。安 -70 能够空载在 200 米长的机场跑道上起降，还可以运载 20 吨重的有效载荷在的 600—700 米的野战跑道上起降。

C-295 运输机

制造商：西班牙卡萨（CASA）公司

首飞时间：1997 年

空重：21000 千克

C-295 是由西班牙卡萨公司研制的多用途军用中型涡轮螺旋桨运输机。该机以 CN-235 为基础研制，机上有 85% 的部件可与 CN-235 通用。该机主要被用于运送人道主义物资和执行维和任务，并且它的费用要比目前执行这类任务的美制 C-130“大力神”运输机更低。

安 -74-300 运输机

制造商：安东诺夫设计局

首飞时间：2001 年

空重：19050 千克

安 -74-300 运输机于 2001 年 6 月在巴黎航空展上首次亮相。这种新机型与之前的安 -74 有很大的不同，最醒目的地方在于发动机的安装位置：用常规的翼下方式取代了安 -74 的翼上方式。

XC-2 运输机

制造商：川崎重工业公司

首飞时间：2010 年

空重：60800 千克

XC-2 运输机是由日本川崎重工业公司研制的，是为了接替日本于 20 世纪 70 年代启用的 C-1 型国产运输机。除了作为运输机，XC-2 还可以改型成为空中预警机、空中加油机、远程侦察机或者战略轰炸机。

4.8 经济适用的公务机

有关资料表明，在 1986—1996 年，与不使用公务机的公司相比，使用公务机的公司的销售额平均多增长 7%，股票每股平均收益较前者多出 30%。公务机对于购买的企业和使用的客户而言，具有省时、高效、安全、隐私性强、彰显尊贵等优势；对航空公司来说，公务机市场前景广阔，值得介入。

美国公务航空协会一份财务报告分析说，一架“湾流”IV 公务机 5 年内可为公司节税 1256 万美元，而它的实际价值和固定开支只有约 650 万美元。

前市场上流传这样一种说法：一架公务机的价格仅为民航机的零头，对一掷千金的航空公司来说显然投入很小，而且随着公务航空市场的发展，航线安排等飞行费用将逐步下降。因此，过去一直波澜不兴的公务航空市场本小利大，极有可能成为航空业新的逐鹿战场。

“猎鹰 2000”公务机

制造商：达索公司

首飞时间：1993 年

空重：9405 千克

“猎鹰 2000”是由法国达索公司制造的双发远程宽体公务机，采用后掠式下单翼，中置水平尾翼，机身后部两侧安装两台霍尼韦尔 TFE731 型涡轮风扇发动机，机身两侧每侧 10 个舷窗。除了基本生产型，“猎鹰 2000”还有另外两种衍生型：“猎鹰 2000DX”和“猎鹰 2000EX”。

“环球快车”系列公务机

制造商：庞巴迪宇航集团

首飞时间：1996 年

空重：42071 千克

“环球快车”是由加拿大庞巴迪宇航集团研制的豪华公务机系列，可不经停加油执行洲际航程（如纽约至东京），或大多只停一站即可来往世界上任意两地。“环球快车”的竞争对手是空中客车公务机、波音公务机、达索猎鹰 7X 和湾流 G550。“环球快车”拥有先进的全新超临界机翼（后掠角 35 度并加装翼尖小翼），以及 1 个新的 T 形尾翼。

“湾流 G200”公务机

制造商：湾流飞机公司

首飞时间：1997 年

空重：8709 千克

“湾流 G200”是由美国湾流飞机公司生产的双发超中型公务机，也是世界上较豪华的公务机之一。“湾流 G200”宽敞的座舱可容纳 8—10 名乘客，即使身材高大的人员也可以轻松穿梭于舱内，而设计典雅高贵的座椅带来极致的飞行舒适感。高达 4.2 立方米的行李存储空间和外部行李存储区足以满足所有乘客的需求。

“首相 IA”公务机

制造商：豪客比奇公司

首飞时间：1998 年

空重：3627 千克

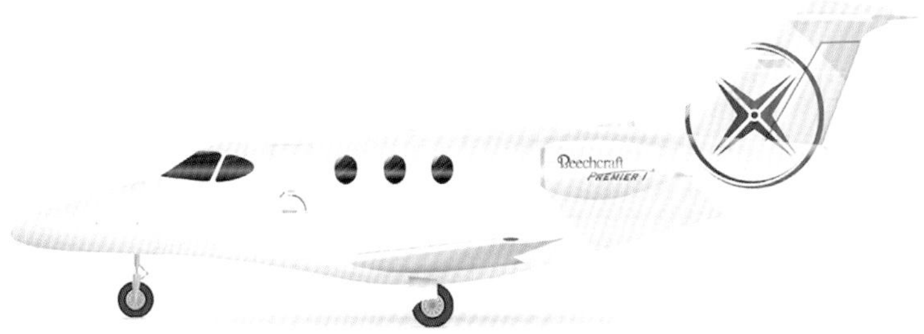

“首相 IA”是历史悠久的比奇“首相Ⅰ”的改进型，2005 年取得 FAA 认证，其卓越的性能、舒适度和经济性在行业内有口皆碑。“首相 IA”使用了复合材料，将巡航速度提升至 845 千米 / 时，比最近的竞争对手每小时快了 80 千米。“首相 IA”曾在 1 小时 44 分钟从华盛顿飞抵西雅图，打破了美国塞斯纳公司“奖状”公务机创下的纪录。

“豪客 4000”公务机

制造商：豪客比奇公司

首飞时间：2001 年

空重：10659 千克

“豪客 4000”原名“豪客地平线”，2008 年 6 月 6 日取得美国 FAA 交付合格证，成为世界上第一款取得美国 FAA 合格证的复合材料超中型公务机，是“豪客”系列飞机的旗舰机型。作为世界上最先进的超中型喷气机，“豪客 4000”拥有高效发动机和业界领先的复合材料机身。

SR22 私人小型飞机

制造商：西锐飞机公司

首飞时间：2001 年

空重：1009 千克

SR22 是由美国西锐飞机公司设计并生产的小型飞机，号称“空中宝马”，凭借其可靠的机身结构、卓越的航空电子系统、优秀的安全性能已经成为世界上最受欢迎的高性能活塞式飞机。SR22 的最大亮点是装备了“西锐整机降落伞系统”。一旦出现特殊情况，打开

降落伞，飞机可以安然着陆，舱内人员不用跳伞。

莱格赛 650 公务机

制造商：巴西航空工业公司

首飞时间：2001 年

空重：16000 千克

莱格赛 650 作为巴西航空工业公司旗下公务机的主力机型，是一款远程跨洲际飞行的公务机。该机采用标准布局可搭载 13 名乘客。其客舱采用顶级内饰布置，气氛静谧，内设皮革座椅、沙发椅、文件柜和用餐会议两用桌。该款飞机还配有一间宽敞的厨房，可准备冷、热餐。一间位于后舱的宽裕的盥洗室，以及衣柜、储藏间和一套配备了 DVD 播放机和卫星通信设备的娱乐系统。

日蚀 500 公务机

制造商：日蚀航空公司

首飞时间：2002 年

空重：1610 千克

日蚀 500 是由美国日蚀航空公司研制的一款小型的双发涡轮喷气机，包括机师在内，可以承载 6 人。它在设计上面临一个重大的挑战——在体积很小的情况下保证性能卓越以及大型飞机般的舒适性。日蚀 500 借鉴了汽车的设计理念，在外部和内部采用了统一的风格。该机具有高度机械化、高度自动化、构造合理的特点，就像一副成套的工具箱。

亚当 A500 公务机

制造商：亚当飞机公司

首飞时间：2002 年

空重：2427 千克

亚当 A500 是由美国亚当飞机公司研制的公务机。飞机由两台欧陆 TSIO-550-E 的活塞式发动机推进。机身由复合材料制造，拥有座舱增压功能，可搭载 5 名乘客以 407 千米 / 时的巡航速度飞行 2392 千米。

亚当 A700 公务机

制造商：亚当飞机公司

首飞时间：2003 年

空重：2523 千克

亚当 A700 是由亚当飞机公司设计并生产的公务机。该机现代化的设计和复合材料结合高效的涡扇发动机开创了公务机旅行的新时代，可以配置 6—8 个座位。该机拥有本级别飞机中最宽敞的座舱和灵活的即装即用功能，客户可以选择 6 座 + 完整后部洗手间配置、7 座 + 后部小洗手间配置或载客量最大的 8 座配置。

“猎鹰 7X”公务机

制造商：达索公司

首飞时间：2005 年

空重：15456 千克

“猎鹰 7X”曾获得 2009 年“优秀设计”奖（1950 年由建筑师埃罗 • 沙里宁等人设立），内饰设计非常优秀。先进的静音技术使得客舱的噪音始终保持在 50 分贝以下。这项尖端技术的首次应用大幅提高了乘坐的舒适度和愉悦感。先进的温度检测系统令整个客舱内温度始终维持在乘客需要的温度，使得每个乘客倍感舒适。

“飞鸿 100”公务机

制造商：巴西航空工业公司

首飞时间：2007 年

空重：7951 千克

“飞鸿 100”是由巴西航空工业公司设计并制造的轻型公务机，超级舒适度、出众的性能以及低成本运营等是在设计时主要的考虑因素。尽管该机在投入运营初期经历过一些困难，但它最终还是俘获了客户们的心。

“飞鸿 300”公务机

制造商：巴西航空工业公司

首飞时间：2008 年

空重：8000 千克

在“飞鸿 100”公务机进行研发的同时，巴西航空工业公司也开始了“飞鸿 300”的设计工作。“飞鸿 300”所采用的客舱布局最多可搭载 9 名乘客。容积达 2.15 立方米的超大行李舱可以方便地存放行李、高尔夫球具包和滑雪用具。“飞鸿 300”还装有防滑功能的标准线传刹车系统，增加了安全和可靠性。

4.9 寻求突破的民航客机

民航客机按照航程来进行种类划分。

远程飞机的航程为 11000 千米左右，可以完成中途不着陆的洲际跨洋飞行。中程飞机的航程为 3000 千米左右。近程飞机的航程一般小于 1000 千米。

近程飞机一般用于支线，因此又称支线飞机。中、远程飞机一般用于国内干线和国际航线，又称干线飞机。我国民航总局是采用按飞机乘客座数划分大、中、小型飞机，飞机的客座数在 100 座以下的为小型，100—200 座的为中型，200 座以上的为大型。航程在 2400 千米以下的为短程，2400—4800 千米的为中程，4800 千米以上的为远程。但分类标准是相对而言的。短航线的飞机一般在 6000 米至 9600 米高度飞行，长航线的飞机一般在 8000 米至 12600 米高度飞行，普通民航客机最高飞行高度不会超过 12600 米。

干线飞机，是指用于国际航线和国内航空运输枢纽站之间航路的“客机”。世界上有能力生产大型干线飞机的国家和地区有美国、俄罗斯、乌克兰以及区洲部分国家等，大型干线飞机的生产不仅是国家的需要也是一个国家国力的体现。

波音公司和空客公司对世界干线运输市场的未来发展趋势持不同的观点，波音公司认为，为了满足旅客对快捷旅行方式的偏好，航空公司将会开通更多的点到点航线，这些航线绕开大型枢纽机场，直飞二级城市；未来航班的频率将会增加，飞机的尺寸趋于缩小；由于大型枢纽机场普遍存在拥堵问题，大型飞机较长的过站时间会加剧机场的拥堵，所以波音公司预测大型飞机的需求量远低于空客公司的预测。而空客公司坚持认为，未来飞机平均尺寸呈现增大的趋势，采用 A380 等大型飞机通过一个航班载运更多的乘客，才是解决机场和航线拥堵的有力手段，所以其对于大型飞机需求量的预测值远高于波音公司。

波音 717 民航客机

制造商：波音公司

首飞时间：1998 年

空重：31674 千克

波音 717 是波音公司最小型的双发喷气式民航客机，专门针对短程航空客运市场而设计。该机主要用于短程、高频率的航线，具有许多支线飞机的特性，其结构简单、重量轻，不需要长跑道和大型空港设备。自带客梯和货物装卸系统（选装设备），不需要地面支援设备，加油时也不用升降机和梯子。

波音 777 民航客机

制造商：波音公司

首飞时间：1994 年

空重：160120 千克

波音 777 是由波音公司研发的双发中远程宽体客机，迄今为止是全球最大的双发宽体客机。该机具有左、右两侧三轴六轮的小车式主起落架、完全圆形的机身横切面以及刀形机尾等外观特征，并采用了全数字式电传飞行控制系统、软件控制的飞行电子控制器、液晶显示飞行仪表板、光纤飞行电子网络等多项新技术。

波音 787 民航客机

制造商：波音公司

首飞时间：2009 年

空重：115000 千克

波音 787 是航空史上首款超长程中型客机，打破了以往一般大型客机与长程客机挂钩

的定律。该机的突出特点是大量采用复合材料，低燃料消耗、较低的污染排放、高效益及舒适的客舱环境，可实现更多的点对点不经停直飞航线，具有较低噪音、较高可靠度、较低维修成本的特点。

空中客车 A330 民航客机

制造商：欧洲空中客车公司

首飞时间：1992 年

空重：119600 千克

空中客车 A330 是由欧洲空中客车公司生产的双发动机、双通道中长程宽体客机，用于取代 A300。空中客车 A330 采用更轻、强度更高的金属合金和复合材料，可降低机身重量和提高飞机机体的寿命。此外，机翼在气动性能方面也进行了优化，确保了所有条件下最佳的起飞和着陆性能，提高了飞机在巡航速度飞行时的燃油效率。

空中客车 A380 民航客机

制造商：欧洲空中客车公司

首飞时间：2005 年

空重：276800 千克

空中客车 A380 是由欧洲空中客车公司研制并生产的四发动机、550 座级超大型远程宽体客机，其投产时是全球载客量最大的客机，有“空中巨无霸”之称。该机具备低空通场、超低空低速通场的能力，能够在中低空完成大仰角转弯、过失速速度和过失速仰角飞行，能够实施空中翻转，确保飞机遭遇鸟击、雷暴、大侧风等恶劣条件时的安全。

空中客车 A350 民航客机

制造商：欧洲空中客车公司

首飞时间：2013 年

空重：295000 千克

空中客车 A350 是由欧洲空中客车公司研发的中长程宽体客机，配备全新机舱、机翼、机尾、起落架及各项新系统，一些原为 A380 发展出来的技术均可在 A350 上找到。该机有

60% 的结构采用多种先进的、经过技术验证的轻质混合材料制造，如最新的铝锂合金和碳纤维修增强塑料。

空中客车 A400M 运输机

制造商：欧洲空中客车公司

首飞时间：2009 年

空重：76500 千克

空中客车 A400M 的最初设计主要是为了满足比利时、法国、德国、意大利、西班牙、土耳其和英国空军的军备需求。该机驾驶员座舱具有全景夜视能力，可容纳两名机组成员，必要时可以多承载一人，负责特定任务操作。该机装备的电线控制系统，由空中客车民用机公司进行研发。

庞巴迪 CRJ 系列民航客机

制造商：庞巴迪宇航集团

首飞时间：1999 年

空重：19731 千克

庞巴迪 CRJ 系列是由庞巴迪宇航集团研发的民用支线喷气式飞机，在大飞机难以盈利的航线上具有极其独特的优越性，它不仅可用于扩大点对点的支线运输，还可用于增加从枢纽机场的辐射式运输，同时还能使航空公司改善旅客服务并提高效益。

庞巴迪 C 系列民航客机

制造商：庞巴迪宇航集团

首飞时间：2013 年

空重：65317 千克

庞巴迪 C 系列是由庞巴迪宇航集团所研制的市场定位为 100—149 座级的双发窄体客机，是一款高效率、高舒适度、低噪音的飞机。与波音 787 和空中客车 A350 一样，庞巴迪 C 系列的机身大量采用复合材料，客舱采用 3+2 座位排列设计，发动机挂在主翼下，类似波音 717、737 的结合型。

ERJ-145 民航客机

制造商：巴西航空工业公司

首飞时间：1995 年

空重：18500 千克

ERJ-145 是由巴西航空工业公司研制的第一款涡扇支线客机。与 EMB-120 有 75% 的零部件通用，不同之处在于 ERJ-145 采用中涵道比涡扇发动机，机翼重新设计并装有翼梢小翼，两台发动机采用尾吊方式。ERJ-145 的机身横截面也与 EMB-120 相同，但机身有所加长，以适应载客量增加的需求。

图 -334 民航客机

制造商：图波列夫设计局

首飞时间：1999 年

空重：30050 千克

图 -334 是由俄罗斯图波列夫设计局研发的双发动机支线客机。机身使用图 -204 的设计，但其长度则被改短，机尾采用 T 形设计，两副发动机置于机尾两侧，有别于发动机置于翼下的传统设计。图 -334 具有较高的使用性能，先进的气动外形和发动机使其具有极其经济的油耗。

安 -148 民航客机

制造商：安东诺夫设计局

首飞时间：2004 年

空重：43700 千克

安 -148 是由安东诺夫设计局联合俄罗斯和乌克兰的众多航空企业共同研制生产的支

线客机。为了最大程度满足各类航空公司的对运营灵活性和降低使用成本、提高运营利润的要求，安 -148 从 2200 千米到 5100 千米航程型均获得适航证。

SSJ-100 民航客机

制造商：苏霍伊民用飞机公司

首飞时间：2008 年

空重：25100 千克

SSJ-100 是俄罗斯研制并生产的支线客机。其中 SSJ-100 民航客机 95 座基本型的售价约为 2800 万美元，比一些国外同类机型的价格低 15% 左右。该机分为基本型和远程型，有 60 座、75 座和 95 座布局，其中 95 座基本型的设计航程 4590 千米。

萨博 2000 民航客机

制造商：萨博公司

首飞时间：1994 年

空重：13800 千克

萨博 2000 是萨博 340 的延长版，机身横切面与萨博 340 一样宽 2.16 米，机身较其延长了 7.55 米，标准载客量为 50 人，最大载客量达 58 人。驾驶舱采用 6 个洛克韦尔 • 柯林斯 Pro Line 4EFIS 显示器，以全权数位发动机控制系统管理发动机。

MRJ 民航客机

制造商：三菱重工业公司

首飞时间：2015 年

空重：26000 千克

MRJ 是日本研发的支线民航客机。作为日本政府重振航空业雄风的重要组成部分，MRJ 项目除了在经费上得到政府大力支持外，国内两大航空公司全日空和日航也给予了全力支持。三菱重工业公司为 MRJ 的研制投入了约 103 亿元人民币，单架客机价值为 4200 万美元。

4.10 举世瞩目的预警机

预警机是二战后发展起来的一个特殊机种。二战期间雷达得到了迅速的发展，使之能有效地探测远距离目标。但是，雷达波是直线传播的，而地球表面却是弯曲的，这就限制了地面雷达的探测范围。要想让雷达探测得更远，就必须增高雷达距离地面的位置。因此，雷达便被架设在高山上。20 世纪 70 年代以来，美、英、苏先后研制的新一代预警机都安装了性能更好的脉冲多普勒雷达，并装有敌我识别、情报处理和电子对抗等设备，不仅可以及时发现和监视低空入侵目标，还可以指挥己方战斗机进行拦截和攻击，自我保护能力也有了不小的提高。

预警机进入战争领域的历史并不长，但是由于它能够有效降低敌机低空空防概率，集指挥、情报、通信和控制等系统功能于一身，成为军事领域的新宠。

波音 E-767 预警机

制造商：波音公司

首飞时间：1994 年

空重：85595 千克

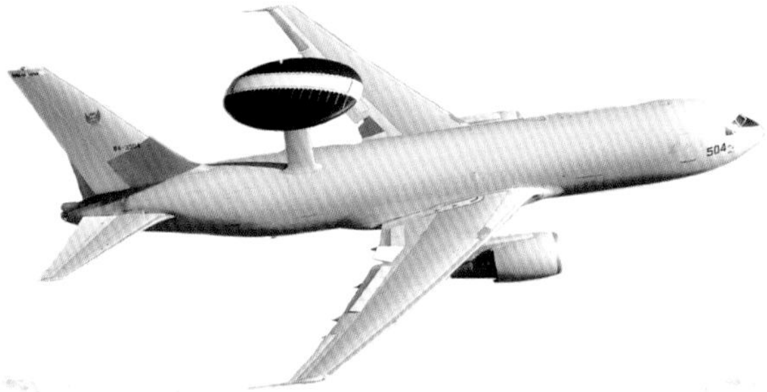

波音 E-767 预警机是由美国波音公司研制的空中预警与管制机，机上的任务电子配备大致与 E-3B 相同，安装 AN/APY-2 雷达，波音 E-767 在作战飞行高度上能探测 320 千米外的目标，对高空目标的探测距离达 600 千米，可同时跟踪数百个空中目标，并能自动引导和指挥 30 批飞机进行拦截作战。

“费尔康”预警机

制造商：以色列航空工业公司

首飞时间：1993 年

空重：80000 千克

“费尔康”预警机是世界上第一款相控阵雷达预警机，采用了先进的电扫描技术，具有重量轻、造价低、可靠性高的特点。其监控范围直径 800 千米，对飞机周围进行 360 度覆盖，可同时跟踪 250 个目标，并具备监视地 / 海面运动目标的下视能力。“费尔康”预警机以电扫描相控阵雷达取代了以往预警机机械扫描的预警雷达，甩掉了机身的雷达天线罩，在机鼻、机尾和机身两侧，加装了自行研制的“费尔康”6 面全固态电扫描相控阵雷达，是现代预警机技术的重大突破，居世界领先地位，代表了新一代预警机的发展方向。

G550“海雕”预警机

制造商：以色列航空工业公司

首飞时间：2006 年

空重：21909 千克

G550“海雕”是由美国“湾流”G550 喷气公务机改装的新型空中预警机，该机配备了现代化的通信指挥系统，可以指挥以色列空军的整个作战行动，并协调空军与陆、海军之间的作战活动。以色列空军司令埃利泽·沙凯迪少将认为，“海雕”的一些性能甚至比美国空军目前使用的 E-3 空中预警机还要好，属于世界上最好的空中预警机。

S-100B“百眼巨人”预警机

制造商：萨博公司

首飞时间：1994 年

空重：13155 千克

S-100B“百眼巨人”预警机是瑞典空军装备的空中预警机，核心是“爱立眼”雷达系统，它与北约空中防御指挥系统具有完全互通性，系统采用性能可靠的先进固态电子设备、利于升级的开放式系统体系结构和利于成本控制的增强型商业现货供应硬件，包括普通通用型可编程工作站和全彩色液晶显示器。

4.11 一枝独秀的侦察机

侦察卫星的出现，取代了相当一部分侦察机。另外由于防空导弹的发展，使侦察机深入敌方的飞行变得日益危险。但侦察机仍得到继续发展。有人驾驶侦察机主要执行在敌方防空火力圈之外的电子侦察任务；大部分深入敌方空域的侦察任务由无人驾驶侦察机来执行。

“隐身”技术正在得到应用和发展，大幅提高了侦察机的生存能力。科学技术的发展使现代侦察机的谍报本领倍增。大量高性能的光学、电视、红外、激光和雷达等侦察设备的运用，使侦察机可以及时、准确地获取战场上的情报，为指挥官定下决策提供依据。虽然无人侦察机和侦察卫星已部分取代了侦察机功能，然而，实战证明，侦察机独特的优势和在未来的战场上的作用，仍是其他侦察设备所无法替代的。

“哨兵”R.1 侦察机

制造商：雷声系统公司

首飞时间：2001 年

空重：24000 千克

“哨兵”R.1 侦察机的机体是由公务机改装而来的，其最大的两个识别特征就是机身顶部一座天线罩和腹部凸出的舟型天线罩。机背的天线罩内安装有全球卫星通信系统“动中通”的全向天线，腹部长条形天线罩则是双模 ASARS-2 地面监控雷达系统的天线，该雷达为合成孔径雷达，具有穿透伪装物和浅地表探测及移动目标探测的优秀能力，对地面活动小型慢速目标的作用距离达 360 千米。

P-8“波塞冬”侦察 / 反潜巡逻机

制造商：波音公司

首飞时间：2009 年

空重：62730 千克

P-8“波塞冬”是由美国波音公司研制的反潜巡逻机，主要用途为海上巡逻、侦察和反潜作战。其内部的大空间能安装更多设备，翼下也能挂载更多武器。P-8“波塞冬”反潜巡逻机有 5 个内置武器挂载点与 6 个外置武器挂载点，可以使用 AGM-84“鱼叉”反舰导弹和 AGM-65“小牛”空对地导弹，还可挂载 15000 千克炸弹、鱼雷或水雷等武器。

P-1 海上侦察 / 反潜巡逻机

制造商：川崎重工业公司

首飞时间：2007 年

空重：79700 千克

P-1 是一款由日本海上自卫队所操作的海上巡逻机，在规划上非常注重提高速度与扩大作战半径，同时也力求强化机上的任务装备，有效地执行反潜、反舰、指管通情等机能，配备日本东芝新开发的 HPS-106 主动相控阵雷达（AESA），机腹总共设有 30 个声纳浮标投放口，机腹设置一个内置式弹舱，能容纳制导鱼雷、反潜炸弹等武器，两边主翼最多总共能挂载 8 枚反舰导弹。

EA-18G“咆哮者”侦察 / 电子战飞机

制造商：波音公司

首飞时间：2001 年

空重：15011 千克

EA-18G“咆哮者”是美国波音公司以 F/A-18F“超级大黄蜂”战斗 / 攻击机为基础研制的电子战飞机，也可执行侦察任务。机身采用半硬壳结构，主要采用轻合金，增压座舱采用破损安全结构。机头右侧上方装有可收藏的空中加油管。起落架为前三点式，前起落架上有供弹射起飞用的牵引杆。虽然 EA-18G“咆哮者”没有内置机炮，但其具备相当的空战能力，不仅足以自卫，甚至可以执行护航任务。

P-1 侦察 / 反潜巡逻机

制造商：川崎重工业公司

首飞时间：2007 年

空重：79700 千克

P-1 反潜巡逻机是日本川崎重工业公司为日本海上自卫队研制的四发反潜巡逻机，是日本新《防卫计划大纲》提出的“动态防卫力量”的核心装备之一，被视为“未来在日本周边开展警戒和监视活动的主力装备”。

4.12 一鸣惊人的空中加油机

1995 年 6 月 2 日，美国空军的 3 架 B-1B 战略轰炸机从其本土得克萨斯州的戴耶斯空军基地起飞，在赤道与北纬 35 度之间做曲线飞行，穿过大西洋、地中海、印度洋、中国南海、西太平洋、北太平洋，途中在 3 个靶场进行了轰炸训练，飞行 30 余小时，总航程约 4 万千米，于 3 日夜间返回起飞基地。这是美空军进行的“环球力量”外场不着陆演习飞行，它创造了航空史上迄今为止不着陆飞行的最远纪录，并宣告空战领域已经进入“全球战场”的时代，也说明美国空军已具有“全球机动、全球作战”的能力。

然而，创造这一奇迹的幕后英雄却是空中加油机。美军先后出动 29 架次加油机实施了 6 次空中加油，共加注油料 241 万磅（1094 吨），每架 B-1B 全程受油约 365 吨。美军空中加油机部队可以与作战飞机在任何地区准确会合，实施快速加油。由此可以看出空中加油机对空中机动乃至空中作战的巨大影响。

空中加油机在现代局部战争中的上乘表演昭示，现代空中加油机，已经给空军作战的力量部署、机动和使用带来了革命性的变化，它大大增强了航空兵的远程作战、快速反应和持续作战能力，使空中作战能力跃上了一个新台阶。

KC-46“飞马”空中加油机

制造商：波音公司

首飞时间：2015 年

空重：82377 千克

KC-46“飞马”是由美国波音公司研制的空中加油机，衍生自波音 767 客机，也可作为战略运输机使用。KC-46“飞马”空中加油机采用了源于波音 787 客机的先进座舱，不仅使得座舱达到先进水平，也便于与加油机需要的军用电子系统对接。为了适合载货，该机的货舱地板被刻意加强，还加装了便于舱内货物移动的地板滚轮和舱顶行车系统。

A310 MRTT 空中加油机

制造商：欧洲空中客车公司

首飞时间：2003 年

空重：113999 千克

A310 MRTT 是在欧洲空中客车公司 A310-300 客机基础上发展而来的空中加油机。作为一种多功能飞机，A310 MRTT 空中加油机可以在 50 小时之内完成相应改装。它不仅能担负部队及物资运输任务，而且可在人道主义任务中发挥空中救援作用。

A330 MRTT 空中加油机

制造商：欧洲空中客车公司

首飞时间：2007 年

空重：125000 千克

A330 MRTT 是在欧洲空中客车公司 A330-200 客机基础上发展而来的空中加油机，该机所有的燃油都装在位于机翼吊舱和机尾的油箱里，没有占用客货舱的空间。A330 MRTT 空中加油机在左右机翼下各配置 1 套为战斗机加油的软式锥形套管，在后机身下还设有 1 套为大型飞机加油的硬式伸缩套管。

参考文献

[1] 深度军事．世界飞机大全 [M]．北京：清华大学出版社，2020.

[2] 深度军事．现代飞机鉴赏指南 [M]．北京：清华大学出版社，2020.

[3] 李刚．经典军用飞机战史风云录 [M]．北京：化学工业出版社，2017.

[4] 保罗・艾登．现代战机百科 [M]．北京：中国画报出版社，2016.

[5] 赵伊林．世界喷气式战斗机全解剖 [M]．北京：电子工业出版社，2017.